시 크 릿
방 사 능

성냥의 발명이 인류의 파괴를 초래하지 않은 것과
마찬가지로 핵(核)의 연쇄반응의 발명이 인류의 파괴를
초래하지는 않을 것이다.

- 아인슈타인 -

피할 수 없는 방사능, 아는 만큼 안전하다

시크릿 방사능

이종호 저

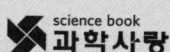

프롤로그

2011년 3월 11일 오후, 일본 동북부 지방부근 해저, 도쿄에서 북동쪽으로 243마일 떨어진 곳에서 리히터 규모 9.0의 강진이 발생했다. 리히터 규모가 9.0 이면 히로시마에 투하된 원자폭탄의 81만 배에 해당되며[1] 6434명이 사망한 1995년 일본 한신 고베 대지진(규모 7.3)의 약 630배나 되는 강력한 위력이다.
화산 폭발로 일어난 쓰나미는 심해에서 제트기 속도와 맞먹는 시속 500~700㎞로 퍼져나갔다. 해안으로 다가가면서 수심이 얕아지자 속도가 시속 30㎞ 정도로 줄어들었지만 쓰나미의 파고는 진원지 위 해수면에서는 몇 m에 불과하던 것이 해안에서는 최고 10m까지 높아졌다.[2]

쓰나미는 해안에 근접할수록 수심이 얕아지므로 파장과 속도가 감소한다. 그러나 에너지 보존법칙에 따라 그 위력과 파고는 더욱 커져 상당한 파괴력으로 일본의 근해를 강타했다.

사상자·실종자가 3만 여명에 달하는 것은 물론 피해 규모 또한 상상을 초월했다. 지진 직후 태평양 연안을 대형 쓰나미가 강타하면서 선박과 차량, 건물 등이 역류하는 바닷물에 휩쓸리면서 큰 피해를 보았다. 대형 정유공장에 큰 화재가 발생하고 원자력 발전소에서 줄줄이 화재와 함께 방사능이 누출됐다. 가장 우려하던 원자력발전소에서 방사능이 유출되자 당사자인 일본은 물론 인근 국가인 한국도 발칵 뒤집어 놓았다.

더욱이 일본의 후쿠시마 원전 사태가 다소 휴식기에 들어간 상황에서 2011년 9월 12일 세계에서 가장 안정성이 높다는 프랑스 남부 님 인근의 마르쿨 원자력 단지 옆 상트라코 센터의 소각로에서 폭발 사고가 발생해 세계를 또 한 번 놀라게 했다.

프랑스 핵재처리산업의 심장인 마르쿨 원자력 단지는 아비뇽에서 남서쪽으로 25㎞ 떨어진 지점에 있으며 유명한 포도주 산지 코트뒤론과도 인접해 있다.

사고 소각로는 원전에서 사용된 펌프나 밸브 등의 고철이나 원전 직원의 작업복, 장갑 등 저준위 방사성 폐기물을 용해하는 데 활용되는 곳으로 방사능이 누출될 우려가 있는 원자로가 없으므로 방사능 누출 위험은 없다고 밝혔지만 원자력 발전에 대한 공포가 다시 일기 시작했다.

원전처럼 복잡한 과정을 겪으면서 지구상에 태어난 것은 거의 없다. 19세기 말 세기의 찬사를 받으면서 뢴트겐이 X선을 발견했고 이후 마리퀴리가 방사능에 대해 확고한 이론을 세운 후 원자력에 대한 연구는 세계의 화두가 되었는데 1945년 일본을 패망시킨 원자폭탄이 미국에 의해 개발되자 갑자기 원자력은 선과 악으로 극렬하게 나누어진다.

원자력에 따른 방사능이란 괴물이 태어나자 이를 억제해야한다고 우려감을 표명하자 이를 불식시키기 위해 과학자들은 회심의 카드를 빼들었다. 바로 원자력의 산업화로 이를 성공적으로 접목시킨 것이 원자력발전소이다.

그런데 원전 역시 방사능이 있으므로 영원한 안전은 없다고 공격받았는데 결국 미국의 스리마일과 러시아의 체르노빌에서 방사능 유출 사고가 일어났다. 이를 계기로 원전 시대는 철퇴를 맞아 각국에서 원전 건설을 포기하는 것은 물론 원전의 가동도 몇 십 년간 중단되기도 했다.

그러나 전 세계적인 경제개발과 신문명에 대한 욕구로 전기의 수요가 폭발적으로 증가하는데다 화석연료의 고갈과 이산화탄소에 의한 지구 온난화가 문제로 대두되자 원자력 시대가 다시 고개를 들기 시작했다. 한마디로 그동안 원전 건설을 봉쇄하던 나라에서조차 원전 건설을 재개하겠다고 선언하기 시작했다.

한국의 경우 다른 나라와는 에너지 수급에 대한 상황이 다소 다르므로 에너지의 원활한 공급을 위해 비교적 빠른 시기에 원전을 건설하기 시작했다. 현재 한국은 21기의 원전을 가동시키고 있는 원자력 강국인데다 전 세계적으로 원자력 발전소 건설을 계속 추진하고 있는 몇 안 되는 나라에 속한다. 이와 같은 상황은 한국이 필요에너지의 97퍼센트를 외국에서 수입해야 하기 때문에 필연적이다.

한국의 원자력 발전 증진 계획은 계속 추진되어 2008년 정부가 발표한 바에 의하면 2006년 26%인 원전 설비 비중을 오는 2030년까지 41%로 확대할 방침이라고 밝혔다.

정부는 기저전원으로서 원전의 경제적 운영을 위해 설비용량을 일반 최저부하(55%)까지 확대할 필요가 있으나 부지확보 등을 고려해 41%를 우선 목표로 설정했다. 이 내용을 엄밀하게 해석한다면 여차할 때 41%보다 더 확대해나가겠다는 뜻으로 해석된다.

그동안의 원전사는 한국사의 혈투와 다름없다. 방폐장 부지 선정에 21년이 걸렸으며 원전에서 사용한 작업복이나 장갑·교체부품 등을 저장하는 중저준위 방폐장 설치를 놓고도 엄청난 사회적 혼란을 겪었다. 앞으로 반드시 도래할 고준위 핵폐기물 문제는 더 큰 갈등을 예고하는 상태에서 인근 국가인 일본 후쿠시마 원전 사고는 방사능에 대한 공포를 다시금 일으켰다. 스리마일과 체르노빌 사건은 인간의 부주의로 인해 일어났지만 후쿠시마는 자연재해인 지진에 의한 것이다.

한마디로 그동안 논란이 되었던 원전의 안전성 문제가 언제 일어날지 모르는 상황에서 후쿠시마 원전이 인근에서 발생한 지진에 의해 초토화된 것을 볼 때 한국에도 이러한 돌발 사태가 생기지 않는다는 보장이 없다.

그럼에도 불구하고 한국은 지속적인 경제발전과 한국인의 미래를 위해 원전은 반드시 계속 건설하면서 운용해야 한다는 주장을 견지하고 있다. 원전에 다소의 문제점이 있지만 한국적인 에너지문제를 감안하면 고갈되는 화석연료 감소와 국제적인 이산화탄소 저감 문제와 결부하여 원자력 이외에는 대안이 없다는 설명이다.

많은 학자들이 주장하는 방사능이 없는 세계 즉 근간의 화두인 재생에너지 활용은 원전보다 더 큰 문제점이 도사리고 있으므로 현실을 직시하라고 다그친다. 특히 원전을 규제하면 이를 대체할 전기를 생산하기 위해 결국 화석연료를 사용하지 않을 수 없다고 지적하는데 이는 배보다 배꼽이 더 큰 상황이 된다는 것이다.

한마디로 화석연료 사용을 억제하고 이에 파생되는 온실가스를 줄이기 위해 전 세계가 힘을 모으는 판에 원전 폐쇄가 화석연료를 사용하지 않을 수 없는 새로운 대안으로 등장한다.

『시크릿 방사능』은 기본적으로 방사능을 둘러싼 화두 즉 방사능이 바꾸어준 세상을 중점으로 다룬다. 방사능이 인간에게 접목되기 시작하기까지의 역사를 비롯하여 방사능이 전기로 변환되기까지의 과정과 이에 필수적으로 따라다니는 에너지 문제를 함께 설명한다.

현대문명이 만든 단어 중에서 가장 부정적으로 인식되는 것 가운데 하나가 '핵'과 '방사능'이라는 말로 요약되는데 이들의 단점이 워낙 부각되다보니 그 장·단점이 무엇인지를 정확하게 파악하는 것조차 기피하고 있다.

그러므로 원전을 둘러싼 원전 찬성 측과 원전 반대 측의 원자력발전소, 재생에너지를 둘러싼 선악 논쟁도 다루되 이들 주장을 한국의 현실과 가미하여 객관적으로 소개하는데 주안점을 두었다. 이들에 대한 평가는 독자들 몫이기 때문이다.

근래에 화두가 된 방사능, 원자폭탄, 원자력발전소, 지진과 쓰나미, 인류가 궁극적으로 개발할 것으로 추정하는 꿈의 에너지 등을 『시크릿 방사능』을 통해 보다 정확하게 음미해 보기 바란다.

이종호

프롤로그 •004

1부
준비된 에너지 시대

1 X선과 뢴트겐 •016
전기로 세금을 받는다 •017
우연이 만든 세계적인 발견 •024
X선은 노벨상의 보고 •036

2 방사능과 마리 퀴리 •046
방사능 물질이 있다 •047
동위원소의 발견 •071
인공방사성 원소의 발견 •075
온실가스 •077
TIP 무소유를 고집한 마리 퀴리 •081

2부
$E=mc^2$ 증명

1 전기 세상이 되다 •086

2 중성자를 충돌시키자 •092
핵분열현상의 발견 •095
핵물리학에 도전한다 •101

3 독일보다 먼저 원자폭탄을 만들어라 •111
맨해튼 프로젝트의 탄생 •116
급박한 원자폭탄 개발 •120

히로시마에 원자폭탄 투하 • 122
아인슈타인의 후회 • 130

4 핵전쟁이 일어나면 • 134
핵겨울이 오는가 • 135
서울에 핵폭탄이 떨어지면 • 140
TIP 제2차 세계대전의 3대 공신 • 146

3부
원자력과 방사능

1 현실화된 원자폭탄의 산업 이용 • 154
일반 발전소와 다름없는 원자력 발전소 • 158
원자력 전기에 도전한다 • 165

2 안전하지만 완전하지는 않다 • 176
원전을 안전하게 만든다 • 177
방사능을 체크한다 • 182

3 세계가 놀란 원자력 사고 • 185
스리마일 원전 사고 • 187
체르노빌 원전 사고 • 192
후쿠시마 원전 사고 • 202

4 방사능 제대로 알기 • 209

4부
지진과 한국 원전

1 지진과 쓰나미 • 222

피해가 가장 큰 천발 지진 • 224
인류를 괴롭힌 쓰나미 • 227
쉽지 않은 지진 예측 • 231
인간의 작품도 지진의 요인 • 236
TIP 지진 발생시의 대책 • 240

2 한국 원전의 지진 영향 • 241
세계적인 한국의 지진기록 • 241
한국의 원전은 안전할까 • 248
TIP 고리원전 1호기 재가동 • 256

5부
방사능이 바꾼 세상

1 방사능이 만든 괴물 • 262
후쿠시마가 누출한 방사능 • 265
방사능이 만든 괴담 • 272
작품이 만드는 방사능 세계 • 274

2 세상을 바꾼 방사능 • 279
방사선의 조사 이용 • 280
추적자로 이용 • 286
농산물에 이용 • 291
특수 목적에 이용 • 299

6부
에너지 문제가 해결된다

1 맹물로 달린다 • 306
동물과 다른 식물 • 308

식물은 광합성으로도 살 수 있다 • 313
광합성의 비밀에 에너지 해결책이 있다 • 317
인공광합성 연구 • 319

2 제2, 제3의 태양을 만든다 • 322
태양을 해부한다 • 327
인공태양을 만들자 • 330

3 우주 태양발전소가 기다린다 • 337

4 방사능도 처리 가능 • 342
에너지가 해결된다 • 347

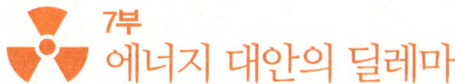
7부
에너지 대안의 딜레마

1 한국은 대표적 자원빈국 • 352
원전 대안이 있다·없다 • 357

2 원전 대안을 살핀다 • 363
이산화탄소 저감은 필수다 • 372
화석연료의 기회가 왔다 • 376
TIP 화석연료 시대를 연 석유 • 382
TIP 석유가 사라진다면 • 388

에필로그 • 392

1

준비된
에너지 시대

1 X선과 뢴트겐
2 방사능과 마리 퀴리

1
X선과 뢴트겐

 전기의 혜택을 누릴 수 있는 세상이 되었다는 것은 인간이 풍족한 생활을 할 수 있도록 전기를 만들어주는 시설이 제공되었다는 것을 의미한다.

 전기를 만드는 방법은 크게 두 가지로 나뉜다. 태양에너지를 이용하여 직접 전기를 만드는 것과 열이나 동력원을 이용하여 이를 전기로 변환시키는 것이다. 전자는 태양전지 모듈을 이용하고 후자는 각종 발전기를 이용하는 것으로 각종 대체에너지를 이용한 발전도 후자에 속한다. 발전기를 대형으로 만든 것이 발전소인데 화석연료를 사용하는 화력발전소와 우라늄을 사용하는 원자력 발전소가 기본이다. 두 발전시스템 중에서 근간의 화두가 되고 있는 방사능은 원자력 발전소에서만 발생한다.

 방사능은 그동안 수많은 인간들에게 희비를 안겨주었지만 인간과 접촉하기 시작한 것은 19세기 말부터다. 겨우 100여 년 전에 탄생했음에도 인간에게 큰 영향을 미쳤으며 이것이 인간에게 접목되는 과정은 그야말로 드라마틱하다. 방사능이 필연적으로 탄생하는 전기와 자기의 등장부터 되돌아본다.

전기로 세금을 받는다

인간이 전기 현상을 발견한 것은 생각보다 오래되었다.

전기현상을 본격적으로 연구한 사람은 오토 폰 게리케(Otto von Guericke, 1602~1682)이다. 그는 보석인 호박을 문질러서 정전기를 일으키던 전통적인 방법 대신에 회전 장치를 이용해 커다란 유황으로 만든 공을 빠르게 회전시켜 전기를 발생시켰다. 그가 전기를 발생시키는 기전기를 만든 것은 현대 물리학의 발전에 중요한 계기를 제공했다.

스테판 그레이(Stephen Gray, 1670년경~1736)는 전기가 도체를 따라 흐르는 것을 발견했는데 이것은 전류의 발견을 의미한다. 그는 실험을 통해 명주실은 부도체이고 금속은 전기를 더 잘 통한다는 것을 밝혀냈다.

뮈센부르크(P. van Musschenbroek, 1692~1761)는 놋쇠선의 한 쪽은 전기를 발생시키는 기계에 연결하고 다른 한 쪽을 물이 담긴 병에 넣어 전기를 저장하는 유명한 '라이덴병(Leyden jar)'을 발명했다. 프랑스의 사바르는 라이덴병에 저장된 전기를 방전할 때, 방전 불꽃이 점멸하고 진동하는 것처럼 보인다고 적었다.

미국의 정치가로 유명한 벤자민 프랭클린(Benjamin Franklin, 1706~1790)은 연을 사용한 실험으로 번개가 전기방전이라는 것을 발견하여 공기 중에도 전기가 있음을 확인했다.

갈바니(Luigi Galvani, 1737~1798)는 개구리를 이용한 실험에서 동물에서 만들어지는 동물전기를 발견했다고 발표했다.

전기는 볼타 백작(Count Alessandro Volta, 1745~1827)에 의해 획기적인 전환점을 맞는다. 그는 기전기(起電機, 전기를 일으키는 장치), 전위계(電位計, 전위의 차이를 측정하는 장치), 전지(電池, 전기를 축적하는 장치) 등을 발명하여 전기학의 발전에 획기적인 전기(轉機)를 제공했다. 이 공로로 '전기학의 아버지'로 불리며 전압의 단위인 '볼트(Volt)'도 그의 이름을 딴 것이다.

볼타는 정식으로 과학 교육을 받지 않았지만 전기에 대한 지식을 어느 정도 습득하자 직접 실험실을 차리고 '라이덴병'을 개선한 '전기쟁반(electrophorus)'를 만들었다. 볼타의 전기쟁반은 전기를 저장하는데 편리하므로 오늘날에도 실험실에서 사용할 정도로 당대의 학자들을 놀라게 했다. 그의 명성은 이탈리아 밖으로도 널리 퍼져 스위스의 취리히 물리학회에서 그를 회원으로 선출할 정도였다.

전기쟁반을 발명한 후 전기량을 정량적으로 측정할 필요성이 제기되자 만든 것이 전위의 차이 즉 전압을 반복적으로 측정할 수 있는 전위계이다. 이 당시 그가 기준 눈금을 정했는데 그 값은 오늘날 전압의 측정 단위인 볼트의 13,350배에 해당한다. 그후 젖은 종이를 사이에 넣은 구리와 아연판을 여러 장 겹쳐서 볼타전지를 만들어 전기를 저장할 수 있다는 것을 보여 주었다. 볼타전지는 전류를 화학적으로 얻어내었다는데 큰 의의가 있으며 이것이 세계 최초의 전지이다.[3]

캐번디시(Henry Cavendish, 1731~1810)는 전기 사이에 작용하는 힘이 있다는 것을 밝혔고 쿨롱(Charles Augustine de Coulomb, 1736~1806)은 전하 사

이의 인력과 반발력을 정밀하게 측정하였으며, 전기력은 전하량의 곱에 비례하고 거리의 제곱에 반비례한다는 '쿨롱의 법칙'을 발견했다.

게오르그 시몬 옴(Georg Simon Ohm, 1789~1854)은 전압은 전류와 저항의 곱과 같다는 '옴의 법칙'을 발견하여 전하 사이에 작용하는 전기력과 전류의 여러 가지 현상을 보다 잘 이해할 수 있는 토대를 마련하였다.

그러나 이러한 전기현상만으로는 전하 사이에 작용하는 힘인 전기력과 자석 사이에 작용하는 힘인 자기력의 관계를 설명하기에는 역부족이었다. 자기현상이라는 것은 사실 전기현상보다 오래 전부터 실생활에 응용되고 있었다. 대표적인 것이 나침반이다. 그러나 그때까지 어느 누구도 나침반의 자침이 남북을 가리키는 이유를 설명하지는 못했다. 학자들은 자기현상과 전기현상이 서로 관계있는 현상이라는 사실도 전혀 알지 못했다.

1820년 덴마크의 외르스테드(Hans Christian Oersted, 1777~1851)가 전기회로 곁에 놓아 둔 자침이 전류가 흐를 때마다 움직이는 것을 발견하고 전기와 자기가 전하에 의해 만들어진다고 발표했다. 같은 해 앙드레 앙페르(Andre Marie Ampere, 1775~1836)는 전류가 자기장을 만들고 전류에 의해서 만들어진 자기장이 다른 회로에 흐르는 전류에 힘을 미친다는 것을 확인했다. 이렇게 해서 전기와 자기는 모두 전하에 의해 일어나는 현상이라는 것이 밝혀졌다.

이 발견은 물리학에서 비약적인 발전을 예고한 것이다. 전류가 자기를 만들어 낸다면 반대로 자기장, 즉 자석이 전류를 만들어 낼지 모른다고 학자들은 생각했다. 학자들의 생각은 옳았다.[4]

당대에 가장 위대한 실험 과학자이자 자연의 모든 힘이 서로 연결되어 있다는 것을 깨달은 패러데이(Michael Faraday, 1791~1867)가 그 토대를 닦았다. 패러데이가 태어났을 때 상류 사회의 최고 화두는 전기였다. 당대의 과학자들과 마술사들은 정전기를 만들어 많은 사람들을 감탄케 했다. 특히 갈바니가 전기를 이용하여 죽은 개구리의 다리를 움직인 것은 많은 사람들에게 상상력을 불러 일으켰다. 즉 그가 발견한 '동물전기'가 뼈와 살에 생명을 불어넣는 생명의 힘일지 모른다는 것이다.

수많은 과학자들이 전기를 가해 시체를 살려내려고 시도했는데 이것을 극적으로 묘사하여 당대의 베스트셀러가 된 사람이 메리 셸리([Mary Wollstonecraft Shelley, 1797~1851)이다. 그녀의 『프랑켄슈타인』이 당시 과학자들의 염원과 당대의 연구 내용을 잘 묘사한 것으로 이는 전기를 생명의 힘으로 생각한 당대의 생각을 대변한다.

1821년 패러데이는 자유롭게 움직이는 자석은 내부에 전류가 있는 고정된 전도체 주위를 회전할 것이며 자석이 고정되고 전도체가 움직일 수 있다면 전도체는 자석 주위를 회전한다고 생각했다. 그는 이를 증명하기 위해 두 개의 작은 모형을 만들었다. 자석을 고정시킨 모형과 전도체를 고정시킨 모형이었다.

오늘날 전동기는 전자석을 이용하지만 일부 전동기는 영구 자석을 사용한다. 하지만 자력이 전도체의 전류를 밀어낸다는 기본은 동일하다. 이런 과학적 업적은 당대의 학계에 큰 인정을 받았고 이후의 행보에는 거침이 없어 1833년 교수로 승진했다.

패러데이가 발견한 것은 자기장이 전류를 만들어 내는 실험에 착수하여 한 쪽 코일에 흐르는 전류에 의해 만들어진 자기장이 다른 코일에 전류를 흐르게 한다는 것이다. 패러데이의 전자기유도 법칙은 도선 주위에서 자기장을 변화시키면 도선에 전류가 흐른다는 것으로 오늘날 모든 발전기와 변압기가 바로 이 원리를 이용한다.

예를 들어 휴대용 전자 기기의 배터리 충전기 같은 저압의 전기 제품을 작동시킬 수 있도록 전력 공급 전압을 낮추거나 고압 전선에 전달하기 위해 전압을 높이는 데 사용된다. 고압선의 전력 손실은 비교적 적기 때문에 전력은 고압으로 발전소에서 각 지역으로 간다. 그 다음 가정에서 사용하기에 안전하고 낮은 전압(대부분 110볼트나 220볼트)으로 낮춰진다.

우리들의 일상생활 곳곳에 응용되는 그의 아이디어로 탄생한 기기는 생각할 수 없을 정도로 많다. 선풍기와 진공청소기, 세탁기, 컴퓨터, 헤어드라이어 등 전동기 등도 그의 아이디어를 차용했다. 거의 모든 기계가 변압기로 변경되는 전기를 사용되는데 이 모두 패러데이의 원리에 따른 발전기의 전기로 작동한다.[5]

패러데이는 자신이 발견한 전자기 유도현상을 당시 재무장관으로 후에 총리가 되어 영국의 의회민주주의를 확립시키는데 큰 공헌을 한 윌리엄 글래드스톤(William Gladstone, 1809~1898) 앞에서 시연을 보였다.

패러데이의 설명을 들은 글래드스톤은 지겹다는 듯이 "대체 그것이 무슨 소용이 있단 말이요"라고 질문했다. 패러데이는 전혀 화를 내지 않고 조용히 말했다.

'나중에 이것으로 세금을 매길 날이 올 겁니다.'

현재 전 세계에서 전기로 엄청난 세금을 걷어 들이는 것을 모르는 사람은 없을 것이다.

패러데이는 '과학자'라는 단어를 처음으로 탄생케 한 장본인으로도 유명하다. 1840년에 영국의 자연철학자 윌리엄 휘엘(W. Whewell)은 자연과학 분야의 지식을 연구하고 이해하는 사람을 뜻하는 말로 과학자라는 단어를 사용했다. 그가 과학자라는 말을 만든 것은 자신의 절친한 친구였던 패러데이의 탁월한 능력에 감명 받았기 때문이라고 한다. 또한 패러데이를 위해 '이온', '양극', '음극'이란 말을 만들어 주었다.[6]

19세기 중순부터 말까지 세계 각지에서 그야말로 하루가 달리 새로운 발견들이 이어졌다. 일반적으로 원자물리학은 독일의 물리학자 게리케(Otto von Guericke, 1602~1686)의 진공펌프 발명으로부터 출발했다고도 알려진다. 그는 1650년 '이론에 치우쳐 있는 자연과학은 아무것도 하지 못한다'고 주장하면서 당시의 진공에 대한 철학적 논쟁을 비판하고 그 실험적인 해명을 시도하였다.

진공을 만드는 일은 곧 배기(排氣)라는 것에 착안하여, 펌프에 의한 배기실험을 하여 공기펌프를 개발했고 곧이어 진공을 만들 수 있음을 보여 주었다. 이와 관련하여 배기 전후의 구(球)의 무게가 달라지는 점에서 공기의 무게를 산출하였고, 공기 중에서는 물체에 부력(浮力)이 작용한다는 것을 제시하였다.

그의 진공은 수많은 학자들로 하여금 수많은 흥미 있는 연구와 실험에 도전토록 했는데 전천후 과학자인 패러데이도 이 분야에 주목했다. 그는 유리관에서 공기를 뽑아내고 그 양쪽에 금속 필라멘트로 된 전극을 각각 연결한 후 고압 전류를 흘려주자 음극과 양극 양쪽에서 이상스런 빛이 희미하게 나타나는 것을 발견했다.[7] 이것이 전자기에 대한 연구를 촉발시키는 계기가 된다.

1858년 독일의 율리우스 플뤼커(Julius Plucker, 1801~1868)는 자력이 기체 방전에 미치는 영향을 실험하던 중 자석 근처에서 기체 방전이 어느 정도 휘는 것을 관찰했다. 다음해에는 방전광의 음극 근처에서 밝은 녹색의 발광현상이 나타나는 것을 관찰했지만 당시의 진공관은 진공도가 그다지 높지 않아 더 이상 정밀한 실험을 하지 못했다.

한편 1855년에 독일의 하인리히 가이슬러(Heinrich Geißler, 1814~1879)가 기체방전관내의 진공도를 대기압의 1만분의 1 정도로 낮추는 진공펌프를 개발했다. 또한 1864년에 독일 태생의 룜코르프(Heinrich Daniel Ruhmkorff, 1803~1877)가 불꽃유도 코일을 개발하여 1피트 이상의 거리에서 불꽃을 일으킬 수 있는 고전압을 발생시켰다.

1869년 빌헬름 히토르프(Johann Wilhelm Hittorf, 1824~1914)는 가이슬러의 수은 진공펌프와 룜코르프의 고전압 발생장치를 이용해서 고진공 방전관 속에서 '글로우 광선(Strahelm Glimmens)'을 발견했다. 그는 이 광선이 고체 뒤편에 그림자가 생기게 하는 등 음극에서 직선으로 전파되는 것과 자장에 의해서 휘어지고 유리에 닿으면 발광하는 것을 발견했다.

1875년 영국의 물리학자 윌리엄 크룩스(William Crooks, 1832~1919)는 자

신이 만든 진공관(크룩스관)에 전류를 통하면 관의 벽이 엷은 녹색 형광을 뿜는 것을 보고 그것이 진공관의 음극으로부터 나오는 음극선(여기에서 '선'은 일종의 전자기파를 의미함) 탓이라고 생각했다.

1886년 독일의 오이겐 골트슈타인(Eugen Goldstein, 1850~1930)은 이 광선을 실험할 때 양극에서도 방사선이 나온다는 것을 발견하고 '커낼선'이라 명명했다. 커낼선은 운하와 비슷한 '구멍'이라는 의미다. 그가 이 실험을 할 때 구멍을 뚫은 음극을 사용하여 실험했기 때문으로 이후 음극선(Kathodenstrahlen)이라 부른다.[8]

음극선이 무엇인지 처음으로 밝힌 과학자는 영국의 물리학자 J. J. 톰슨(Sir Joseph John Thomson, 1856~1940)이다. 그는 1897년 음극선이 음전기를 가진 입자의 흐름이라는 것을 밝혀내고 그것을 전자(electron)라는 이름을 붙였다.

음극선관의 음극에서 전자가 나오는 이유는 진공 속에 남아 있던 약간의 기체 분자가 강한 전기장에 의해 이온화된 결과다. 이온화 된 입자 중에 '+'이온 입자는 '-'극으로 끌려가 음극과 충돌하고 이때 음극의 금속에서 전자가 나와 '+'극으로 간 것이다. 이때 튀어나온 전자는 공기 분자의 방해를 거의 받지 않으므로 매우 빠른 속도(광속의 1/5)로 흐른다.[9]

우연이 만든 세계적인 발견

음극선은 현대 생활에 있어 가장 중요한 역할을 하는 X선의 발견으로 이어지며 이는 궁극적으로 방사능 시대를 여는 단초가 된다. X선이 뢴트겐(Wilhelm Rontgen, 1845~1923)에 의해 우연히 발견됐다는 것을 모르는 사람은 없을 것이다.

빌헬름 뢴트겐은 1845년 독일 라인 강변의 렌넵이라는 작은 마을에서 태어났다. 1862년 다니던 위트레흐트공업학교로부터 엉뚱한 사건에 연루되어 친구를 옹호하다 퇴학처분을 받았으나 개인교습 등으로 공부하여 위트레흐트대학의 입학에 도전했다. 그러나 정규 과정으로의 입학시험에 불합격하여 청강생 자격으로 물리학, 화학, 동물학, 식물학 등을 공부했다.

1865년, 취리히공업대학의 기계공학과에 입학하여 우수한 성적으로 졸업한 지 단 1년 만에 열역학 분야로 물리학 박사학위를 받았다. 단 1년 만에 박사학위를 받았다는 것은 그의 자질이 남달랐다는 것을 의미한다.

이후 뢴트겐은 실험물리학자인 아우구스트 쿤트(August Adolph Eduard Eberhard Kundt, 1839~1894) 교수의 조교가 되어 평생 그를 존경하면서 지도를 받았으며 30세의 나이에 호엔하임 농업아카데미에서 수학·물리학 분야의 교수가 되었다. 이어 실험물리학에서의 그의 업적을 인정받아 당대에 가장 유명한 대학 중에 하나인 뷔르츠부르크대학에서 실험물리학과장 교수가 되었다.[10]

 불가사의한 X선

1892년 하인리히 헤르츠(Jeinrich Hertz, 1857~1894)는 음극선이 얇은 금박을 통과할 수 있다는 것을 발견하고 그의 제자인 레나르트(Philipp

Eduard Anton von Lenard, 1862~1947)에게 이 실험을 계속해 볼 것을 권유했다. 레나르트는 음극선이 눈에 직접 보이지는 않지만 형광물질이 칠해져 있는 스크린에 비추면 스크린 상에 형광이 발생하므로 검출할 수 있다는 것을 알고 있었다.

한편 뢴트겐도 형광 현상을 재현하는 실험을 하면서 1894년 5월 4일, 후일 세계적인 발견의 단초를 제공할 두 통의 편지를 썼다. 첫째는 레나르트에게 대기 중에서의 음극선에 관한 그의 실험들을 보기 원한다는 내용이고 둘째는 뮐러 웅켈에게 레나르트에게로 가는 음극선 관을 주문하고 며칠 후 그 가격으로 36마르크 50페니히를 지불한다.[11] 이 때 레나르트는 뢴트겐에게 '레나르트 창(음극선관의 한쪽 끝에 얇은 알루미늄판을 댄 것)'에 사용되는 금속박편을 만드는 방법을 알려주었다.[12]

1895년 11월 8일 뢴트겐은 산란된 형광이 유리관의 벽면에서 유출되는 것을 철저히 막기 위해 검고 두꺼운 종이로 크룩스관을 덮었다. 뢴트겐은 실험실의 불을 끄고 크룩스관의 전원을 켰다. 동시에 가까이에 두었던 백금시안화바륨을 바른 스크린이 도깨비불처럼 희미한 빛을 내기 시작했다. 크룩스관과 스크린 사이에 두툼한 책을 두거나 스크린을 더 멀리 놓아도 여전히 방전 때마다 형광이 관찰되었다.

그러나 이것은 뢴트겐이 관찰하려고 했던 음극선은 아니었다. 음극선의 위력은 책을 관통할 만큼 강력하지 않기 때문이다. 이전에 단 한 번도 언급된 적이 없는 무언가가 크룩스관에서 나와서 1미터 이상의 공기를 통과하여 형광 스크린이 빛나게 한 것이다. 이 놀라운 현상을 목격한 뢴트겐은 추후에 다음과 같이 신문기자에게 설명했다.

'그날 나는 검은 종이로 완전히 둘러싸인 히토르프-크룩스관으로 작업을 하고 있었다. 책상 위에는 백금시안화바륨 종이 한 묶음이 놓여 있었는데 관에 전류를 흘려보내자, 종이 위에 이상한 검은 선이 비스듬하게 생겼다. 당시 관점에서 보면 그것은 빛 때문에 생긴 것이다. 그러나 전기 아크등에서 나오는 빛조차 이렇게 뒤덮인 종이는 통과할 수 없으므로 관에서 빛이 나온다는 것은 불가능했다.'

뢴트겐은 이 정체를 알 수 없는 불가사의한 방사선을 X선이라고 불렀다. 그는 실험을 계속하여 X선이 1,000페이지에 달하는 책도 통과하는 것은 물론 나무, 고무 그 외의 많은 물질들을 통과할 수 있다는 것을 알았다. 반면에 이 X선을 차단하려면 적어도 1.5mm 두께의 납으로 X선의 진로를 막아야 하는 것도 발견했다.

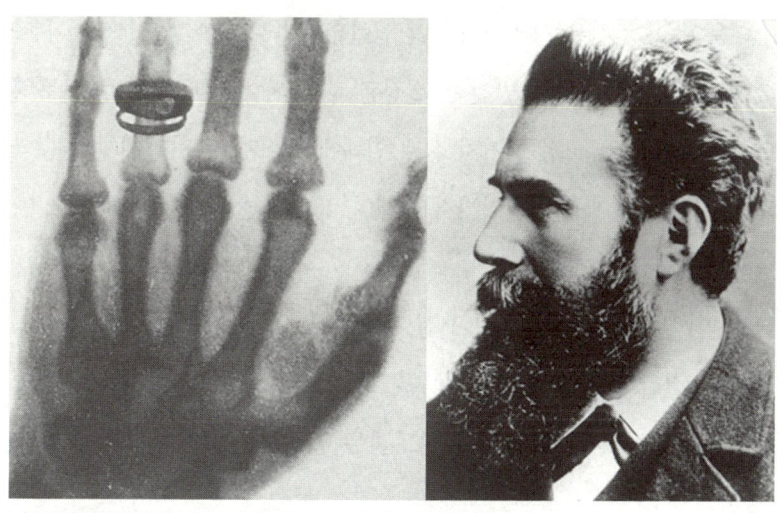

X선 빌헬름 뢴트겐이 부인의 손을 X선으로 촬영한 모습

여기서 뢴트겐은 과학 역사상 가장 중요한 아이디어를 떠올렸다. 보통 광선이 사진 건판에 감광되어 사진이 찍히는 것을 볼 때 X선도 건판에 감광될지 모른다고 생각했다.

그는 X선이 통과하는 길에 사진 건판을 놓고 아내를 설득하여 손을 그 사이에 놓도록 하였다. 건판을 현상한 그는 예상대로 손가락뼈가 똑똑히 나타난 사진을 얻을 수 있었다. 뼈 주위의 근육의 모습은 희미하게 나타났다. 산 사람의 뼈가 사진으로 찍힌 것은 역사상 그것이 처음이었다. 그의 아내는 자신의 손가락뼈를 사진으로 보는 순간 매우 놀라 비명을 질렀다고 한다.

뢴트겐은 X선을 발견한 후 뷔르츠부르크 물리의학협회에 자신의 발견에 대해 「신종 방사선에 관하여」라는 제목으로 10페이지짜리 논문을 제출했다. 그의 논문을 접수한 협회는 논문의 중요성을 알아차리고 곧바로 협회기관지에 게재하도록 서둘렀다.

더욱이 이 기간은 크리스마스와 신년휴가 등이 끼어 있었으나 이 사이에 논문이 심사되고 발간이 결정된 후 10페이지에 달하는 논문의 인쇄가 준비되고 교정을 거쳐 실제 인쇄에 들어가고, 저자에게 우송함과 동시에 신문에 발표하기까지 하였다. X선의 발견이 준 충격은 그만큼 대단한 것이었다.

X선이 발견되었다는 소식이 전 세계로 확산되기까지는 불과 15~20일밖에 걸리지 않았다. 특히 독일, 오스트리아, 영국의 언론들이 이 놀라운 발견을 대서특필해서 뢴트겐은 일약 세계적인 유명인사가 되었다.

그는 수많은 강연과 초대의 대부분을 거절했으나 1896년 1월 9일 독일의 황제 빌헬름 2세로부터 그의 발견을 치하하는 축전과 함께 1월 13일 황제 앞에서 시연을 요청받고 이것만은 거절할 수 없었다. 그가 정작 황제 앞에서 시연하기 위해 대단히 고민한 것은 당시의 시연 장치였다. 그가 적은 고민을 보자.

'황제께서 행운이 있으시면 좋겠다. 왜냐하면 이 관은 쉽게 깨질 수 있는데다가 만약 새것을 만들어 이를 진공으로 만들려면 최소한 4일은 걸리기 때문이다.'

당시에 진공을 만드는 것이 매우 어려웠다는 것을 보여주는 대목이다. 물론 황제 앞에서의 시연은 무사히 끝났고 뢴트겐은 훈장을 받았다.[13] 그러므로 뢴트겐이 1896년 1월 23일 물리의학회에서 자신의 논문을 발표했을 때는 이미 전 세계의 학자들이 그의 발견 내용을 알고 있었다 해도 과언이 아니다.

다음은 그가 제출한 논문의 발췌문이다.

'이 현상의 가장 인상적인 특징은 대단히 밝은 형광을 가능케 하는 영향이 태양이나 아크등의 자외선을 투과시키지 않는 검은 마분지 덮개를 통과할 수 있다는 점으로 나는 즉시 다른 물체도 이런 특징이 있는지 알아보았다. 얼마 후 모든 물체가 이 영향에 의해 투명해지지만 그 정도는 다르다는 점을 발견했다. 이는 몇 가지 예로 충분하다. 종이는 매우 투명했고 1000페이지 책 뒤에 걸린 형광판은 여전히 환했다. 인쇄 잉크는 큰 장애가 아니었다.'

'형광은 카드 두 벌 뒤에서도 눈에 띄었다. 장치와 판 사이의 카드 두 장에는 현저한 차이가 없었다. 한 장의 알루미늄박은 거의 두드러지지 않는다. 몇 층이 위에 놓인 후에야 판에 영상이 뚜렷하게 보인다.'

'20×20밀리미터 단면을 하얗게 칠하고 한 쪽에 납 도료를 바른 나무 막대는 독특하게 반응한다. 이 막대를 장치와 판 사이에 두면 엑스레이가 칠한 쪽과 나란히 통과할 때 거의 아무런 효과가 없지만 X-ray가 도료를 가로질러 가면 검은 영상이 생긴다. 금속과 흡사하게 고체든 용액이든 그 자체가 소금이다.'

마지막 문장에서 뢴트겐이 소금이라고 말한 것은 마리 퀴리에 의해 그 진상이 밝혀진다. 바로 소금이 방사능이었다.[14]

뢴트겐이 논문을 발표한 학회장은 그야말로 인산인해였다. 특히 발표장에서 당시 80세인 스위스의 해부학자이자 동물학자로 추밀고문관인 쾰리커(R. Kulliker)가 실험대상이 되겠다고 자청했다. 쾰리커는 현미경을 이용하여 난자나 정자가 세포임을 확인하였고, 신경섬유가 가늘고 길게 뻗은 세포임을 밝힌 사람이다.

쾰리커는 다음과 같이 말했다.

"제가 48년 동안 참석해왔던 회의들 중 이번이 가장 중요한 회의였다고 생각합니다. 저는 이 발견이 실험을 기초로 하는 자연과학에서, 어쩌면 전 의학 분야에서 중요한 의미를 갖는다고 생각합니다."

뢴트겐은 그의 손을 X선으로 찍어서 사람의 손뼈가 똑똑히 나타난 것을 보여주어 청중들을 경탄케 했으며 퀼리커는 자신의 손을 찍은 'X선'을 '뢴트겐선'이라고 부를 것을 제안했다. 이 제안은 큰 박수갈채로 받아들여졌다.[15]

당시 한 언론은 이렇게 논평했다.

'X선의 발견은 과학의 여러 경이로운 업적에 또 하나를 추가했다. 캄캄한 어둠 속에서 사진이 찍히는 것도 이해하기 어려운데 불투명한 물체를 통과한 사진을 찍는다는 것은 거의 기적에 가깝다.'[16]

이후 단 1년 동안 X선에 관한 논문이 1,000종, 단행본은 50권 가량이 출판되었고, 1897년에는 〈뢴트겐협회〉가 결성되었다. 그 해 11월 5일 〈뢴트겐협회〉에서 톰프슨(Elihu Thompson)이 발표한 내용은 이 당시의 상황을 가장 적절하게 표현하고 있다.

"발견의 역사상 이것만큼 즉각적이고 널리 과학적으로 응용된 전례는 없다."

그러나 뢴트겐이 사람을 해부하지 않은 채 살아있는 사람의 뼈를 보았다는 소문은 대중과 공공매체에서 많은 두려움과 오해를 불러일으켰다. 그라츠의 체르마크 교수는 자기 머리의 X선 사진을 보고는 너무 놀라 잠을 이루지 못했다고 적었다. 그가 본 것은 자신이 시체가 되었을 때의 머리라고 생각했기 때문이다.

또한 다른 사람들의 장기를 볼 수 있다는 점은 사생활의 침해로 간

주되었다.[17] 그러므로 뉴저지 주의 한 정치가는 오페라 극장의 쌍안경에 X선 사용을 금하는 법안을 제출할 정도로 X선이 개인의 사생활에 종식을 가져올지 모른다는 우려가 널리 퍼졌다. 런던의 란제리 제조업체는 'X선이 통과하지 않음을 보증하는 속옷'을 광고했다.

이러한 두려움은 근거 없는 것이었고 X선의 유용성은 바로 나타났다. 뉴햄프셔 주의 한 병원에서 X선으로 골절을 진단하는 데 사용했고 베를린의 어느 의사는 손가락에 꽂힌 유리 파편을 X선으로 찾아냈다. 리버풀의 의사는 X선으로 소년의 머리에 박힌 탄환을 확인했고 맨체스터의 교수는 총 맞은 여자의 두부를 촬영했다.

이후 X선이 응용된 속도는 타의 추종을 불허한다. X선이 가지고 있는 과학과 의학에서의 잠재력을 파악한 노벨상 위원회에서 1901년 제1회 노벨 물리학상 수상자로 뢴트겐을 선정한 것은 최초의 수상자라는 명예에 걸맞은 것이었다. 뢴트겐의 X선의 발견이 얼마나 획기적인가는 다음의 설명으로도 알 수 있다.

'의학에도 몇 번의 전환점이 있었다. 하나는 마취의 발견이고 그 다음이 항생제의 발견이지만 제일 큰 파장을 몰고 온 것은 X선의 발견이다. 의학에서는 환자를 비롯하여 상대방에게 고통을 주지 않고 몸속을 보는 것이 꿈이었다. 지금까지는 마취를 하고 배를 열어보는 방법뿐이었으며 환자에게 고통이 당연히 따른다. 그런데 X-ray는 몸에 전혀 고통과 해를 주지 않고 몸속을 들여다 볼 수 있는 최초의 방법이었다.'[18]

이와 같은 획기적인 X선의 발견도 뢴트겐이 아닌 다른 과학자도 할 수 있었다는 것을 염두에 둘 필요가 있다.

미국의 굿스피드는 뢴트겐보다 5년 전에 우연히 기체방전을 통해 사진건판을 검게 만들었다. 그러나 그 현상을 더 이상 깊이 생각하지 않고 사진 건판을 치워버렸다.[19]

특히 크룩스나 레나르트는 X선 발견 직전의 상황까지 도달했었다. 사실 크룩스는 음극선 주변에서 사진 건판이 흐려지는 것을 자주 불평했고 레나르트는 음극선관 부근에서 발광 현상을 발견하기도 했다. 그러나 그들은 음극선의 성질을 연구하는 데만 몰두하였기 때문에 X선을 발견할 기회를 놓친 것이다. 특히 실험 장치에서 이상한 광선이 발생하자 그 이유를 찾는 것보다는 실험 장치에 문제가 있다고 생각하여 실험 장치 제작자에게 항의하곤 했다.

뢴트겐의 가장 큰 공적은 우연에 의해 얻어진 것을 철저하게 추적해 결국은 그것을 해명했다는 점이다. 기회는 준비된 사람에게 돌아간다는 예로 자주 인용되는 예이다.

추후 레나르트는 자신이 X선을 발견하지 못한 것을 매우 애석하게 생각했으며 뢴트겐이 논문에 자신의 도움에 대해 언급하지 않은 것을 못마땅하게 여겼다. 물론 레나르트가 음극선을 관외(管外)로 끌어내는 '레나르트의 창'의 제작에 성공하여, 음극선 연구에 신기원을 열었고 이 업적으로 1905년 노벨 물리학상을 받았으므로 크게 낙담하지는 않았다.

X선 발견으로 뢴트겐은 수많은 명예를 획득했다. 1896년 그의 입학을 받아들이지 않았던 뷔르츠부르크 대학 의예과에서 명예박사학위를 수여했다. 그해에 레넵 시는 그에게 명예 시민권을 주었다. 그러나 바이에른 섭정(攝政)이 그에게 훈장을 수여하면서 귀족을 뜻하는 '폰(von)'이라는 칭호를 수여하고자 했지만 그는 정중하게 거절했다.

최고의 영예는 1901년 최초의 노벨물리학상을 수상한 것으로 1901년 11월 10일 스웨덴 황태자로부터 직접 상을 받았다. 상금이 50,000 크론에 달했지만 그는 이 상금을 뷔르츠부르크 대학의 학문적 연구에 사용하라는 유언을 남겼다.[20] 추후에 노벨상위원회는 그의 수상이야말로 노벨상 역사상 가장 걸맞은 수상이라고 했다.

그가 발견한 X선이 커다란 화제를 불러일으키자 독일의 재벌 한 사람이 그를 방문하여 X선의 특허를 자신에게 양도해 달라고 했다. 그는 뢴트겐이 틀림없이 X선 발생 장치를 이미 특허로 출원했을 것으로 짐작한 것이다.

그러나 뢴트겐은 X선은 자신이 발명한 것이 아니라 원래 있던 것을 발견한 것에 지나지 않으므로 X선은 온 인류의 것이 되어야 한다며 특허 신청을 단연코 거절하였다. 뢴트겐과 같은 저명인사의 대답은 이미 예견된 일이다. 당시에 저명한 독일 대학교의 교수라는 직함과 명예를 감안한다면 세속인들처럼 특허로 재산을 모으려는 행동을 하지 않는 것이 기본이었다.

뢴트겐은 누구나 유익하게 X선을 활용하기 위해서는 어느 특정인이 아닌 모든 인류가 공유해야 한다는 신념과 당대의 교수 전통에 따라 특허를 거절하였다. 물론 당대에도 그처럼 행동하지 않은 교수도 있었으므로 뢴트겐이 특이한 사람임은 틀림없다. 한마디로 뢴트겐은 과학의 발명이나 발견은 과학자 당사자만의 것이 아니고 온 인류가 공유하여야 한다는 사상을 실천한 것이다.

미국의 발명왕 에디슨이 이런 뢴트겐의 태도에 감동하여 다음과 같이 말했다.

"과학에 있어서도, 의학에 있어서도, 또 산업계에 있어서도 없어서는 안 될 귀중한 이 발견으로부터 금전적인 이익을 바라지 않았다는 것은 정말로 놀라운 일이다."

1923년 2월 10일 장암에 걸려 78세를 일기로 세상을 떠날 때까지 그는 지칠 줄 모르고 연구에 몰두했다. 당시 내무부 장관은 뢴트겐 가족에게 다음과 같은 편지를 보냈다.

'전 독일 민족은 그들의 위대한 아들의 관 앞에서 심심한 애도를 표하고 있습니다.'[21]

한편 X선의 물리적 성질과 효과가 밝혀지면서 X선을 가리키는 '미지(未知)의 선'이라는 의미가 약화되자 X선 대신에 처음 퀼리커가 주창한 것처럼 뢴트겐선이란 용어를 쓰자는 의견이 제시되었다. 그러므로 독일어권에서는 지금도 뢴트겐선이라고 부르지만 영어권에서는 당초 뢴트겐이 명명한 것과 같이 X선으로 부른다. 영어권에서 X선으로 고집한 이유를 영국의 한 과학 잡지는 다음과 같이 적었다.

'발견자에게는 미안한 일이지만 뢴트겐이라는 발음이 영국인에게는 어감이 좋지 않다.'[22]

참고적으로 우주의 많은 별들이 뢴트겐선을 방출한다는 것이 알려지자 대다수의 위성들은 X선을 탐지할 수 있는 기자재들을 탑재한다. 이 위성들이 우주에서 별들의 탄생과 일생을 연구하는데 도움을 주고 있음은 물론이다.[23] 뢴트겐의 발견이 전 우주에 통한다는 것이야말로 그의 발견이 얼마나 인간에게 큰 혜택을 주었는지 이해할 수 있을 것이다.

많은 학자들이 뢴트겐이 X선을 발견한 1895년을 근대과학이 본격적으로 시작되는 분수령으로 인식한다.[24] 그러나 X선의 진가는 고전물리학 시대에서 벗어나 원자물리학의 새로운 시대로 들어가는 중요한 발걸음을 내딛게 했다는 점이다.[25] 이 부분은 뒤에서 다시 설명한다.

X선은 노벨상의 보고

X선의 효용도가 상상할 수 없을 정도로 많다는 것을 확인한 학자들은 이 불가사의한 X선의 정체를 알아내기 위해 노력했다. 이 부분은 수많은 노벨상을 수상하는 연구와 양자론 등과 밀접한 관계가 있으므로 다소 어려움이 있다. 그러나 X선으로 시작한 방사능이 우리와 밀접한 관계를 맺고 있으며 이 책의 주제가 되므로 천천히 음미하면서 읽기 바란다.

수많은 학자들이 X선 확인 작업에 매달렸으나 학자들의 기대와는 달리 X선의 정체는 쉽사리 밝혀지지 않았다. 1910년대에 들어서야 비로소 10^{-11}미터(1억 분의 1밀리미터) 정도의 파장을 가진 전자기파가 아닐까 생각될 뿐이었다.

파동 특유의 중요한 성질에 '간섭'이라는 현상이 있다. 빛은 근접한 2개의 슬릿(틈새)을 통과할 때 후방에 놓인 스크린에 밝고 어두운 간섭 줄무늬를 만든다. 이것은 슬릿을 빠져나간 2개의 파동의 산과 산, 골짜기와 골짜기가 겹쳐지는 곳에는 파동이 서로를 보강하여 빛이 밝아지고, 반대로 산과 골짜기가 겹쳐지는 곳에서는 서로 상쇄되어 빛이 어두워지기 때문이다.

간섭이 생기기 위해서는 슬릿의 간격과 파동의 파장이 거의 같은 정도의 크기여야 한다. 이것은 X선이 예상대로 파장이 매우 짧은 전자기파라고 하면 파장과 같은 정도의 간격을 만들어 측정하면 이 현상을 포착할 수 있다는 뜻이다. 그러나 그 당시 10^{-11}미터의 슬릿을 만드는 것은 거의 불가능한 일이었다.

이때 라우에(Max Theodor Felix von Laue)가 기발한 발상을 한다. 1912년 라우에는 결정의 규칙적인 원자배열이 X선에 간섭을 일으키는 슬릿의 역할을 할 것이라고 생각했다. 결정(結晶)의 구조가 현재처럼 밝혀져 있던 것은 아니지만, 당시에도 결정 속의 원자는 규칙적으로 배열되어 있으며 원자간의 거리는 10^{-10}미터 정도인 것은 알려져 있었다. 이 거리는 X선의 파장과 거의 일치하였다.

라우에가 황화아연의 결정에 X선을 쬐었을 때, 그의 예상대로 사진 필름 위에 X선의 간섭 현상을 알려주는 작은 반점군(斑點群)이 나타났다. 비로소 X선의 정체가 파장이 극히 짧은 전자기파라는 것이 밝혀진 것이다.

한편 이 반점군의 형태는 X선이 서로 다른 원자 층을 통과하면서 어떻게 회절했는가에 따라 달라진다. 이것은 역으로 X선의 회절 현상을 파악함으로써 원자 층의 위치와 결정체의 구조를 계산해 낼 수 있다는 것을 의미한다. 즉 X선 회절은 원자의 기본 구조를 밝혀 주었을 뿐만 아니라 X선 파장을 측정하는 수단도 제공한다. 이것을 'X선 결정구조 해석'이라고 하며 라우에는 이 연구로 1914년에 노벨 물리학상을 받았다.

회절과 굴절은 다르다. 기본적으로 회절은 '빛이 직선으로 이동한다'는 규칙과 반대로 직선 전달 너머 소규모 빛의 확산과 관련된다. 전파가 지구 곳곳을 이동하는 가장 큰 이유는 전리층 때문이지만 어느 정도는 회절 때문이기도 하다. 빛의 파동 성질도 회절 효과의 관찰로 입증된 것이다.[26]

이제 X선에 대한 보다 심층적인 연구가 시도되었다.

라우에가 개척한 이 분야를 더욱 발전시킨 사람은 영국의 헨리 브래그(Sir William Henry Bragg)와 그의 아들 로렌스 브래그(Sir William Lawrence Bragg)였다. 브래그 부자는 결정 내 원자의 위치를 알아내는 방법을 실제의 측정에 이용하여 나트륨과 염소이온으로 된 결정격자의 구조는 염소이온이 6개의 나트륨이온과 등거리에 있는 것을 발견했다.

브래그 부자는 1915년에 공동으로 노벨 물리학상을 받았는데 아들

로렌스 브래그는 그 당시 25세의 젊은 나이였다.

1886년 호주의 아델레이드 대학에서 수학과 물리학 교수를 겸임할 때 그의 나이는 고작 24살이었다. 이곳에서 방사성에 대한 연구에 착수했고 결국 노벨 물리학상을 수상했다.[27]

아버지 브래그가 1923년 왕립학회 회장이 되자 왕립학회는 X선 회절 연구의 전 세계 중심지가 되었다. 한 강연에서 헨리 브레그는 X선의 중요성을 다음과 같이 설명했다.

'현미경은 특정 거리까지만 갈 수 있다. 원자가 여러 물체에 독특한 성질로 작용하는 법을 이해한다면 도달해야 할 지점에 훨씬 못 미친다. 이는 금속 속 개별적인 결정의 존재를 증명하지만 결정 속 원자의 배열은 증명하지 못한다. (중략) X선은 새로운 희망이 있다.'[28]

결정구조해석과 병행하여 확립된 X선 연구의 또 다른 분야가 X선 분광학이다. 이것은 X선의 스펙트럼(파장 분포)을 측정하여 원자를 연구하는 학문이다. 전자선(電子線) 등을 물질에다 쬐면 원자의 안쪽 궤도를 도는 에너지가 낮은 전자가 튕겨 나오고 빈자리가 생긴다. 그러면 바깥쪽을 돌고 있던 에너지가 높은 전자가 비어 있는 자리를 겨냥하여 뛰어내리고 그때 전자 사이의 에너지 차가 X선으로 복사된다. 이것을 '특성(고유) X선'이라고 부르며 각 원소는 고유의 스펙트럼을 가진다.

모즐리(Henry Moseley)가 특성 X선의 파장을 측정하면 원소의 원자번호가 결정된다는 것을 발견한 것도 바로 이것을 이용한 것이다.

한편 시그반(Karl Manne Georg Siegbahn)은 서로 다른 원소를 X선으로 투과시킨 결과, 분광선이 비교적 단순하면서 서로 유사성이 있다는 것을 발견했다. 그는 이 유사성이 원자내부의 특성에 기인하는 것으로 원소들의 화학적 성질과는 관련이 없다고 확신했다.

또한 시그반은 1917년 노벨 물리학상 수상자인 바클라(Charles Glover Barkla)가 발견한 K와 L복사선의 존재를 입증했고 M복사선이라 불리는 다른 종류의 선도 발견했다. 그는 L계열에서는 28개의 선을, M계열에서는 24개의 선을 발견했다. 이것은 그 후 원자폭탄이 탄생하는데 결정적인 영향력을 끼친 보어(Niels Henrik David Bohr)의 원자 모형을 확실하게 증명해 준 것이다. 시그반은 X선 분광학으로 1924년에 노벨 물리학상을 수상한다.

X선이 이렇게 중요한 연구에 사용되는 것은 파동의 진동수가 높고 파장이 짧아서, 결정 속의 원자의 열 사이에 존재하는 간격처럼 극히 좁은 간격을 통해서만 회절하기 때문이다. 실제로 결정(結晶)에 의한 X선의 회절은 많은 물질의 분자 구조를 확인하는데 사용되며, 만약 X선이 발견되지 않았다면 현대 화학과 생화학은 현대와 같이 발전하지 못했을 것이다.

X선 발생에는 기체관과 필라멘트관이 있다. 기체관은 뢴트겐이 X선을 발견할 때 사용한 것으로 요즈음은 거의 사용하지 않는다. 필라멘트관은 1913년 쿨리지(Coolidge)가 처음으로 개발하였다. 필라멘트관은 진공으로 된 유리관의 한쪽 끝에는 텅스텐 필라멘트로 된 음극이

있고 다른 한쪽 끝에는 물로 냉각시킨 구리로 된 양극이 있으며 금속 타깃이 한쪽 끝에 삽입되도록 한 것이다. 필라멘트를 가열하여 전자를 방출시키면 X선은 타깃, 즉 초점에서 모든 방향으로 방출되며 이를 자동 변압기로 조절한다.

X선을 검출할 수 있는 방법으로는 사진 필름, 형광스크린, 계수기(counter)의 3가지 유형이 있다. 이 중에서 사진 필름은 영구적인 기록을 얻을 수 있고 검토하기 쉬우며 크기가 작아서 저장하기 쉽고 가격도 저렴하지만 다른 기록 장치보다 상대적으로 정확성이 떨어지고 X선 강도 측정에서 감도(sensitivity)가 낮고 X선 강도를 필름에서 절대적인 눈금으로 측정할 수 없는 단점이 있다. 그러나 최근에는 매우 빠른 방법으로 현상하는 방법이 고안되어 많이 사용된다.

형광 스크린 법은 마분지 위에 소량의 니켈을 함유한 황화아연의 얇은 층으로 만들어 X선의 작용으로 가시광선 영역에서 노란색의 형광을 나타내도록 하는 것이다. 그러나 대개의 회절 빔이 너무 약해서 이런 방법으로 검출할 수 없는 단점이 있다. 그러므로 형광 스크린은 X선 회절 장치와 같은 기계를 조정할 때 1차 빔을 알아내는 데 사용한다. 마지막으로 계수기는 X선을 펄스전류로 바꾸는 장치로 비례 계수기, GM(Geiger-Muller)계수기, 섬광 계수기가 사용된다.

X선을 이용한 연구 장치의 개발은 곧바로 20여명이나 노벨상을 받게 만드는 노벨상의 산실로 등장한다. X선 결정학은 특히 세포와 유기체의 많은 생물학적 과정을 수행하는 단백질인 효소의 이해에 크

게 기여했다. 오늘날 분자생물학이라는 새로운 학문을 탄생시키는 왓슨(James D. Watson)과 크릭(Francis H. C. Crick)이 디옥시리보핵산(DNA) 구조를 결정할 때 1952년 5월 프랭클린(Rosalind Franklin)이 얻은 B형 DNA 결정의 X선 회절사진이 있었기 때문이다. 그들은 1962년 노벨생리의학상을 수상했다.[29]

페루츠(Max Perutz)는 X선 회절로 헤모글로빈 입체 구조를 밝히는데 도전했다. 헤모글로빈의 크기는 당시 구조가 결정되어 있던 최대 분자의 1,000배 이상이나 되므로 어느 누구도 선뜻 도전하기가 어려운 분야였다. 더구나 그가 헤모글로빈이라는 단백질의 구조 결정을 연구하기 시작한 1937년에는 수동 계산기만 사용되었기 때문에 X선 결정구조 해석은 가장 작은 분자일지라도 몇 달이 걸릴 때였다.

이 문제를 해결하기 위해 페루츠는 거대 분자의 구조 해석을 가능하게 하는 동형 치환법을 개발하였다. 그의 동료인 켄드루(John Kendrew)는 동형 치환법을 사용하여 미오글로빈이라는 다른 단백질의 입체 구조를 밝힐 수 있었다. 그러나 헤모글로빈의 구조 해석은 이보다 더욱 복잡했으므로 결과를 얻는 것이 쉬운 일이 아니었다. 그렇지만 결국 페루츠는 헤모글로빈의 입체 구조를 밝혀냈고 그로 인해 산소 결합의 메커니즘을 보다 효과적으로 이해할 수 있게 되었다. 그의 악착같은 연구는 그 후 많은 학자들의 귀감이 되었고 1962년 켄드루와 함께 노벨 화학상으로 보상받았다.

도로시 호치킨(Dorothy Mary C. Hodgkin)도 X선을 이용하여 1964년 노벨 화학상을 받은 사람이다. 그녀는 펩신과 인슐린의 X선 회절에 도전하였고 곧이어 생리활성물질, 예컨대 콜레스테롤, 페니실린, 비타민 B12의 X선 해석에 착수하였다. 결정체 비타민 B12는 당시 알려져 있던 어느 것보다도 더 큰 분자량(1,355)을 가지고 있었다. 그녀에게는 행운이 따랐다. 그녀는 그 당시에 개발된 컴퓨터를 사용하여 복잡하기 짝이 없는 비타민 B12의 구조를 밝힐 수 있었던 것이다.

그녀의 연구는 X선 회절기술을 이용하면 복잡한 분자구조를 가진 물질들을 분석이 가능하다는 것을 보여주었고 이후 모든 연구자들이 그의 연구 방식을 따랐다. 그녀는 1964년에 노벨 화학상을 받은 이후에도 계속 연구를 하여 1969년에는 인슐린의 복잡한 입체구조를 해석했다.

X선을 이용한 연구는 더욱 확대된다. 하르트무트 미헬(Hartmut Michel)과 로버트 후버(Robert Huber)는 박테리오로돕신이라고 하는 광합성 세균의 광합성 색소를 연구하면서 광합성의 반응 중심 복합체의 결정화에 도전했다. 지구상의 생명체에 필요한 에너지는 태양으로부터 오는데 그 에너지는 식물, 해초, 광합성을 수행하는 박테리아 속으로 들어간다. 광합성에서 빛은 파장에 따라 흡수되고, 이때 나타나는 색소는 반응을 일으키는데 이용되는 에너지를 특수한 단백질 클로로필 착물로 전환시킨다. 그는 단백질을 단리하여 정제하고 이것을 결정화하는 프로젝트에 매달렸다.

그들이 성공한 박테리아 반응 중심의 결정학 연구 결과는 물리학, 화학, 생물학에 중요한 문제들의 응용을 가능하게 만들었다. 그들은

1988년 X선 해석을 담당한 다이젠호퍼(Johann Deisenhofer)와 함께 노벨 화학상을 수상했다.

하지만 X선 촬영에도 문제가 있다. 보통 X선은 가속이 붙은 전자의 흐름을 금속에 충돌시켜 만든다. 전자들이 충돌하면서 급격히 속도가 떨어질 때 X선이 생성된다. 그러나 이런 X선은 워낙 약해서 좋은 회절 사진을 얻으려면 피사체와 필름을 몇 시간 심지어는 며칠 동안 노출시켜야 한다.

그런데 이 노출 기간 동안 결정체 안의 원자들은 가만히 있지 않고 어떤 점을 중심으로 빠른 속도로 진동한다. 자연히 필름에는 중심점만 찍히고 그 동안 원자들이 진동하면서 무슨 일을 했는지는 알 수 없게 된다. 이러한 결점은 피사체 분자가 복잡할 경우, 특히 단백질처럼 아주 복잡하면서도 약한 원자 구조를 가지고 있을 때는 더욱 심각하다.

이런 문제점을 해결하는 방법이 소용돌이 전자를 이용한 초강력 X선으로 짧게 조사하는 것이다. 여기에서 100억 분의 1초의 조사 시간으로 생체 조직의 복잡한 분자를 찍을 수 있는 강력한 X선이 등장했다. 언듈레이터(undulator)라고 부르는 이 장치는 전자를 단순히 맴돌이 시키는 것이 아니라 회전하면서 동시에 앞뒤로 진동시킨다.

X선 발견 이후 한동안은 X선이 조직 투과시 별로 조직 장애를 일으키지 않는다는 것이 학자들의 견해였다. 심지어 X선에 쪼이면 건강증진 작용이 있다고까지 생각하여 상품 선전장에는 X선 조사장치가 설치되어 동전이 들어가면 자기 손뼈의 영상을 볼 수 있게 하던 때도 있다.

톰프슨은 X선이 조직 장해를 일으키는지 여부를 검증하기 위해 X선을 손가락에 30분을 쪼인 후 결과를 관측하였다. 5~8일이 지나도 아무 일도 일어나지 않았지만 9일째부터 손가락이 붉어지기 시작해서 12일 후에는 대단히 아프고 X선을 쪼이지 않았던 부분까지 물집이 생겼다. 피부는 계속해서 허물이 벗어지고 심한 통증이 나타났으며 6주반이 지나서야 완쾌되었다고 했다.

이후 납을 입힌 장갑이 고안되었지만 발명이나 연구에 몰두하다보면 이런 경고를 도외시하게 된다. 그런 전형적인 예가 유명한 발명왕 에디슨으로 그는 X선 촬영기가 큰돈을 벌 수 있다고 생각했다. 그래서 X선 촬영기를 만국박람회에 전시하여 사람들에게 X선을 비추어 주고 돈을 받았다.

불행인 것은 손님 대신 조수 달리를 촬영하여 보여주었는데 달리에게는 치명상이었다. 조수 달리는 에디슨의 호기심에 의해 수시로 뇌를 촬영했는데 이 영향으로 머리가 빠지고 피부가 괴사하는 합병증으로 고통을 받다가 1904년 39세의 나이로 결국 사망했다. 미국에서 X선에 의해 최초로 사망한 사람이다.

이후 지속적인 X선에 노출된 많은 사람들이 피부 화상과 시력이 약화되는 상처를 받았다. X선에 노출되는 것은 꼭 필요한 진료용이 아니면 건강에 좋지 않으며 진료를 위한 X선 촬영도 연간 1~3회 정도가 적당한 것으로 추천되고 있다.

2 방사능과 마리퀴리

오래 전에 『포스트 맨은 벨을 두 번 울린다(The postman always rings twice)』라는 영화가 국내에 상영된 적이 있었다. 당시 이 영화를 수입한 회사에서 원래 생각하던 영화 제목은 「우체부는 벨을 두 번 울린다」였다고 한다. 그런데 우편집배원들이 우체부라는 말이 직업을 비하한다고 항의하여 이렇게 바뀌었다는 것이다.

그러나 'postman'이라는 단어를 어떻게 해석하든 영화제목이 뜻하는 것은 매우 합리적이라고 생각한다. 우편집배원이 벨을 눌렀을 때 응답이 없으면 적어도 한 번은 더 벨을 울린다는 것을 모르는 사람은 없다. 그것은 우편집배원이 우편물을 반드시 수신자에게 전해주어야 한다는 의미도 있지만 한편으로는 수신자가 받을 수 있는 기회를 적어도 두 번을 준다는 의미도 된다.

일상생활에서 가장 자주 쓰이는 말 중의 하나가 '삼세번'이라는 단어가 아닌가 한다. 가위바위보나 어떤 내기를 했을 때 '삼세번'은 많은 사람이 결과에 수긍하도록 만드는 마술적 힘을 가지고 있다. 아마도 그것은 일을 단 한 번으로 끝내지 않고 또 다시 기회를 주기 때문일 것이다.

방사능 물질이 있다

이러한 예가 인류의 과학사에도 나타났다. X선이 뢴트겐에 의해 발견된 바로 다음해인 1896년에 앙리 베크렐(Henri Becquerel, 1852~1908)이 '방사선'을 발견하고 곧바로 퀴리 부부의 라듐 발견으로 '방사능'이란 단어가 태어났다.

인류사에 가장 큰 공헌을 한 발견이 거의 동시에 일어난 것이다. X선에 의해 과학의 획기적인 발전을 이룰 수 있었던 것과 마찬가지로 방사능 때문에 과학은 또 한 번의 비약적인 발전의 계기를 얻은 것이다. 마치 누군가가 X선 하나만이 아니라 방사선도 함께 알려줌으로써 인류가 보다 획기적으로 발전할 수 있도록 도와주는 듯 했다. 인간에게 그런 기회를 제공한 '포스트 맨'이 누구인지는 모르지만 인류의 발달사에 이런 경우가 종종 있다는 것은 매우 고무적인 일이다.

뢴트겐이 X선을 발견했다는 소식을 들은 세계의 과학자들은 모두 놀라면서 그 현상을 재현하려고 했다. 파리에 있는 에콜 폴리테크닉의 물리학 교수였던 베크렐도 예외는 아니었다.

앙리 베크렐은 파리 태생으로 그의 아버지 에드몽은 태양의 복사나 인광을 연구한 물리학자였고 할아버지 세자르도 전기 분해법을 사용하여 광석으로부터 금속을 추출하는 방법을 연구한 과학자였다.

베크렐은 형광과 인광 등을 내는 물질(형광 물질은 빛을 조사(照射)하면 빛을 내지만 어두운 곳으로 옮기면 이 형광은 없어진다. 반면에 인광 물질은 조사가 중단된 후에도 잠시 동안 빛을 낸다)이 동시에 X선도 방사하지 않을까라고 생각했다. 이는 당대의 유명한 수학자인 포앙카레(Henri Poincare)가 1896년 1월 뢴트겐의 연구를 프랑스 과학지(Revue generale des Sciences)에 소개하면서 다음과 같이 질문했는데 베크렐이 이 질문에 도전했다.

'형광을 충분히 강하게 방출하는 물질이라면 형광의 원인이 무엇이든 X선을 방출할 수 있지 않을까?'[30]

베크렐은 포앙카레의 질문을 확인하기 위해 즉 우라늄 원자를 포함하는 황산칼륨우라늄염(potassium uranyl sulfate)이라는 형광 물질이 X선을 포함하는지를 알아보기 위해 검은 종이로 싼 사진 건판 위에 황산칼륨우라늄염을 얹어 햇빛에 노출시켰다. 자외선이 황산칼륨우라늄염의 형광 물질을 들뜨게 할 수 있도록 하기 위해서였다.

몇 시간 후에 종이를 펼치자 그가 예상했던 대로 건판이 검게 되었다. 베크렐은 이 실험 결과를 토대로 음극선관을 사용하지 않고도 X선을 만들 수 있다고 생각했다. 그 후 베크렐은 검은 종이로 사진 건판을 포장한 후 어두운 서랍 속에 우라늄염과 함께 넣어 두었다. 며칠 후 다시 건판을 꺼내 보니 놀랍게도 건판은 전보다 심하게 감광되어 있었다. 이것은 빛을 쬐지 않더라도, 즉 형광이나 인광의 발광과는 관계없이, 우라늄염이 X선이 아닌 다른 방사선을 낸다는 것을 의미했다.

처음으로 자발적으로 물질에서 방출되는 방사선이 확인된 것이다. 그후 그는 이들 베크렐선이 기체를 이온화하고, 또 베크렐선 가운데 어떤 것이 전기장이나 자기장에 의하여 구부러진다는 것을 발견했다.

이온화란 원자나 분자가 마이너스 전기를 지닌 전자를 방출 또는 받아들여 이온(전기를 띤 원자 또는 원자단)이 되는 것을 말한다. 또 전기장이나 자기장에 의해 구부러지는 것은 그들 베크렐선이 플러스 또는 마이너스 전기를 띤 입자임을 의미한다.[31]

베크렐을 더욱 놀라게 한 것은 우라늄에 의해 방출되는 방사선이 우라늄의 화학적 상태나 물리적 조건에 영향을 받지 않는다는 것이었다. 그는 순수한 우라늄이 우라늄염보다 더 강한 방출 물질인 것으로 보아 우라늄 자체가 방사선의 근원일지 모른다고 생각했다.

이 결과를 자신의 논문 「인광성 물질의 복사선 방출에 관하여」에서 다음과 같이 적었다.

'특히 강조하고자 하는 다음의 사실은 기대할 수 있었던 현상과는 전혀 다른 것이며 따라서 대단히 중요한 현상이라고 생각한다. 사진판 위에 같은 조건으로 놓인 같은 인광성 조각은 어둠 속에서도 동일한 사진의 상을 만들어냈다. (중략)

내가 연구했던 우라늄염은 그것이 햇빛에 의해 인광성을 나타내는 것이든 아니든 혹은 응고나 주조에 의해 만든 것이든, 용액 상태로 있든 모두 비슷한 결과를 나타냈다.

따라서 나는 이런 현상이 염속에 있는 우라늄 원소 때문이며 순수한 우라늄은 염보다 훨씬 강한 효과를 나타낼 것으로 예측했다. 몇 주 전에 오랫동안 실험실에 놓여있던 우라늄 분말로 실험하여 이 예측이 맞다는 것을 확인했다. 우라늄 분말의 상은 우라늄 염으로 만든 것보다 훨씬 뚜렷했다.'[32]

이 당시만 해도 베크렐의 발견이 가진 엄청난 중요성을 알아차린 사람은 거의 없었다. 추후에 20세기 물리학에의 길을 개척한 베크렐을 기념하여 지금도 방사능의 단위로 '베크렐'이 사용된다. 불안정한 원자핵이 방사선을 방출하여 매초 1회의 비율로 붕괴할 때 그것을 '1베크렐'의 방사능이라고 한다.

 마리 퀴리의 생애

베크렐은 자신이 발견한 이상한 현상이 우라늄 광물만이 가지는 특별한 성질이라고 생각했다. 이에 대해 추후에 다음과 같이 설명했다.

'새 방사선이 우라늄에서 발견되었기 때문에 더 큰 활성이 다른 물체에서 나타나리라고는 생각하지 않았다. 그래서 다른 물질에서도 이런 현상이 있는지를 찾는 것보다는 그 빛의 본성을 이해하기 위한 물리학적 연구가 더 시급하다고 생각했다.'[33]

그러므로 베크렐의 발견은 마리 퀴리(Marie Curie, 1867~1934)에 의해 그 진가가 발휘되었다고 볼 수 있다.

마리 퀴리는 1867년 11월 7일 바르샤바에서 블라디슬라브와 브로니슬라바 슬로도프스키의 다섯 자녀 중 막내 마리아 슬로도프스키로 태어났다. 아버지는 몰락한 물리 교사였고 어머니는 기숙학교 교장이었다. 어머니는 마리가 열 살 때 결핵으로 세상을 떠났는데 독실한 가톨릭 신자인 어머니가 죽자 마리는 종교에 반감을 느껴 평생 무신론자로 지냈다.

당시 폴란드는 독립국이 아닌 러시아의 한 지방이었고 러시아는 폴란드 문화를 짓밟았다. 그녀는 이러한 와중에서 성장하였기 때문에 김나지움에서 부당한 대우를 받았고 학과 성적이 뛰어났음에도 당시 폴란드에서는 여자가 고등 교육을 받는 것을 금지하여 대학에 진학할 수 없었다. 결국 1883년 김나지움을 졸업하자 체제 전복을 꿈꾸는 여성해방론에 따르며 비밀리에 '이동대학교'에 관계했다.

1886년 18세가 된 마리는 언니 브로냐와 서로 약속을 했다. 마리가 가정교사로 일하면서 우선 언니를 파리로 보내 학비를 보내주고 그 다음 브로냐가 자격을 갖추면 마리의 교육비를 대기로 약속했다. 언니인 브로냐는 두 사람의 약속대로 파리에서 의사자격시험에 합격하고 폴란드 유학생 카디미르 도르스키와 결혼하자 마리가 파리에서 공부할 수 있도록 주선한다.[34]

마침내 마리는 1891년 프랑스로 옮겨 와 파리 대학에서 입학 허가를 받고 1893년 여자로서는 처음이자 수석으로 소르본 대학에서 물리학 학위를 받는다. 1894년에는 2등으로 수학과를 졸업했다.

원래 공부를 마치고 폴란드로 돌아갈 생각으로 고국을 잠시 방문했을 때 조국의 상황이 매우 어렵다는 것을 절감하고 프랑스에 남기로 결심했다. 이때 8살 연상의 피에르 퀴리(Pierre Curie, 1859~1906)를 만난다.

피에르 퀴리는 어려서부터 정통 과학교육을 받지 않고 외과 의사였던 아버지로부터 개인적으로 교육을 받았으나 놀랍게도 14세에 소르본 대학에 입학했고 4년 후에 물리학 학사 학위를 받았다. 그러나 가정형편 때문에 학업을 계속하지 못하고 형 자크 퀴리가 근무하던 고등물리화학연구소에서 실험실의 조교자리를 얻어 실험을 지도하는 한편 결정구조에 관한 연구를 하고 있었다. 마리는 피에르의 만남을 다음과 같이 기록했다.

"우리는 이야기를 나누자마자 곧 친해졌다. 조국은 달랐지만 그의 생각과 사고방식은 놀라우리만치 나와 닮은 점이 많았다."

그러나 두 사람의 만남이 처음부터 순탄했던 것은 아니다. 그들은 과학에 대한 열정에는 서로 공감했으나 피에르가 몇 번 만나 갑자기 청혼하자 마리는 청혼을 거절하고 방학을 핑계 삼아 폴란드로 돌아갔다. 그러자 평소와 다른 필치로 마리의 애국자로서의 꿈과 과학자로서의 꿈을 두 사람이 합한다면 이룰 수 있다고 쓴 피에르의 편지는

피에르 퀴리와 마리 퀴리 파리의 연구실에서 실험 중에

마리를 납득시켰고 마리는 곧바로 폴란드를 떠나 파리로 돌아왔다.[35]

두 사람은 1895년 결혼식을 올렸고 신혼여행으로 자전거를 타고 프랑스 지방을 여행했다. 결혼 후 파리의 글라시에르 거리에서 세간도 없는 아파트에서 살았다. 마리가 살림살이를 좋아하지 않았기 때문이다. 1897년 추후 노벨상을 받는 첫딸 이렌이 태어났다.

피에르 퀴리는 가난했지만 1880년 형 조제프와 함께 압전기(押電氣) 효과, 즉 어떻게 결정체가 압력을 받아 전기를 생산했는지를 발견했으며 자기에 대해서도 연구했다. 그의 박사학위 논문 「여러 온도에서의 자성체」는 당시 중요한 연구로 평가받았다.

그들이 결혼한 1895년은 빌헬름 뢴트겐이 X선을 발견하였고 곧바로 앙리 베크렐이 우라늄의 신비로운 성질을 발견했다. 1897년 베크렐은 자신이 우라늄 외에 다른 물체가 방사선을 낼 수 있으리라고는 생각하지 않았지만 마리 퀴리에게 박사학위논문으로 자신의 연구를 계속하도록 권유했다. 마리는 남편 피에르와 함께 베크렐의 복사선을 연구하기로 결심했는데 결국 베크렐이 제시한 학위논문 주제는 퀴리 부부의 인생을 극적으로 바꾸었다.

 억척스러운 퀴리부부의 연구

마리는 우선 당시 알려져 있던 모든 원소 및 혼합물을 대상으로 방사능이 있는지를 조사했다. 얼마 안가서 토륨(원자번호 92)이라는 원소 및 그 혼합물도 베크렐선을 방출한다는 사실을 발견했다. 다른 물질 중에서는 마리가 추후에 베크렐선을 방사능이라고 명명한 독특한 성질을 가진 것은 없는 듯 했다. 끈질긴 실험 끝에 그 현상은 화학적 성질의 것이 아니라 원자 자체의 내부에서 일어나는 새로운 현상이라는 사실을 깨달았다.

그런데 1898년 마리 퀴리는 독일 요아힘슈탈 지역에서 채굴된 산화우라늄을 함유한 피치블랜드(Pitchblende, 역청우라늄) 샘플이 순수한 우라늄보다 훨씬 큰 방사능이 있다는 사실을 발견했다. 마리는 역청우라늄광 안에 또 다른 원소가 들어 있다고 생각했고 자신의 결론을 1898년 4월 12일 과학원에 첫 번째 보고서로 발표했다.

그녀의 결론은 명확했다. 알려지지 않은 원소가 우라늄보다 훨씬 강한 방사능이 있음에도 역청우라늄광 안에 아주 소량으로 함유되어 있어 과거의 화학분석에서 그것을 탐지하지 못했다고 판단했다. 그녀에게 목표가 생겼다. 즉 역청우라늄광에서 특별히 강한 방사선이 나오게끔 만드는 물질을 분리해 내겠다는 것이다.

사실상 마리가 이 연구를 시작할 때인 1898년 4월만 해도 자신들의 작업이 얼마나 엄청난 일인지 알지 못했다. 다행히 피에르 퀴리도 자신의 주전공인 결정에 관한 연구를 당분간 중단하고 마리의 실험을 돕기로 작정했다.

그들은 자기들이 찾으려는 물질이 역청우라늄광 속에 1 퍼센트 정도 들어있을 것이라고 추측하면서 실험에 임했다. 그러나 추후에 밝혀졌지만 그 물질은 1만 분의 1퍼센트도 들어있지 않았다.

그들은 역청우라늄광을 갈아서 가루로 만든 다음 그것을 산(酸)에

넣어 용해시켰다. 그리고 그 용액을 끓이고 얼리고 침전시키는 과정을 반복해서 각각의 성분으로 분리했다. 이중 우라늄 성분을 모두 제거하고 다시 알고 있는 다른 원소들도 분리했다. 각 단계마다 남아 있는 물질이 여전히 방사능을 띠고 있는지를 확인했다.

이러한 억척스러운 노력은 곧바로 성과를 얻기 시작했다. 6월이 되자 미량의 미세한 흑색 분말을 얻었는데 이 분말은 우라늄보다 150배나 강한 방사능을 지니고 있었다. 더욱 정제하자 분말의 방사능도 더욱 강해져 무려 400배나 되었다. 마리는 피에르와 함께 발견한 새 원소를 자신의 조국 폴란드의 이름을 따서 폴로늄이라고 명명한 후 7월에 마리와 피에르 공동 명의로 자신의 발견을 과학원에 발표했다.

더불어 폴로늄의 방사능이 반감기라고 불리는 일정한 시간이 지나면 방사능이 자연적으로 절반으로 감소한다는 것도 발견했다. 반감기는 방사성물질에 따라 다른데 폴로늄의 중요한 동위원소인 Po210의 반감기는 138일이다.[36]

몇 달 후 그 분말로부터 폴로늄을 분리했는데 전혀 예상치 못한 일이 벌어졌다. 폴로늄을 분리했는데도 남은 물질이 여전히 방사능을 띠고 있었기 때문이다. 마리는 역청우라늄광에는 미지의 원소가 하나가 아니라 둘이라는 것을 직감으로 알았다.

두 번째 원소는 너무나 미량이어서 그것을 순수한 형태로 분리하는 데는 또다시 여러 달이 걸렸다. 불순물이 함유된 상태에서도 그 물질의 방사능은 우라늄의 900배나 되었다. 추후에 밝혀졌지만 그것은 무려 300만 배 더 강한 방사능을 가지고 있었다.

라듐의 발견이다. 라듐은 눈에 보이지 않지만 유리관 벽면을 자극해 신비스럽고 창백한 빛이 나도록 만드는데 이 빛은 환한 대낮에도 눈에 보일 정도이다.

마리 퀴리는 라듐에 대해 다음과 같이 적었다.

'여러 가지 이유로 우리는 이 새로운 방사능 물질 속에 새로운 원소가 포함되어 있다는 믿음을 가지고 있다. 우리는 그 원소를 라듐이라고 부르기로 했다. 이 새로운 방사능 물질은 상당한 방사성을 띠고 있음에도 매우 많은 양의 바륨이 포함되어 있었다. 따라서 우리는 라듐이 엄청나게 강한 방사성 물질이라고 생각한다.'

더구나 라듐은 빛의 밝기를 그대로 유지한 채 시간당 100칼로리의 열을 발생시켰다. 주변에 의해 냉각되지 않도록 열을 차단하면 라듐은 점차로 온도가 올라가 주변보다 10도 이상 높은 온도를 가진다. 라듐은 검은 종이를 투과해 사진 감광판에 형상을 남기며 주위환경을 전도성으로 만들어 멀리 떨어져있는 검전기에 방전을 일으킨다. 라듐을 담았던 유리그릇은 자주색이나 보라색으로 물들여지고 부식성도 강해서 그것을 싼 종이나 무명천을 가루로 만들어버린다.

마리 퀴리는 다이아몬드에 대한 재미있는 기록을 남겼다.

'다이아몬드는 라듐에 의해 형광특성을 갖는다. 따라서 매우 약한 발광특성을 보이는 모조보석의 가짜 다이아몬드와 쉽게 구별이 된다.'[37]

여하튼 라듐과 폴로늄은 알카리토류 금속 원소의 하나로 본격적인 방사능 연구의 실마리를 주었고 퀴리 부부는 이 발견으로 베크렐과 함께 1903년에 노벨 물리학상을 수상했다.[38] 당시 퀴리 부부가 사용하던 실험실은 버려진 헛간을 개조한 것으로 역사상 노벨상을 받은 연구가 행해진 실험실 중에서 가장 열악한 것으로 평가받고 있다. 마리 퀴리는 훗날 이렇게 회상했다.

"우리는 비가 새는 헛간에서 밤낮 없이 연구했다. 좋지 못한 환경에서 너무도 어려웠다. (중략) 일할 장소도 마땅치 않았고 돈도 없었고 일손도 딸렸다. 너무나 많은 일로 기진맥진할 때면, 이리 저리 걸으며 일과 우리의 현재와 미래를 얘기했다. 추울 때에는 난로 옆에서 뜨거운 차를 마시며 기운을 냈다. 우리는 꿈꿔 온 대로 완전히 연구에 몰두했다."

 방사능의 탄생

마리 퀴리는 우라늄에 의한 방사선은 그것의 화학적 반응과 관계없는 우라늄 원자의 성질이라고 믿었다. 또한 방사능의 강도가 방사능 시료인 우라늄 양에 관계가 있다는 것도 확인했다.

베크렐과 퀴리의 발견이 중요한 것은 X선과 유사하면서도 뚜렷이 구분되는 차이점이 있음을 확인했다는 점이다. X선은 진공유리관 속의 양 전극 사이를 흐르는 전압을 차단시키면 즉시 사라지지만 우라늄과 라듐 등은 전압과 상관없이 계속해서 같은 강도로 빛을 발산했다. 이 특이한 광선은 온도의 높낮이 또는 그 어떤 외부적 요인에도 영향을 받지 않았다.

더구나 방사능 물질에서 나온 방사선은 X선보다 투과성이 더 크고 에너지도 더 컸다. 이 방사선은 나중에 감마선으로 밝혀졌다. 그들의 발견에 당시의 학자들이 놀란 것은 에너지 보존이 무너진다고 생각했기 때문이다.

잘 알려진 에너지 법칙은 다음과 같다.

'에너지는 서로 변환될 수는 있을지언정 결코 무로부터 생성되지는 않는다.'

그런데 방사능 물질이 어떤 방식으로 빛을 발생시키는 에너지를 얻을 수 있는지가 당대의 화두였다. 유명한 물리학자 캘빈 경(Lora Kelvin, 1824~1907)과 러시아의 화학자 드미트리 멘델레예프(Dmitry Ivanovich Mendeleyev, 1834~1907)는 우라늄이 공기 중의 에테르를 빨아들여서 신비스런 빛으로 변환시킨 다음 다시 방출한다고 설명했다.

그때까지만 해도 물리학자들 사이에서 '에테르'는 빛의 파장을 이해하는 데 필수적인 이론적 기반이었다. 물론 어느 누구도 이 정체를 알 수 없었고 증명하지도 못했지만 에테르는 존재해야 했다. 이 부분은 추후에 아인슈타인이 상대성이론을 도출하는데 가장 중요한 역할을 하는데 결론을 말한다면 에테르는 존재하지 않는다.

여하튼 마리 퀴리는 에테르가 존재한다는 오류에 빠져들지 않고 이 광선이 스스로 발생한 것이라고 주장했다. 또한 우라늄을 비롯하여 폴로늄이 이상한 현상을 일으키는 것을 '방사능'이라고 부르자고 제안했다.[39]

현대 과학을 한 단계 올리는데 큰 기여를 한 그녀의 업적은 다음 세 가지로 요약된다. 라듐의 방사능을 발견했고 우라늄 광석에서 라듐을 분리했으며, 방사능은 원자의 고유한 성질이며 집합적인 물질이 아닌 원자 개개의 현상이라고 밝혔다는 점이다.[40]

앞의 설명처럼 엄밀한 의미에서 X선을 포함한 방사선을 처음으로 발견한 사람은 뢴트겐과 베크렐이다. 그러나 사람을 살리기도 죽이기도 하는 방사선 분야에서 마리 퀴리가 더욱 중요시 여겨지는 것은 그녀가 '방사능'이란 단어를 제창한 것은 물론 방사선의 원리에 대해 이론적인 토대를 세웠기 때문이다. 마리 퀴리의 전기를 쓴 로잘린드 프라움은 "순전히 가설에 불과한 원자 구조의 신비가 그녀로부터 밝혀지게 된 것이다."라고 적었다.

방사능, 방사성 물질, 방사선의 용어를 보다 풀어서 설명한다. 이들은 얼핏 비슷한 것 같으면서도 각각 의미가 다른 말이다.

방사능이란 어떤 물질이 방사선을 낼 수 있는 능력을 뜻하고 방사성 물질이란 이러한 능력을 가진 물질을 말한다. 방사성 물질의 대표적인 것이 우라늄이다. 방사선이란 물질을 투과할 수 있는 힘을 가진 광선과 같은 것으로 크게 자연계에 존재하는 자연방사선과 인공적으로 만든 인공 방사선으로 구분하는데 광선의 종류에 따라 X선, 알파, 베타, 감마, 중성자, 전자, 양자, 우주선 등 여러 가지가 있다.

방사능과 방사선은 흔히 혼동하기 쉬운데 이들의 관계를 전등으로 설명할 수 있다. 방사성 동위원소가 전등이라면 방사선은 전깃불에 해당되고 방사능은 전깃불을 방출하는 능력과 성질을 가진 전등의

필라멘트로 비유된다.[41]

노벨상을 2회나 수상한 마리 퀴리

퀴리 부부를 연구한 학자들은 1903년에 받은 노벨상은 전적으로 피에르의 공으로 평가한다. 우선 피에르는 당시에 가장 촉망받는 물리학자로 잘 알려져 있었다. 그가 1895년 박사학위 논문으로 온도에 따라 물질의 자성 정도가 달라진다는 것을 주제로 삼았는데 오늘날 이는 '퀴리의 법칙'으로 불려진다. 그의 법칙은 당대 학자들로부터 호평을 받아 절대온도 개념을 도입한 영국의 캘빈 경이 명성과 노년임에도 불구하고 프랑스를 방문하여 피에르를 직접 만나주었을 정도이다.

마리와 피에르 퀴리가 공동으로 방사능에 대해 연구했지만 1903년 가을 노벨상 선정위원회는 앙리 베크렐과 피에르 퀴리를 수상자로 결정했다.[42] 마리는 공동연구자이지만 여자라는 이유로 제외되었다. 이때 위원 중 한 사람인 스웨덴의 수학자 미탁 래플러가 이의를 제기하여 방사능 연구는 피에르의 부인 마리에 의해 얻어진 것이며 추천이 없더라도 공동수상자에 포함돼야 한다고 주장했다. 그러나 위원회는 마리의 업적이 남편의 업적 중 일부일 뿐이라며 이를 일축했다. 마리의 역할을 잘 알고 있던 미탁 래플러는 상황을 알리는 편지를 피에르에게 급히 보냈고 피에르는 노벨상 수상에서 마리를 배제할 수 없음을 밝히는 답장을 보내 결국 베크렐과 함께 3자가 공동수상하게 되었다.

그러나 퀴리 부부는 건강이 좋지 않아 스웨덴에서 개최된 시상식에 참석할 수 없었다. 방사성 물질의 연구가 건강을 해쳤고 특히 1903년

8월 유산을 한 까닭에 마리는 몇 달이 지나서야 비로소 몸을 회복할 수 있었다. 1904년 말 마리가 또 딸(에브)을 낳자 1905년 건강이 회복될 때까지 기다린 후 스웨덴에 가서 노벨상을 받았다.[43]

피에르는 노벨상 수락 연설에서 자신들의 발견에 대해 다음과 같이 강연했다.

"일부 물질에서 자연발생적으로 나오는 이 선은 베크렐선이라 하며 우리는 이 선을 방출하는 물질을 방사성물질이라 합니다. 퀴리와 저는 특정 광물에 약간 존재하는 새로운 방사성물질을 발견했지만 거기서 나오는 방사능은 대단히 강렬합니다. 저희는 비스무트와 화학적 성질이 비슷한 폴로늄과 바륨, 화학적으로 가까운 라듐을 분리했습니다.

그때부터 드비에른 씨는 희토와 비슷한 방사성물질인 악티늄을 분리했습니다. 폴로늄과 라듐, 악티늄은 우라늄과 토륨보다 백만 배는 더 강력한 방사선을 뿜어냅니다. 이 물질로 방사능 현상을 자세히 연구할 수 있고 최근 몇 년간 여러 물리학자들이 많은 연구를 했습니다. 오늘밤 저는 라듐에 대해 말씀드리는데 얼마 전 저희가 순수 상태로 분리한 원소임을 증명했기 때문입니다."[44]

1895년 12월 뢴트겐이 발견한 X선과 1896년 초 베크렐이 발견한 우라늄의 방사선에 대한 평가는 극명하게 엇갈렸다. 일반 대중은 뢴트겐이 X선을 이용해 촬영한 손의 골격 사진을 보고 열광한 반면 그보다 미약한 우라늄 방사선은 거의 무시했다.

하지만 마리 퀴리는 베크렐의 우라늄 방사선 연구에 관심을 가지고 실험에 매진했다. 당시 마리가 선택한 방법은 방사선의 영향을 직접 보여주는 사진 건판이 아니라 방사선의 강도를 측정할 수 있는 전류 측정기를 사용한 것이다. 그녀는 연구로 인한 과실보다는 탐구적인 현상을 밝히는데 주력했다. 당연히 연구에 따른 고통이 따랐는데 마리는 이런 글을 남기기도 했다.

'어느 때는 온종일 내 키와 크기가 비슷한 무거운 쇠막대로 열 비등 장치를 젓는 일을 계속하기도 했다. 그런 날이면 나는 피곤에 지쳐 부서질 것만 같았다.'[45]

방사능은 원자핵이 불안정할 때 생긴다. 즉 불안정한 원자핵은 방사능 붕괴를 통해 보다 안정된 원자핵이 되는데 원자핵이 방사성 붕괴를 할 때마다 다양한 유형의 복사선이나 입자가 방출되는 것이다. 예를 들어 우라늄 원자핵은 불안정하므로 토륨으로 붕괴된다. 이 토륨이 프로탁티늄으로 붕괴되며 계속하여 안정된 원소인 납으로 붕괴되기까지 14단계를 거친다. 라듐과 폴로늄은 이 방사성 붕괴 계열의 중간에 있는 것이다.

베크렐과 퀴리 부부에 의해 방사선이 발견됨으로써 '원자야말로 물질의 가장 작은 단위이며 어떤 방법으로도 쪼갤 수 없다'는 당시 과학자들의 믿음은 여지없이 깨지고 말았다. 그들이 발견한 방사선은 극히 미세한 물질입자를 포함하고 있고 그것은 원자에서 갈라져 나온 것이 틀림없었기 때문이다. 이것은 원자보다도 더 작은 입자가 존재한다는 것을 의미하는 것이다.

퀴리 부부는 하룻밤 사이에 너무나 유명해졌지만 1906년 피에르가 파리 퐁뇌프 다리에서 짐마차와 부딪혀 사망한다. 당시 피에르는 마흔일곱, 마리는 서른아홉이었다. 당시 퀴리 부인이 쓴 일기는 그리움으로 가득하다.

마리는 남편의 모습을 다음과 같이 요약하였다.

'그는 이상을 추구하기 위해 단호하게 몰두했고, 인격과 재능만을 도구로 삼아 묵묵히 자신의 일을 해나가며 인류에 봉사한 사람이다. 그는 과학과 이성만이 평화를 가져올 수 있다는 신념이 있었기에 진리 탐구에 삶을 바쳤다.'

마리는 충격에 빠졌으나 1908년 피에르가 맡고 있던 소르본 대학의 자리를 이어받았다. 소르본 대학 최초의 여교수였다. 처음 강의하는 날 아침 피에르의 무덤에 다녀온 다음 강의를 시작했다. 특히 1910년은 그녀에게 가장 기념비적인 해로 무려 1000페이지에 달하는 방사능에 관한 불멸의 역작인 종합교과서 『방사능론(Treatise on Radioactivity)』을 발간했다.

그런데 마리에게 개인적인 문제로 계속 구설수가 따라 다녔다. 1911년 한 일간지가 남편이 사망한지 단 5년 밖에 지나지 않았는데 마리가 폴 랑주뱅과 간통했다고 비난했다. 랑주뱅은 퀴리 부부의 실험실에서 연구하던 과학자로 퀴리 부부와 정치적 사회적 의견에 동감하고 있었다. 마리 퀴리가 노벨상을 받은 여성인데다 정치적으로 좌파 성향이 있고 특히 폴란드 태생의 유태인이라는 사실 때문에 스캔들은 더 악화되었다.

그러나 마리는 주위의 비난에도 굴하지 않고 연구에 굳건하게 정진했는데 놀랍게도 수많은 비난에도 불구하고 1911년 또 다시 노벨상을 수상한다. 새로 발견된 원소들의 화학적 성질을 밝혀낸 공로로 이번에는 단독 수상이다. 노벨상 수상 연설에서 그녀는 방사성의 발견에 대한 우선권이 자신에게 있다고 단호히 밝혔다.

'그 물질을 발견하고 추출하기까지의 역사가 내가 세운 가설을 입증해 주었다. 방사성이란 물질의 원자 수준의 성질이며, 방사성에 의해 새로운 원소들을 발견할 수 있기 때문이다.'[46]

1911년은 마리에게 매우 중요한 해이다. 제1차 솔베이 회의가 열렸는데 여기서 아인슈타인을 만난다. 아인슈타인에 호감을 느낀 마리는 아인슈타인이 스위스의 취리히대학교에 교수로 취직할 때 추천장을 써주기도 했다.[47]

제1차 세계대전 때 마리는 적극적인 행동을 주저하지 않았다. 마리는 야전병원에 반드시 있어야 할 방사선 의료기구가 없는 것에 매우 분개한 후 개인적으로 X선 장치를 갖춘 자동차를 직접 설계하고 기금을 모금하면서 의료봉사대를 조직하여 차를 직접 몰고 전선을 누볐다. 전쟁이 끝난 후 퀴리는 18대의 차량을 갖추었는데 이들 차량은 '리틀 퀴리'라 불렸다.[48] 이때 조수로 당시 18살의 딸 이렌느를 함께 데리고 다녔는데 그녀는 1934년 최초로 인공방사능을 발견하여 1935년 남편인 졸리오와 함께 노벨화학상을 수상한다.

제1차 세계대전이 끝나자 마리의 실험실은 곧바로 라듐 연구의 세계적인 메카가 되었다. 파리대학교와 파스퇴르 연구소가 공동으로 파리에 설립한 라듐연구소의 소장으로 취임했고 폴란드에서도 1913년 마리의 업적을 기려 바르샤바에 방사선치료연구소를 설립했다.

그러나 그녀에게도 학문적인 좌절은 있었다. 1911년에 과학아카데미 입회를 거부당한 것이다. 그녀가 과학아카데미의 회원이 되지 못한 이유는 그녀의 연구가 전적으로 피에르 퀴리의 것이라고 인식되었기 때문이다. 더불어 피에르 퀴리가 사망한 후 폴 랑주뱅과의 간통사건으로 품위를 손상했다는 것과 폴란드라는 약소국 출신인데다가 유태인이었기 때문으로 추정한다. 물론 그녀는 1927년 프랑스 의학 아카데미의 첫 번째 여성 회원이 되었다. 또한 프랑스 의회는 1923년 그녀에게 평생 동안 보조금을 지급하기로 결정했다.[49]

만병통치약으로 변한 메가톤급 라듐

라듐이 발견된 초창기에 라듐에 대한 열풍은 그야말로 믿기지 않을 정도였다.

당시에 라듐은 보석의 색깔을 아름답게 만들 수 있고 산소를 치료 효과가 있는 오존으로 변화시키는 것은 물론 물을 산소와 수소로 분리해줄 수 있다고 알려졌다. 더구나 라듐으로 원하는 만큼의 금을 생산해 낼 수 있으며 나병이나 매독 같은 질병들도 치료할 수 있다고 선전되었다. 심지어는 망막에만 결함이 없다면 장님들도 다시 시력을 회복할 수 있다는 소문도 따라 다녔다.

이와 같은 기적의 물질 즉 마법의 물질을 어떤 가격을 들여서라도 가지고 싶어 하는 사람들이 폭주하자 1902년 라듐 1그램의 가격이 1만 5,000마르크였는데 3년 뒤에는 10배로 뛰어 올랐다. 프랑스 파리에서는 이후 3개월 사이에 15만 마르크에서 25만 마르크로 뛰어 오르기도 했는데 사실상 힘들이지 않고 일확천금을 노리는 투기꾼들에게 라듐 사업은 수지맞는 장사였다.

라듐의 가격이 폭등하자 마리 퀴리에게 역청우라늄을 공급한 요아힘스탈 광산은 파산의 위기에서 오랜 기간 동안 라듐 최대생산지의 지위를 누렸다. 이후 미국과 콩고 특히 카탕카 지방(오늘날 샤바)에서 다량의 우라늄이 발견되자 라듐을 취급하는 회사들도 속속 설립되었다. 처음에는 서로 가격으로 다투더니 방사능 물질을 그들끼리 독점하자고 협의한 후 라듐가격을 1그램당 무려 75만 마르크까지 제시하기도 했다.

그러나 라듐이 건강에 해가 된다는 것이 곧바로 관찰되었다. 베크렐은 마리 퀴리가 추출한 라듐을 며칠 동안 조끼 주머니에 넣고 다녔는데 유두 바로 옆에 궤양이 생겨 상처가 여러 달이 지나도 회복되지 않았는데 1908년 베크렐이 사망한 요인을 이 때문으로 추정한다.

톰슨의 수많은 업적은 다방면에 호기심을 가지고 이를 자신이 직접 연구하려는 자세에서 얻어졌다고 알려졌듯이 뢴트겐이 X선을 발견하자마자 그는 곧바로 놀라운 의문을 제기한다. 폭발적으로 인기를 끌고 있는 X선이 인체에 어떤 영향을 주는가이다. X선의 긍정적인 면만 아니라 존재할지도 모르는 부작용에 대해도 알아야 한다며 곧바로 직접 실험하기 시작했다. 그는 자신의 손가락 하나에 수일간 X선을 쬐었는데 몇 주일 후에 화상과 같은 현상을 관찰했다.[50]

당대의 학자들도 X선의 장점뿐만 아니라 단점도 파악해야 한다는 데 큰 관심이 있었다는 것을 의미한다. 역시 베크렐의 이야기를 듣고 피에르 퀴리도 검증하기 위해 직접 자신의 팔뚝에 소량의 라듐을 묶었는데 몇 시간 후에 붉은 반점이 생기고 4일 후 수포가 생기고 5일 때에 궤양으로 전이되더니 쉽게 치료되지 않았다.

쥐에게 라듐방사실험을 하자 쥐들은 마비 증세를 보이다가 경련을 일으키며 죽어갔다. 그러나 톰슨과 마찬가지로 과학자들은 방사선의 그러한 장해를 중대한 문제로 보지 않고 '참을 만한 정도의 직업병'으로 이해했다.[51]

더구나 이러한 부작용은 라듐 열풍에 녹아들어 완전히 무시되고 있었다. 추후에 알려졌지만 퀴리가 라듐 발견시 사용한 우라늄의 산지인 보헤미아 지방의 광산에서 광부들의 폐암 발생률이 특히 높다는 기록도 방사능 장해의 하나로 생각되어진다.[52]

라듐에 관해 과학자들도 얼마나 무지했는가는 1901년에 발간된 『천문학 개관』을 보아도 알 수 있다고 페터 크뢰닝은 소개했다.

'베크렐선은 산소를 오존으로 변환시킨다. 오존이 아주 탁월한 소독용 물질이라는 사실은 잘 알려져 있다. 그러므로 우리는 미래에 우리의 주거공간에 베크렐선을 발하는 물체를 배치함으로써 지금은 폭우가 퍼부은 들이나 산에서 마실 수 있는 그런 신선한 공기를 아주 간단하게 집안으로 끌어들일 수 있다는 기대를 가져도 좋을 듯하다.'

당대의 과학자들이 이런 예상을 했을 정도이니 일반인들에게 어떤 폭풍이 몰아닥쳤는지 알 수 있을 것이다. 의사들은 병원이 문 닫지 않기 위해서라도 라듐을 둘러싼 소용돌이에 휘말렸다. 피부미용실에서도 흉터나 만성피부병, 몸에 난 반점이나 사마귀, 습진에 라듐광선을 쏘여주었다. 갑상선에까지 라듐광선을 쏘았다.

각국에서 방사능이 함유된 압박붕대, 솜, 머드, 입욕제, 연고, 치약 등이 불티나게 팔려나갔다. 심지어는 라듐이 함유된 식수가 건강에 좋다고 부지런히 마셔댔다.

다음 광고는 당시에 라듐 열풍이 어느 정도였는지를 알게 해 준다. '여성들은 어떻게 젊음을 유지하는가. '주노라듐크림'이야말로 얼굴을 관리하는 방법이다. 주노라듐크림은 주름지고 늘어진 얼굴 피부를 젊고 싱싱하게 만들어주고 이마의 주름살을 제거해주는 것은 물론 여드름이나 다른 불순물을 없애줍니다. 유명 여류예술가들과 사교계의 저명한 여성들이 사용하여 이미 그 효과를 보았습니다.'

그러나 라듐이 무차별적으로 사용되자 부작용 사례가 계속 늘어났다. 브라질의 한 커피 재벌은 라듐이 함유된 물을 지속적으로 마셔 극심한 고통에 시달리다가 사망했다. 사체를 부검하니 그의 몸에서 무려 30밀리그램이나 되는 라듐이 검출되었다.

개구리와 쥐, 토끼, 돼지, 양, 닭, 개, 원숭이와 같은 동물에 대한 실험을 통해 라듐에는 건강을 해치는 치명적인 물질이 함유되어 있다는 연구 결과들이 쏟아져 나오기 시작했다.

1924년 치과의사 시어도어 블룸은 시계공 여성들의 턱 부위에서 아주 독특한 형태의 암 증세가 나타난다는 사실을 발견했다. 턱암을 앓고 있는 어떤 소녀는 매독성의 골수염으로 진단되기도 했다. 매독일 수 없다고 생각한 포름은 환자들의 환경을 조사하던 중 놀라운 사실을 발견했다. 자신에게 치료받은 턱암 환자들은 모두 시계공장에서 야광문자판을 새기는 일을 하고 있었다.

야광문자판의 도료 속에는 라듐이 포함되어 있어 시계 하나에 100만 분의 1그램의 라듐이 사용되었다. 라듐의 방사능이 야광을 오랫동안 지속시키는 효과가 있어 지금도 야광, 그 중에서 계기판이나 시계에 쓰이는 것을 인광이라고 하는데 인광은 에너지를 받아 들뜬 전자가 에너지원이 사라져도 에너지를 즉각 방출하지 않고 머금고 있다 서서히 방출하므로 밤에도 빛을 발한다. 이런 성질을 가진 인광체에 방사성 물질을 함유 시키면 효과가 더욱 커진다. 즉 야광 도료에 미량의 라듐을 섞으면 방사선의 자극에 의해 빛이 장기간 유지된다.

최근에는 야광 기술이 발전하여 방사능을 전혀 포함하지 않은 야광물질도 있고, 포함한다 해도 인체에 미치는 영향이 거의 없는 경우가 대부분이지만 당대에 야광은 그야말로 히트상품이므로 라듐 시계의 인기는 폭발적이었다.[53]

시계공들이 시계 문자판을 새길 때 라듐이 묻은 붓을 혀에 대기도 하는데 처음 몇 년 동안은 아무런 이상이 없었으나 점차로 혀 가운데 종기가 생기더니 암으로 변화하기 시작해 결국 12명의 여성들이 죽었다. 블럼은 이 병을 '라듐턱'이라고 이름 지었다.54)

그후 라듐을 추출하는 공장과 라듐을 사용하는 연구소에서도 희생자가 나타나기 시작했다. 희생자들 거의 전부가 급성골수성 백혈병 환자였다. 라듐에 의한 이러한 장애를 주시한 과학자들은 1928년 스톡홀름에서 열린 국제방사선학회에서 국제X선 라듐방호위원회를 설립했다. 이 위원회는 1950년 〈ICRP(국제방사선방호위원회)〉라는 이름으로 현재도 방사선으로부터의 피해를 줄이는 역할을 하고 있다.55)

역시 라듐과 폴로늄을 발견한 퀴리 가족의 건강도 노벨상 수상처럼 그렇게 화려하지만은 않았다. 오랜 시간 라듐을 연구한 마리 퀴리는 연구 경력만큼이나 엄청난 양의 방사능에 노출되었다. 마리는 붉게 타는 방사능 물질을 침대 머리맡에 두기도 했다고 적었다. 실제로 그녀의 실험실 공책은 오늘날까지도 강하게 방사능을 띠고 있는데 현재 납으로 된 통 속에 보관되어 있고 방호복을 입은 사람들만 그것을 볼 수 있다.56)

그녀는 이때 노출된 방사능 때문에 전형적인 방사성 장해인 무형성 빈혈로 1934년에 사망했다. 이런 형의 빈혈증은 라듐의 체내 축적보다는 오랫동안 체외로부터의 조사에 의해 일어난다.

마리와 피에르는 1995년 프랑수아 미테랑 대통령의 요청으로 프랑스의 위인들이 잠들어 있는 파리의 팡테옹에 나란히 누워있다.[57] 이렌느 퀴리도 실험실에서 방사능에 과다 노출된 결과로 백혈병으로 사망했다.

1931년 결국 만병통치약 라듐은 시판이 금지되었다. 투명한 광선을 발하는 라듐이 정말 위험한 물질이라는 것을 깨닫는데 30년이나 걸린 셈이다. 1그램의 라듐이 발하는 빛이 얼마나 엄청난 방사능을 지니는지는 1그램의 라듐 안에서 매초 370억 번의 원자핵 분열이 일어난다는 사실을 보면 알 수 있다.[58]

그런데 아이러니컬하게도 방사능은 백혈병을 포함한 암 종양의 치료에 이용되기도 한다. 인공 방사능 물질인 요오드 131은 갑상선 질병을 진단하는 데 사용되기도 하며, 소변 속의 코발트60을 파악함으로써 악성 빈혈을 진단할 수도 있다. '포스트 맨'은 인간에게 유용한 기술을 가르쳐 주었지만 그것을 선용하는 것은 인간 책임이라는 것을 분명히 했다. 이 부분은 뒤에서 다시 설명한다.

동위원소의 발견

1907년 미국 예일대학교의 볼트우드(Betram Boltwood)는 우라늄의 방사성 붕괴에 수반되는 원소들의 변환에 대해 관심을 가지고 우라늄 광물에 대해 체계적 화학분석을 수행하면서 특히 납(Pb)이 많이 존재하는 것을 확인했다. 볼트우드는 이 결과로부터 우라늄의 최종 붕괴 산물이 납인 것 같다는 가설을 세웠다. 납은 자연계에서 안정된 동위원소를 갖는 원소들 중 가장 원자번호가 높은 원소다.

그는 곧바로 러더퍼드(1871~1937)와 상의한 후 '우라늄-납의 모래시계'를 만들기로 했다. 러더퍼드는 방사선이 발견된 초창기 물리학과 화학에서 중요한 역할을 한 사람이다. 러더퍼드는 방사능의 성질 중에서 방사능 붕괴 반응을 다음과 같이 확립시켰다.

'방사능원소는 외부 온도나 압력의 변화에 상관없이 일정한 속도로 붕괴하며 이 붕괴속도는 방사능원소의 질량(원자수)에 비례한다.'

이것은 방사능 붕괴반응이 수학적으로 표현될 수 있다는 것을 의미하며 퀴리 부인이 예상했던 반감기를 뜻한다. 반감기는 각 방사성물질의 양이 반으로 줄어드는 데 걸리는 시간으로 최초의 양에 상관없이 일정하다. 다시 말하면 방사성 물질은 그들 자신의 일정한 반감기를 가지는 것이다.

이러한 방사능 붕괴의 특징은 반감기를 알고 있는 방사능원소의 부모원자와 방사능 붕괴로 만들어진 딸 원자의 개수를 측정하여 얼마 동안 방사능 붕괴가 일어나고 있는지 알 수 있다. 방사능은 바로 자연 속에서 절대시간을 알아낼 수 있는 시계를 간직하고 있으며 이를 모래시계라고 부른다.

러더퍼드가 방사능 연구에서 이룩한 또 하나의 중요한 업적은 방사선이 크게 세 종류로 구별된다는 것이다. 러더퍼드는 이들에 각각 알파선, 베타선, 감마선이라는 이름을 붙였는데 이는 방사선에 전기장을 걸어 방사선이 세 종류로 나눠지는 것을 발견했기 때문이다.

방사능에서 동위원소(Isotope)는 매우 중요한데 이를 처음 발견한 사람은 1910년 러더퍼드와 함께 방사능연구를 수행했던 소디(Frederick Soddy, 1877~1956)다. 그는 방사선을 방출하는 원소 중에 화학적인 성질은 동일하나 질량이 다른 원소들이 있다는 것을 발견하고 이들을 분별하기 위해 동위원소라는 말을 제안했다. 원자번호 즉 원자핵 속에 있는 양성자의 수가 같아 화학적 성질이 같고 주기율표상에서도 같은 자리(동위)에 있지만 핵 내의 중성자 수가 달라 물리적 성질 즉 무게가 다른 원자들을 가리키는 용어다.

이 당시 이미 자연에서 확인된 방사성원소의 개수가 주기율표에서 채 발견되지 않고 남아 있던 빈칸의 개수보다 훨씬 많았다. 따라서 소디는 방사성원소들에서 동위원소의 존재를 설정했다. 동위라는 것은 동일한 위치, 즉 주기율표에서 같은 위치에 들어간다는 뜻이다.

소디가 방사능 연구에 관심을 가진 것은 영국에서 대학을 마치고 1900년 캐나다를 방문했다가 당시 러더퍼드가 연구하고 있던 맥길대학교 화학과에서 실험 조교 자리를 얻으면서부터이다. 당시 러더퍼드는 우라늄, 토륨 및 라듐의 방사능 성질을 연구하고 있었으므로 조교가 필요했다. 소디가 이를 맡자마자 라듐이 방사성 붕괴를 하면서 방출하는 기체가 바로 헬륨이라는 것을 발견했다. 소디는 이 헬륨이 입자와 관련되어 있다고 생각했는데 이는 러더퍼드가 이미 예언한 것이다. 자연계에는 우라늄에서 시작해서 납으로 끝나는 방사능 붕괴계열과 토륨에서 납으로 끝나는 방사능 붕괴계열 등 두 가지의 방사능 붕괴계열이 존재한다는 것이다.

소디는 처음 동위원소가 방사능원소들만의 특징이라고 생각했으나 1913년 톰슨이 방사성동위원소가 아닌 원소에서도 동위원소를 발견했다. 톰슨은 네온가스를 전리시켜 전자를 발견했던 것과 같은 실험으로 질량과 전하 비를 측정해 네온에는 전자를 잃고 이온화된 수소 질량 20배의 네온과 22배의 네온 두 종류가 있다는 것을 발견했다. 그리고 질량 20배인 네온이 90%, 22배인 네온이 10% 존재한다는 것도 발견하여 이미 알려졌던 네온의 원자량이 20.2임을 설명했다. 일부 원소들의 원자량이 수소 질량의 정수배로 잘 떨어지지 않는 이유는 바로 동위원소가 존재하기 때문이다.

동위원소 개념이 자리 잡고 방사능 붕괴계열을 이해하면서 도출된 내용은 다음과 같다.

① 자연계에 우라늄238, 우라늄235 두 종류의 동위원소가 각각 99.3%, 0.7%로 존재한다.
② 우라늄238은 반감기가 약 45억 년으로 최종적으로 납206으로 변환된다.
③ 우라늄235는 반감기가 약 7억년으로 최종적으로 납207로 변환된다.

이는 우라늄이 납으로 붕괴하는 과정이 둘로 나뉘어 우라늄238이 납206으로 바뀌고 우라늄235는 납207로 바뀐다는 것을 의미한다. 이를 이용하면 우라늄과 납을 이용한 모래시계를 만들 수 있다. 또한 자연계에는 반감기 140억 년인 토륨232가 붕괴하면서 납208을 만드는 붕괴계열이 있음도 발견하여 이들을 이용한 모래시계 즉 수십 억 년 전의 암석의 나이를 측정하는 것이 가능해졌다.[59]

인공방사성 원소의 발견

퀴리 가문은 초창기 노벨상을 가장 많이 받은 과학자 가문으로도 유명하다. 퀴리를 시작으로 연달아 딸 이렌느 졸리오 퀴리(Irene Joliot Curie)는 1935년 노벨화학상을 받았고, 이렌느의 딸 엘렌도 물리학자가 되었다. 또 엘렌의 두 아들도 물리학자로 이름을 알리면서 4대째 과학자를 배출하는 가문으로 자리매김했다. 그 중에서 가장 잘 알려진 사람은 이렌느이다.

마리 퀴리의 사위인 프레데릭 졸리오 퀴리(Frederic Joliot Curie)도 마리 퀴리의 연구를 계속하여 1935년에 이렌느와 공동으로 노벨 화학상을 수상했다. 1965년에는 마리 퀴리의 둘째 사위인 라뷔스가 활동하던 〈국제연합어린이기금(UNICEF)〉이 노벨평화상을 탔으므로 퀴리 가문에 직·간접적으로 관련된 노벨상은 네 개나 된다.

1926년 이렌느 퀴리는 같은 연구소의 졸리오 프레데릭 즉 마리 퀴리의 조수와 결혼하면서 함께 방사능 물질과 관련된 연구를 했다. 당시 프랑스는 결혼을 하면 여자가 남편의 성을 따르는 것이 일반적인 관례였으나, 이렌느의 남편 프레데릭 졸리오(Frdric Joliot)는 아내의 성을 자신의 성에 덧붙였다. 그 당시 퀴리라는 성이 너무나 유명하기도 했지만, 무엇보다도 졸리오와 퀴리가 이를 자랑스러워했기 때문이다.

이렌느와 프레데릭은 비방사성 원소가 실험실에서 방사성 원소로 변환될 수 있음을 입증하는 인공 방사성을 발견했다. 그들의 연구로 과학과 의학 그리고 산업에 큰 가치가 있는 새로운 수백 종의 방사능 물질을 만들 수 있는 길이 열렸다. 이 단원은 송성수 박사의 글에서 많은 부분을 참조했다.

그들은 1934년부터 중요한 실험에 착수했다. 처음에 실험하기 전에 얇은 알루미늄 막에 폴로늄에서 나온 알파선을 쪼이면 양성자들이 튀어나올 것이라고 기대했다. 그런데 양성자는 나오지 않고 중성자와 양전자들이 튀어나왔다.

얼마 후에 프레데릭이 알루미늄 옆에 있던 폴로늄을 치우자 알루미늄에서 중성자는 방출되지 않는데도 불구하고 양전자들이 계속 쏟아져 나왔다. 그것은 폴로늄에서 방출된 알파 입자와는 별도로 알루미늄 핵 내부에서 특별한 현상이 일어난다는 것을 의미했다. 이것은 새로운 방사능의 존재를 의미했다.

원래 알루미늄은 방사성 원료가 아니다. 그런데 알루미늄 핵이 폴로늄에서 방출된 알파 입자와 충돌하면 인의 동위원소와 중성자가 생성된다. 인의 핵은 매우 불안정하므로 곧 방사성붕괴를 일으켜 양전자를 방출하면서 안정된 원소인 규소로 변한다. 즉 방사성 원소가 아닌 알루미늄이 인공적으로 방사성이 된 것이다. 이 결과는 안정된 원소라도 고속의 알파 입자, 양성자, 전자, 감마선 등을 쪼여 주면 방사성 원소를 만들 수 있다는 것을 의미한다. 졸리오 퀴리 부부는 이 연구로 1935년에 함께 노벨화학상을 받았다.[60]

온실가스

온실가스는 『시크릿 방사능』의 주제 중의 하나이므로 간략하게 설명한다.

석탄, 석유, 천연가스 등의 화석연료는 탄소와 수소의 결합으로 이루어진 탄화수소다. 황도 석탄과 석유에 소량 포함되어 있다. 화석연료를 연소시키면 즉 산소와 반응시키면 화학반응에 의한 에너지가 방출된다. 이 과정에서 대기 중으로 탄소산화물(일산화탄소, 이산화탄소 등), 질소산화물, 황산화물 등이 배출된다. 이 가스들을 온실가스라고 통칭하는데 온실가스는 지구의 복사열인 적외선을 흡수하여, 지구로 다시 방출하는 기체를 말한다.

온실 효과를 보이는 주범은 한두 가지가 아니다. 수증기(H_2O), 이산화탄소(CO_2) 외 메탄(CH_4), 아산화질소(N_2O), 수소불화탄소(HFCs), 과불화탄소(PFCs), 육불화황(SF_6) 등 5종의 기체도 지구 온난화에 영향을 준다. 이들 기체 중 온실 효과에 대한 기여도는 수증기가 약 60%, 이산화탄소가 약 25%, 그리고 메탄이 약 7%로 알려져 있다. 이외에도 여러 플루오르 화합물 기체가 비록 농도는 낮지만 온실 효과에 기여한다.

대기 중의 수증기 함량이 일정한 수준을 유지하는 까닭은, 비와 눈이 내리고 다시 지구상의 물이 증발하는 순환구조 때문으로 수증기는 자연적인 온실가스로 인식된다. 수증기가 무슨 온실가스냐고 반문하겠지만 대기 중에 대량으로 존재하는 수증기는 적외선을 잘 흡수하는 특성이 있다. 구름도 수증기이며 지구의 열에너지는 강우와 증발 등 물 분자를 매개로 한 기상현상을 통해 순환한다.

이산화탄소(CO_2)도 수증기와 마찬가지 원리로 대기 중에 일정하게 유지된다. 각종 유기물의 부패에서 생성되는 것과 식물과 식물성 플랑크톤의 광합성에 의해 소비되는 것, 그리고 바닷물에 용해되는 것 등이 순환하면서 이산화탄소 양이 유지된다.

산업혁명 이전까지 수천 년 동안은 260~280ppmv로 거의 일정 수준을 유지하여 왔다. 하지만 18세기 중엽에 시작된 산업혁명은 석탄, 그리고 뒤이어 석유와 같은 화석 연료 사용의 급증을 가져왔으며, 대기 중 이산화탄소의 농도는 산업혁명 이전인 1750년에 비해 35% 이상 증가했다. 이는 남극 빙하 속의 이산화탄소 양을 통해 측정한 과거 65만년 동안의 어느 시대에서보다 높은 양이다. 이와 같은 증가 추세는 중국 등 미개발 국가의 산업화가 가속화된 최근에 더욱 두드러지자 결국 지구온난화의 첫 번째 요인으로 온실가스 감축의 주된 대상이 된 것이다.

메탄(CH_4)은 이산화탄소보다 분자 당 10배 이상 큰 온실 효과를 보이는데 산업혁명 이전에 비해 대기 중 메탄 농도는 150% 증가하였다. 가축의 방귀 및 축산 분뇨, 논, 쓰레기 매립장, 도시 가스의 누출 등이 주된 메탄가스의 발생원이다. 특히 소가 여물을 되새김질하면서 배출하는 트림에 많이 포함되어 소의 대량 사육을 금지하거나 가축이 배출하는 메탄가스에 대해서도 세금을 매겨야 한다는 말이 있을 정도다.

아산화질소(N_2O)는 석탄을 채굴하거나 연료가 연소되면서 발생하는 가스다. 따라서 공장 등 산업 활동의 부산물로 배출되는 양이 많다. 또한 질소가 다량 포함된 화학비료의 사용에서 발생하기도 한다. 원래 질소는 공기의 70퍼센트를 차지하는 기체이다.

수소불화탄소(HFCs), 과불화탄소(PFCs)는 냉장고, 에어컨 등의 냉매로 사용되어 왔다. 다른 여러 가지 플루오르 화합물 기체도 소화기나 스프레이 분사체 등의 산업 용도로 사용되었는데 이들은 산업혁명 이전에는 없던 새로운 온실가스이다. 플루오르 화합물 기체는 대기 중 평균 체류 기간이 길고 온실 효과가 크며, 성층권에서 오존층을 파괴하는 주된 기체이기도 하다. 오존층 파괴 때문에 프레온 가스인 CFC-12는 이미 사용이 금지되었으며, 보다 온실 효과가 적은 수소화 플루오르 탄소도 2030년에는 완전히 사용 금지될 예정이다.

육불화황(SF_6)은 황원자 중심으로 불소 원자가 정팔면체 구조로 연결되어 있는 분자이다. 안정적이며 절연성이 뛰어나기 때문에 변압기, 반도체, 절연장치에 사용되지만 지구온난화지수(CO_2=1)가 23,900이나 되어 온실가스로 지정되었다.[61]

그러나 이들을 지구에서 모두 추방할 수는 없다. 이들이 대기 중에 존재하지 않으면, 지구는 복사 냉각에 의해 지금보다 평균 온도가 대략 33도 낮아질 것으로 보기 때문이다. 즉 대기 중에 온실가스가 없으면, 밤과 낮의 온도 차이가 너무 커서 현재 존재하는 지구의 생물체 중 상당수가 생존할 수 없게 된다.

물론 이들이 전혀 없어도 문제지만 과다 배출도 큰 문제를 일으킨다. 지구 온난화를 초래함으로써 빙하가 녹아 해수면이 상승하고, 생태계가 변하고, 각종 기후 이변을 가져올 수 있기 때문이다.

이산화탄소 배출과 지구온난화를 연관시켜 최초로 논의한 사람은 아레니우스(Svante August Arrhenius, 1859~1927)이다.

그는 어떤 물질을 물에 녹인 용액이 전기를 통하는 것은 이 물질이 이온으로 해리되기 때문이라고 밝혀 1903년에 노벨화학상을 수상하였으며, 반응속도 상수의 로그(log) 값과 절대온도의 역수 사이에는 1차 함수 관계가 성립됨을 보이고, 이를 통해 반응의 활성화 에너지 개념을 도입한 사람이다.

아레니우스는 1897년에 대기 중의 이산화탄소 농도가 2배로 증가하면 지구는 5~6도 더워진다고 계산하였다. 1906년에는 이를 1.6도(수증기 효과를 감안 하면 2.1도)로 수정하였는데, 현재의 추정치는 2~4.5도다.[62]

무소유를 고집한 마리 퀴리

미국의 윌리엄 멜로니 부인은 1920년 마리를 인터뷰하면서 그녀가 연구비 부족으로 고민하는 것을 알았다. 마리는 미국에 약 50그램의 라듐을 가지고 있다며 라듐이 있는 곳을 나열하기 시작했다. 멜로니가 질문했다.

"그러면 프랑스에는 얼마나 있나요?"
"내 실험실에 1그램 조금 못 되는 양이 있어요."
"당신이 겨우 1그램밖에 가지고 있지 않다고요?"
"나요? 나는 하나도 가지고 있지 않습니다. 그 라듐은 내 실험실 소유입니다."

그녀는 1906년 피에르 퀴리가 사망하자 그들이 함께 정제한 라듐 몇 그램을 공식적으로 그녀의 실험실에 기증했다. 실험실에 있는 라듐도 단지 암 치료를 위한 것이었다. 당시 시장가격으로 라듐 1그램은 1만 달러에 달했다.

미국으로 돌아온 멜로니 부인은 퀴리를 위한 모금 운동을 전개했다. 1921년 마리 퀴리가 뉴욕을 방문했을 때 미국의 백악관에서 하딩 대통령의 환영 속에 그녀가 구입한 1그램의 라듐을 전달했다. 이당시 하딩 대통령도 모금에 참여하였다. 1929년에도 마리는 두 번째로 미국을 방문하여 바르샤바라듐연구소를 위한 라듐을 전달받았다.[63]

각주

1) 『지진해일 22만명 목숨 앗아가』, 김성균, 『과학동아』, 2005년 2월
2) 『6400명 사망 고베 대지진의 170배 충격』, 박방주, 중앙일보, 2011.03.12
3) 『청소년을 위한 과학자 이야기』, 홍성수, 신원문화사, 2002
4) 『세계를 바꾼 20가지 공학기술』, 이인식 외, 생각의 나무, 2004
5) 『100 디스커버리』, 피터 메시니스, 생각의 날개, 2011
6) 『세계를 바꾼 20가지 공학기술』, 이인식 외, 생각의 나무, 2004
7) 『원자력과 방사선 이야기』, 윤실, 전파과학사, 2010
8) 『앙리 베크렐』, 모리 이즈미, 뉴턴, 2002.10월
9) 『원자력과 방사선 이야기』, 윤실, 전파과학사, 2010
10) 『세계를 바꾼 20가지 공학기술』, 이인식 외, 생각의 나무, 2004
    『과학사의 유쾌한 반란』, 하인리히 찬클, 아침이슬, 2009
11) 『위대한 사람은 어떻게 꿈을 이뤘을까』, 게오르그 포프, 좋은생각, 2003
12) 『과학사신론』, 김영식 외, 다산출판사, 1999
13) 『노벨상과 함께 하는 지구 환경의 이해』, 김경력, 자유아카데미, 2008
14) 『과학사신론』, 김영식 외, 다산출판사, 1999
15) 『위대한 사람은 어떻게 꿈을 이뤘을까』, 게오르그 포프, 좋은생각, 2003
16) 『청소년을 위한 과학자 이야기』, 송성수, 신원문화사, 2002
17) 『지식의 원전』, 존 캐리, 바다출판사, 2006
18) 『과학 카페(인체와 건강)』, KBS 〈과학카페〉제작팀, 예담, 2009
19) 『과학사의 유쾌한 반란』, 하인리히 찬클, 아침이슬, 2009
20), 21) 『위대한 사람은 어떻게 꿈을 이뤘을까』, 게오르그 포프, 좋은생각, 2003
22) 『청소년을 위한 과학자 이야기』, 송성수, 신원문화사, 2002
23) 『과학사의 유쾌한 반란』, 하인리히 찬클, 아침이슬, 2009
24) 『노벨상과 함께 하는 지구 환경의 이해』, 김경력, 자유아카데미, 2008
25) 『위대한 사람은 어떻게 꿈을 이뤘을까』, 게오르그 포프, 좋은생각, 2003
26) 『100 디스커버리』, 피터 메시니스, 생각의날개, 2011
27) 『노벨상 수상자들의 학습이야기』, 최선화, 연변인민출판사, 2009
28) 『100 디스커버리』, 피터 메시니스, 생각의날개, 2011
29), 30) 『노벨상과 함께 하는 지구 환경의 이해』, 김경력, 자유아카데미, 2008
31) 『앙리 베크렐』, 모리 이즈미, 뉴턴, 2002.10월
32) 『지식의 원전』, 존 캐리, 바다출판사, 2006
33) 『노벨상과 함께 하는 지구 환경의 이해』, 김경력, 자유아카데미, 2008

34) 『열정의 과학자들』, 존 판던 외, 아이세움, 2010
35) 『둘이 힘을 합하면 강해진다』, 조숙경, 과학과기술, 2006년 6월
36) 『노벨상과 함께 하는 지구 환경의 이해』, 김경력, 자유아카데미, 2008
37) 『지식의 원전』, 존 캐리, 바다출판사, 2006
38) 『20세기 대사건들』, 리더스다이제스트, 1885
39) 『오류와 우연의 과학사』, 페터 크뢰닝, 이마고, 2005
40) 『물리법칙으로 이루어진 세상』, 정갑수, 양문, 2007
41) 『핵, 터놓고 얘기합시다』, 류창하, 김영사, 1992
42) 『둘이 힘을 합하면 강해진다』, 조숙경, 과학과기술, 2006년 6월
43) 『열정의 과학자들』, 존 판던 외, 아이세움, 2010
44) 『100 디스커버리』, 피터 메시니스, 생각의날개, 2011
45) 「인류위한 방사능'에 일생을 던지다」, 김용균, 매일경제, 2004.02.12
46) 『사이언티스트 100』, 존 시몬스, 세종서적, 1997
47) 『노벨상과 함께 하는 지구 환경의 이해』, 김경력, 자유아카데미, 2008
48) 『열정의 과학자들』, 존 판던 외, 아이세움, 2010
49) 『20세기 대사건들』, 리더스다이제스트, 1885
50) 『방사능을 생각한다』, 모리나가 하루히코, 전파과학사, 1993
51) 『우리들을 위한 원자력 이야기』, 이용수, 도서출판 보고, 1990
52) 『방사능을 생각한다』, 모리나가 하루히코, 전파과학사, 1993
53) 「방사능이 만든 야광」, KISTI의 과학향기, 2005.02.18
54), 55) 『우리들을 위한 원자력 이야기』, 이용수, 도서출판 보고, 1990
56) 『물리법칙으로 이루어진 세상』, 정갑수, 양문, 2007
57) 『열정의 과학자들』, 존 판던 외, 아이세움, 2010
58) 『오류와 우연의 과학사』, 페터 크뢰닝, 이마고, 2005
『노벨상이 만든 세상(물리)』, 이종호, 나무의꿈, 2007
『천재를 이긴 천재들』, 이종호, 글항아리, 2007
59) 『노벨상과 함께 하는 지구 환경의 이해』, 김경력, 자유아카데미, 2008
60) 『청소년을 위한 과학자 이야기』, 송성수, 신원문화사, 2002
61) 『에너지소사이어티』, 이동헌, 동아시아, 2009
62) 「온실가스」, 박준우, 네이버캐스트, 2009.12.10.
63) 『지식의 원전』, 존 캐리, 바다출판사, 2006
『열정의 과학자들』, 존 판던 외, 아이세움, 2010

$E=mc^2$ 증명

2

1 전기 세상이 되다
2 중성자를 충돌시키자
3 독일보다 먼저 원자폭탄을 만들어라
4 핵전쟁이 일어나면

1
전기 세상이 되다

　유인원에서 갈라진 인류의 선조는 몇 백 만년 동안 수렵활동을 통해 얻은 동식물을 요리하지 않은 채 먹었다. 그런데 약 50만 년 전(100만 년 전으로 추정하기도 함) 인간이 불을 사용하면서부터 생활은 크게 변한다. 그 전에 먹을 수 없던 것을 익혀 먹을 수 있게 되었고 밤에는 어둠을 밝혀주었으며 추운 날엔 몸을 덥혀 주었다. 이를 에너지 차원으로 말하면 당시 불을 피우는 데 사용된 나무야말로 인간 역사상 최초의 에너지원이라 볼 수 있다.

　불 에너지 다음으로 인류가 손에 넣은 에너지는 '가축 에너지'이다. 약 1만 년 전, 농경 시대로 들어서자 사람들은 소, 말 등의 가축을 이용하여 무거운 물건을 운반하거나 논밭을 경작했다. 이때부터 인간은 조금씩 문명을 만들어가면서 다른 형태의 에너지를 찾기 시작했다. 물을 끌어올리거나 물레방아를 돌리는 힘을 발견했고 집을 짓는 데 필요한 나무를 운반하기 위해 강물의 힘을 이용하기도 했다. 이렇게 사람들은 물의 낙하, 바람 등의 자연 에너지를 이용하는 지혜를 발휘하기 시작했다.

인간이 사용하는 에너지원은 17세기부터 현대로 넘어오면서 획기적인 진전이 이루어진다. 인간이 석탄을 사용하기 시작한 것이다. 석탄을 이용할 수 있게 되자 비로소 인간의 생활은 비약적으로 바뀌기 시작한다. 석탄을 이용한 증기기관이 발명되자 곧바로 산업혁명이 일어난다. 각지에서 근대 문명을 이루는 생산물의 수요처가 늘어나자 이들 기관을 이용한 대량생산 공정이 발달하고 물자를 수요처에 곧바로 공급할 수 있는 고속도로, 증기선, 증기기관차 등이 등장한다.

20세기에 들어서자 에너지원은 또 한 번 업그레이드된다. 석탄과 같은 화석연료지만 보다 경쟁력이 있는 석유가 가장 강력한 에너지로 등장한 것이다. 석유로 만드는 획기적인 에너지 연료가 개발되자 자동차, 비행기, 우주선 등이 모습을 보이는 등 인류는 산업과 기술, 경제, 문화의 각 부분에서 눈부신 발전을 이루었다.

위의 설명은 구석기시대부터 인간이 현대 문명을 이룰 수 있는 계단을 단계적으로 밟아왔다고 볼 수 있다. 그러나 인간이 현대 문명을 본격적으로 누릴 수 있게 된 것은 19세기 말에 등장하여 밤을 낮으로 만들어 준 전기이다. 물론 불은 50만 년 전부터 인간에게 활용되어 밤을 밝혀주었고 인간의 생활 영역을 획기적으로 바꾸어 주었지만 전기는 과거의 불과 차원을 달리한다.

전기가 없던 시대에 살았던 과거 사람들은 해가 진 후 장작불, 횃불, 기름등잔 또는 촛불로 어둠을 극복했다. 이런 방식으로 불을 켜면 불편하다는 것은 차치하고 화재의 위험성이 항상 따랐다. 이어 고래 기름이 대안으로 등장했다. 고래 기름을 사용한 등은 급속히 보급되어 가로등은 물론 가정에서도 사용되었다. 자연스레 등에 사용하는 연료인 고래 기름에 대한 수요가 급등했고 고래를 잡기 위해 포경선이 세계 구석구석을 누비고 다녔다.

미국이 자랑하는 허만 멜빌(Herman Melville, 1819 ~ 1891)의 광대한 바다를 무대로 인간과 고래의 목숨 건 싸움을 그린 『백경』은 이 당시 고래잡이의 이야기 즉 고래 기름을 위한 사투를 정확하게 그린 것이다.

그러나 고래 기름 역시 문제점은 있었다. 소기름에 비해 빛 효율이 훨씬 뛰어나고 냄새가 적지만 기름이 엎질러져 화재가 발생할 위험은 여전했다. 런던의 대화재도 그 때문에 발생하였다.

인간은 이럴 때 남다른 재주를 발휘한다. 한 마디로 어떤 불편함을 이겨내기 위해 탁월한 아이디어를 도출하는데, 18세기 초반에 스코틀랜드의 발명가 머독(William Murdok, 1754~1839)이 바로 고래 기름의 문제점을 해결하는 가스등을 고안했다. 머독은 파이프를 통해 불이 켜지는 곳으로 석탄가스를 보내 가스등의 화구에서 석탄가스가 나오면서 타도록 만들었다. 가스등은 곧바로 가로등, 공장, 가정을 파고들며 고래 기름 등을 대체했다. 대도시의 밤이 가스등으로 밝혀지자 범죄율이 감소하고 시민들의 안전이 증대되는 등 획기적인 개선이 이루어졌다.

발명은 계속 이어져 가스등의 불편함을 개선한 유리관을 씌운 아크 전등이 1802년 영국의 데이비(Sir Humphry Davy)에 의해 발명되었고 2년 뒤에 가로등으로 만들어 파리의 콩코르드 광장을 밝히는 데 성공했다. 그러나 곧바로 아크등의 문제점도 발견되었다. 전극의 양쪽에 붙여 놓은 탄소가 열 때문에 곧 타버려 매일 전극을 갈아야 했고 불빛도 너무 강렬한데다 전기의 가격이 비싸 실용화하기에는 어려운 점이 많았다.

이즈음 인류 사상 최고의 발명가라는 에디슨(Thomas Alva Edison, 1847~1931)이 등장한다. 에디슨은 84살에 눈을 감을 때까지 무려 1,100여 개의 발명을 했다. 4중 전신기, 전화기, 축음기, 활동사진기 등을 발명하여 사실상 20세기의 문을 연 장본인으로도 일컬어진다.

그의 최대의 발명은 아무래도 전기 시대의 도래를 알린 백열전등이다. 유리관을 진공 상태의 원형으로 만들면 필라멘트가 산화되지 않고 빛을 낼 수 있다고 생각하여 무려 9,000여 개의 물질을 실험한 끝에 그의 집념이 성공을 거두어 필라멘트로 사용될 수 있는 물질을 찾았다. 그것은 놀랍게도 불에 그슬린 무명실이었다. 이 필라멘트를 사용한 전등은 45시간 동안 계속 켤 수 있었다.

레오나르도 다 빈치는 눈으로 사물을 보는 힘에 대해 다음과 같이 적었다.

'눈은 세상의 아름다움이 반영되는 곳이며 눈을 잃는다는 것은 자연에 대한 그가 가질 수 있는 모든 것을 잃어버리는 것과 마찬가지다. 눈은 그만큼 탁월한 것이다. 눈을 통하여 자연현상이 정신에게 전달되며 정신은 이러한 눈이 있기 때문에 육체라는 감옥에 만족한다. 눈을 잃은 사람은 영원히 빛을 볼 수 없는 감옥에 갇힌 것과 같다. 만약 밤이라는 짧은 시간 동안의 암흑을 지긋지긋하게 여기는 사람이

암흑 속에서 평생을 살아가야 한다면 어떻게 될까'

다 빈치의 이 글은 눈의 중요성에 대해 극찬하는 것이지만 반면에 밤의 어두움이 얼마나 불편한가를 강조하는 뜻도 된다.

에디슨은 전등을 발명하여 태양이 아닌 새로운 빛으로 밤을 낮으로 바꾸어 주었다. 전등의 탄생으로 비로소 인간의 눈은 보다 새로운 환경 즉 24시간이 모두 낮과 같은 환경에 적응하게 된다. 전기가 없는 생활은 상상할 수 없는 악몽이 된 것이다.

에디슨에게 '발명왕'이라는 명칭을 부여하는 것도 인류가 그에게 큰 빚을 지고 있음을 표현하는 방법 중의 하나이다. 그러나 그의 역작인 전등도 전기를 마음껏 사용할 수 있도록 하는 발전소가 없었다면 조그마한 아이디어에 그쳤을 것이다. 에디슨의 중요성은 전등을 발명하면서 전기의 공급 즉 전기를 생산하는 발전소와 송전까지 한 번에 이

에디슨의 전구와 특허도면 사진 정종구

루어지는 전기 시스템 전체를 구상했다는데 있다.

한마디로 전등이 아무리 좋은 아이디어지만 이들 전등을 모든 가정에서 사용할 수 있는 발전소가 준비되지 않으면 전기 시대는 결코 올 수 없다는 점을 에디슨이 파악했다는 것이다. 에디슨은 이를 위해 직류 송전을 주장하고 에디슨의 직원이었던 니콜라 테슬라(Nikola Tesla, 1856~1943)는 교류를 주장했으나 결론적으로는 현재 전 세계를 누비는 송전방식은 교류가 되었다.

전기를 만드는 방법은 크게 두 가지로 나누어 태양에너지를 이용하여 직접 전기를 만드는 것과 열이나 동력원을 이용하여 이를 전기로 변환시키는 것이다. 전자는 태양전지 모듈을 이용하고 후자는 각종 발전기를 이용하는 것으로 발전기를 대형으로 만든 것이 발전소이다. 바로 화력발전과 원자력 발전시대 등이 열리는 계기이다.

여기서 원자력발전의 기본이 되는 아인슈타인의 상대성이론에 대해서 설명하지 않아도 그의 역작이라고도 볼 수 있는 $E=mc^2$에 대해서 모르는 사람은 없을 것이다. $E=mc^2$는 우리의 일상생활에 직결되어 있고 특히 일본의 히로시마와 나가사키에 투하된 원자폭탄이 그의 원리에 의해 개발되었으며 이 원리를 이용한 원자력발전소에서 만드는 전기가 한국의 총 발전량의 35퍼센트나 차지한다는 것으로도 알 수 있다.

사실 현대문명의 상당부분을 아인슈타인의 $E=mc^2$이 차지하고 있다고도 볼 수 있으므로 $E=mc^2$가 우리들의 곁에 나타나는 극적인 과정에 대해 설명한다.

2
중성자를 충돌시키자

　서양 중세 시대의 특이한 사회상 중의 하나가 마녀 사냥이다. 수많은 무고한 사람들이 빗자루를 타고 하늘을 날고 마법의 파티에 참가했다는 죄목으로 화형을 당했다. 많은 사람들이 중세 시대에 화형 당한 마녀들이 연금술사였다고 믿고 있다. 그러나 연금술사들은 마녀들과 무관했다. 오히려 연금술을 법으로 금지한 일부 기간을 제외하고 마녀 사냥이 가장 극심할 때에도 만병통치약이라는 고약한 물질을 만든 사람들은 학자로서 존경받았다.

　물론 연금술사들의 당초 목적인 황금을 만들고자 한 시도는 단 한 번도 실현된 적이 없다. 더구나 현대과학으로 되살려보면 연금술 자체는 틀린 이론으로 시종일관했다. 그러나 1천여 년에 걸쳐 금을 만들려고 했던 연금술사의 노력이 모두 헛된 것은 아니다. 금을 만들지는 못했지만 연금술 과정에서 여러 가지 발견이 이루어져 이것이 현대문명의 기초가 되었기 때문이다. 또한 만물이 더 이상 쪼개지지 않는 원자라는 알갱이로 이루어져 있다는 생각도 도출하자 원자의 성질이 무엇인가에 도전했고 어느 정도 이론을 정립했다.

학자들은 이에 그치지 않고 미소세계에 대해 더욱 궁금해 했고 원자가 어떻게 생겼는지, 원자의 모형은 어떤 것인지를 알아내는 데 열중했다. 원자에 대한 학자들의 고난에 찬 연구는 여기에서 설명하지 않는다.

원자는 원자핵과 그 주위에 존재하는 전자군(電子群)에 의하여 구성되어 있다. 원자핵은 지름이 원자 전체의 약 10만분의 1이며 그 속에 양전하(陽電荷)를 가지는 양성자(陽性子)와 전기적으로 중성인 중성자(中性子)가 몇 개씩 결합하고, 주위를 양성자와 같은 수의 전자가 둘러싸고 원자핵의 양전하를 중화하여 전기적으로 중성인 원자를 형성한다.

더 나아가서 원자의 모형을 알고자 하는 학자들의 연구는 새로운 방향으로 옮겨졌다.

중성자에는 전하가 없으므로 전하를 띤 원자핵에 중성자로 충격을 가하면 그 성질을 인공적으로 변화시켜 방사능을 가진 물질로 바꿀 수 있다는 것을 알았기 때문이다.

이 방법에 가장 열성적인 사람이 '제3의 불'이라 불리는 원자력을 발견하여 '원자력의 아버지'라고도 불리는 이탈리아의 페르미(Enrico Fermi, 1901~1954)이다.

페르미는 이탈리아의 로마에서 태어나 어려서부터 수학과 과학에 천재성을 보여 10살 때 원의 방정식을 만들기도 했다. 스물 한 살이던 1922년에 최연소로 박사 학위를 받고 곧바로 이탈리아 정부의 특별장학생으로 독일의 괴팅겐 대학과 네덜란드의 라이덴 대학 등으로 파견되었다. 이 당시 그가 발표한 논문은 소위 '페르미 통계'라고 불리는 스핀 양자수가 2분의 1인 입자들의 통계에 관한 것으로 이 논문으로 그가 동 분야에서 세계 최고의 학자로 꼽히자 이탈리아는 스물여섯 살의 나이임에도 불구하고 로마 대학의 이론물리학 교수이자 물리학과 과장으로 영입했다.[1]

그는 곧바로 당시 첨단 분야였던 핵물리학에 초점을 두었다. 중성자를 수많은 원자에 충돌시키는 실험을 진행하여 새로운 37가지 원소의 방사성 동위원소를 찾아냈다. 그런데 대부분의 중성자들이 원소와 반응하지 않고 원자핵에 흡수되는 것이 문제였다. 그 이유는 알파입자는 양전하를 띠고 있으므로 원자핵과 반발하지만 전하가 없는 중성자는 원자핵과 쉽게 반응하기 때문이다.

페르미는 퀴리의 사위와 딸인 졸리오 퀴리 부부가 폴로늄 시료 위에 알루미늄 판막을 놓아도 베타선(양전자) 방출이 급속히 감소하지 않는다는 사실을 발견했다는 것에 주목했다. 그들은 알루미늄 원자핵에 알파입자를 충돌시키면 알루미늄 판막이 방사성을 띠면서 다른 방사성 물질처럼 방사선을 방출하는데, 이것이 인공 방사성 원소를 처음으로 만들었다는 것이다.

그런데 페르미는 새로운 동위원소를 만드는데 알파입자보다 느린중성자를 충돌시키는 것이 보다 효율적이라는 것을 간파하고 수많은 원소에 중성자를 흡수시켜 거의 모든 경우에 방사성동위원소가 만들어지는 것을 발견했다.

페르미의 중요성은 중성자와 충돌할 원자핵 사이에 어떤 물질 즉 흑연을 두면 중성자의 충돌 속도를 늦출 수 있다는 것을 발견했다는 점이다. 속도가 감속된 중성자가 원자핵을 지날 때 원자핵은 그 중성자를 잡아당겨 충돌할 수 있으므로 우라늄에 중성자를 흡수시켜 우라늄보다 무거운 초(超)우라늄을 만들었다고 생각했다. 추후에 알려졌지만 그것은 새로운 원자핵이 아니라 우라늄 원자핵의 절반 정도인 바륨과 요오드 원자핵이 뭉쳐진 것이다.[2]

또한 속도를 늦춘 중성자를 충돌시키면 인공 방사성 물질의 방사능이 더욱 커진다는 점을 발견했다. 오늘날 핵물리학에서 원자핵의 크기를 나타내는 '페르(10^{-13}센티미터)'는 그의 업적을 기리기 위해 명명되었으며 주기율표의 100번째 원소도 그가 사망한 후에 '페르미움'으로 명명되었다.[3]

핵분열현상의 발견

원자핵은 분열하여 안정한 원소가 되려고 할 뿐만 아니라 두 원자핵이 결합해서 안정된 핵이 되려는 경향도 있다. 작은 원자핵이 결합해서 더 안정된 큰 원자핵으로 변해 가는 것을 핵융합이라 하고, 큰 원자핵이 분열하여 작고 안정된 원자핵으로 변환되는 것을 핵분열이라고 한다.

이때는 대개 반응에 참가하는 물질과 생성물질의 질량 사이에 차이가 생기는데 이 차이에 해당하는 질량이 에너지로 변환되어 방출된다.[4]

여기서 핵분열에 대해서만 설명한다.

두 명의 독일 과학자가 페르미의 연구에 주목했다. 독일인 오토 한(Otto Han, 1879~1968)과 유대인 리제 마이트너(Lise Meitner, 1878~1968)이다. 리제 마이트너에 대해 먼저 설명한다.

1878년 비엔나에서 태어난 리제 마이트너는 물리학에서 천재성을 보였지만 여성인데다 유대인이라는 불리함이 있었다. 그럼에도 불구하고 1905년 비엔나 대학의 루트비히 볼츠만 교수 밑에서 물리학 박사를 받았다. 그녀는 당시 가장 유명한 물리학자 중의 한 명인 막스 플랑크의 이론물리학 수업을 듣기 위해 베를린으로 갔다. 마이트너를 본 플랑크는 처음에는 다소 시큰둥했으나 그녀가 재목임을 곧바로 알아차리고 오토 한과 공동 작업을 하도록 허락했다. 이때 마이트너는 연구소를 출입할 때 뒷문을 이용해야 했다고 술회했다.

제1차 세계대전 직전 오토 한은 새로이 설립된 빌헬름황제화학연구소(후에 막스플랑크 연구소)의 교수로 초빙되자 마이트너도 그를 따라가 조교가 되었고 몇 년 지나지 않아 그녀도 한 분과의 책임자가 되었다. 이후 두 사람은 매우 성공적으로 공동 작업을 수행했고 마이트너는 교수 자격도 얻었다. 오토 한은 화학자로서 실험을 계획하고 실행하는데 특히 뛰어났고 마이트너는 물리학자로 이에 대한 이론적 바탕들을 제공했다.

1930년대에 중성자가 발견되자 전 세계적으로 중성자 충격을 통해 우라늄에서 초우라늄을 만들어내려는 실험들이 시작되었고 프리츠 슈트라스만(Fritz Strassmann, 1902~1980)도 이 작업에 뛰어 들었다. 그러나 세계 정황은 마이트너로 하여금 독일을 탈출하여 스웨덴으로 가도록 만들었다. 그녀가 유대인이기 때문이다.[5]

1938년 말, 마이트너가 빠진 베를린팀은 예상외의 사실을 발견했다. 우라늄의 방사화로 생긴 '3종류의 라듐동위체'를 바륨으로부터 분리할 수가 없었다.

한과 슈트라스만은 다음과 같이 이 사실을 정리했다.

① 라듐228을 첨가하여 라듐과 바륨의 분류를 실시하였더니 '3종의 라듐동위체'는 라듐228로부터 분리되어 바륨과 행동을 같이 했다.

② '3종의 라듐동위체'의 붕괴생성물에 악티늄228을 첨가해서 란탄(원자번호 57)과 악티늄의 분리조작을 하였더니 붕괴생성물도 또한 악티늄228로부터 분리되어 란탄과 행동을 같이 했다.

③ 여러 가지의 다른 바륨화합물의 결정을 생성시켰으나 '3종의 라듐동위체'가 바륨으로부터 떨어지는 일은 없었다.

그들은 '3종의 라듐동위체'가 바륨 그 자체임을 알게 되었다. 즉 우라늄을 중성자로 조사하면 적어도 3종류의 바륨동위체가 생기며, 이것들은 붕괴하여 란탄이 되는 것이다. 이것은 핵이 쪼개질 수 있다는 것을 의미한다.[6]

곧바로 많은 물리학자들이 한의 이론을 규명하기 위한 연구에 들어갔고 핵이 쪼개질 수 있는 증거가 수없이 발견되었다. 이것이 바로 세계를 깜짝 놀라게 한 원자폭탄과 원자력 발전소에 대한 기본 이론이다. 그러나 엄밀하게 말하면 오래전 페르미가 초우라늄 원자핵을 만들었다고 생각한 바로 그것이다. 여하튼 오토 한에 의해 중세 유럽의 연금술사들이 꿈에 그리던 원소를 변환시킬 모든 준비가 이루어졌다고 볼 수 있다.[7]

그런데 학자들은 엄밀함을 중요시한다. 앞에서 오토 한과 스트라스만에 의해 핵분열이 발견되었다고 설명했지만 추후에 진정한 핵분열의 발견자가 누구인가에 대해 많은 논쟁이 일어났다.

1938년에 이렌느 퀴리는 설명하기 어렵지만 우라늄의 중성자 포격에서 우라늄보다 훨씬 가벼운 란탄계 원소가 생기는 매우 새로운 현상이 발견된다고 발표했다. 이 사실에 주목한 베를린의 오토 한과 프리츠 슈트라스만은 1938년 12월에 우라늄을 중성자로 포격한 후 나오는 반응 생성물에 대해 정밀한 화학 분석을 해보았다. 그 결과 그들은 우라늄의 중성자 포격에서 원자번호 56인 바륨이 생성된다는 믿을 수 없는 결과를 얻었다.

이는 말도 안 되는 것처럼 보였다. 2백 개가 넘는 양자와 중성자가 모여 만든 우라늄의 거대한 원자핵이 중성자 한 개에 의해 거의 반으로 쪼개진다는 것은 마치 유리창을 뚫고 들어온 야구공이 집을 반으로 갈라놓는 것만큼이나 일어날 법하지 않은 일로 생각되었기 때문이다.

한과 슈트라스만은 연구팀의 일원이었던 마이트너에게 자신의 실험 결과가 매우 이상하다는 것을 편지로 보낸 후 논문을 투고했다. 그는 중성자 충격을 통해 발생한 원소는 라듐 같지 않았고 우라늄의 원자번호 92보다 훨씬 낮은 바륨(원자번호 56)처럼 보였다며 다음과 같이 적었다.

'먼저 당신에게만 말하지만 문제가 되는 것은 라듐 동위체들에서 나타나는 어떤 것입니다. 주목할 만한 우연한 현상이 또 우리 앞에 나타날지 모릅니다. 하지만 우리는 점점 더 두려운 결론에 도달합니다. 우리의 라듐 동위체가 라듐 모습이 아니라 바륨 같은 모습으로 나타납니다. 혹시 당신이 어떤 기막힌 설명을 해줄 수 있지 않을까요?'

한이 마이트너에게 자신의 발견에 대한 이론적인 설명을 요청한 것이다. 마이트너는 보어의 공동 연구원으로 조카인 오토 프리쉬(Otto R.Frish, 1904~1979)와 함께 이 문제를 검토한 후 다음과 같이 설명했다.

① 지금까지 발견된 핵반응에서는 핵으로부터 큰 전하를 한꺼번에 잃어버리는 일은 없었다. 이것은 쿨롱 장벽이 핵으로부터 큰 전하를 가지고 있는 입자의 방출을 저지하고 있기 때문으로 보인다.

② 핵 내에서는 입자끼리 핵력에 의해 결합되어 있으며, 이것에 의해 핵의 표면에는 표면장력이 생긴다. 무거운 핵에서는 핵 내의 전하에 의해 생기는 핵자끼리의 반발력 때문에 상기의 표면장력은 약해지고, 원자번호가 100정도까지 증가하면 0이 되어, 핵자끼리 하나의 핵으로 뭉치는 일은 없게 된다.

③ 우라늄과 같은 무거운 핵에서는 밖으로부터 중성자가 들어왔기 때문에 핵 내에 에너지가 반입되어 핵 내에서의 핵자의 집단운동이 일어나 핵이 변형하고, 변형이 어느 한도를 초과하면 쿨롱 힘에 의한

반발이 핵력에 의해 뭉치고자하는 힘을 웃돌게 되어, 액체 방울이 분열하는 것과 흡사한 모양으로 핵이 둘로 분열할 수 있다.

④ 우라늄이 상기 과정에 의해 분열하면, 분열 편은 쿨롱 반발력에 의하여 서로 가속되므로 대략 두 개의 분열편의 합계가 약 200Mev의 운동에너지를 얻게 된다. 약 200 MeV의 에너지는 우라늄, 중성자, 핵분열편의 질량을 이용하는 경우, 아인슈타인의 식 $E=mc^2$에 의해 계산한 값과도 일치한다.[8]

알기 쉽게 설명하자면 우라늄 원자핵 하나가 깨질 때 나오는 에너지는 모래알 하나가 튀어 오르게 할 수 있다. 그런데 우라늄 1그램에는 대략 2.5×10^{21}개의 원자핵이 있음을 이해한다면 이들이 생산하는 에너지가 얼마나 대단한지 이해할 수 있을 것이다.

결론적으로 한과 슈트라스만은 이렌느 퀴리가 기초적으로 연구한 것을 재현하는 후발 주자답게 좀더 정밀하게 실험을 수행했고, 이 과정에서 우라늄이 쪼개져서 바륨과 크립톤이 생성되는 것을 정확하게 파악했다. 그러므로 엄밀한 의미에서 핵분열 발견자는 공식적으로 처음 실험을 수행한 이렌느 퀴리에게로 돌아가야 하지만 핵분열 현상을 보다 정확하게 수행한 한과 슈트라스만에게만 노벨상의 영광이 돌아갔고 마이트너는 제외되었다.

마이트너가 노벨상을 수상하지 못한 것은 다소 의외로 그후 계속 구설수가 따라다녔다. 그녀가 여자인데다 유대인이는 점이 탈락의 요인이었다고 추정하기도 하지만 1965년 한, 슈트라스만과 함께 페르미상을 공동수상하여 노벨상 탈락의 아쉬움을 벗을 수 있었다. 반면에 이렌느 퀴리는 이미 1935년에 노벨상을 수상했으므로 크게 개의치 않았다.[9]

핵물리학에 도전한다

앞에 설명한 내용들은 거의 모두 노벨상과 관계되는 어려운 핵물리학에 관한 내용이므로 다소 딱딱하게 느껴질 것이다. 특히 핵물리학이라 하면 일본에 투하된 원자폭탄이나 방사능이 연상되므로 으스스하게 들리기도 한다. 그러나 실제로 우리 생활에 접목된 지 오래되었으므로 이를 피할 수 없는 세대가 된 것은 사실이다. 위의 설명을 이해하기 쉽도록 가능한 한 풀어서 다시 한 번 설명한다.

앞에 설명된 핵심은 질량이라는 것이 매우 농축된 형태의 에너지라는 점이다. 원자핵은 밀도가 높고 무거워 원자 무게의 대부분을 차지하지만 부피에서 차지하는 것은 거의 없다. 대부분의 물질에 있어서 원자핵은 안정되어 있으므로 변화하지 않는다. 그런데 어떤 원자핵은 깨지면서 강한 에너지 입자를 내놓는데 이 입자의 흐름을 방사선이라 한다. 이 과정에서 핵의 질량 중 일부가 에너지로 변한다. 에너지는 핵이 분열할 때나 혹은 융합할 때도 나오는데 어떤 경우든 원자핵으로부터 나오는 에너지는 질량의 변환으로부터 나온다는 것을 이해할 필요가 있다.

원자의 속은 거의 텅 빈 상태다. 우라늄 원자핵이 볼링공이라 하면

궤도상의 전자는 서울 크기 만한 면적 위에 흩어져 있는 92개의 모래알 정도다. 그런데 핵은 원자의 질량 중 거의 대부분을 차지한다. 달리 말하면 원자의 크기를 정하는 것은 전자이고 무게를 정하는 것은 핵이다. 이렇게 거대한 질량이 조그만 부피 안에 채워져 있으므로 핵 안에 갇혀 있는 에너지는 상상을 초월한다. 이 때문에 원자 핵 안에서 변화를 일으키는 원자폭탄이 재래식 폭탄보다 훨씬 큰 파괴력을 갖는다.

핵에너지에 대해 먼저 설명한다. 핵을 이루는 두 개의 주요 입자 즉 양성자와 중성자는 핵의 구조 안에서 강한 힘으로 결합되어 있다. 이를 역으로 말한다면 핵의 구조를 바꾸는데 엄청난 양의 에너지가 필요하다는 뜻이다. 원자 변두리의 전자는 궤도를 이동하면서 가시광선을 내보낸다. 그런데 핵 안에서 양성자나 중성자가 변화하면 가시광선의 수백만 배의 에너지를 갖는 X선을 내놓는다. 그러므로 핵으로부터 얻을 수 있는 에너지는 핵 이외의 부분으로부터 얻는 에너지보다 훨씬 크다. 다시 한 번 이야기하지만 거의 모든 핵에너지가 질량의 변환으로 생겨난다는 뜻이다.

핵이 가진 에너지를 이용하는 방법은 핵분열과 핵융합 두 가지가 있다. 두 방법에서 얻어지는 에너지는 질량의 변환을 통해 얻어지는데 두 경우 모두 핵반응 이후의 질량이 이전의 질량보다 작다. 핵이 두 조각 또는 여러 조각으로 쪼개지는 것이 핵분열이다. 일반적으로 이 파편들의 질량을 합한 것은 최초의 핵의 질량보다 크다. 그러므로 핵을 분열시키려면 에너지를 투입해야 한다. 어떤 경우에는 파편들의 질량이 당초 원자의 질량보다 작을 때가 있다. 이 경우 핵분열은 에너지를 방출하며 이것을 통상 '핵에너지'라고 부른다.

분열할 때 에너지를 내는 것으로 잘 알려진 핵이 92개의 양성자와 143개의 중성자를 가진 우라늄235이다. 속도가 느린 중성자가 우라늄235와 충돌하면 핵은 거의 같은 두 개의 파편으로 쪼개지고 두세 개의 중성자가 튀어나온다. 그런데 이 두 개의 조각과 두세 개의 중성자(평균 2.47개)의 질량은 당초 원자핵의 질량보다 작고 이 질량의 차이가 에너지로 변한다.[10]

실제로 1g의 우라늄이 분열하면서 방출하는 에너지는 9×10^{16}줄(J)이다. 이 에너지는 3.2톤의 석탄, 267리터의 석유, 21톤의 TNT가 내뿜는 에너지와 비슷하다. 더구나 각 단계의 반응이 일어나는 시간 간격이 겨우 50조 분의 1초밖에 되지 않아 아주 짧은 시간 동안에 엄청난 양의 에너지가 방출되기 때문에 핵분열에 의한 반응은 가공할 만한 위력을 발휘한다.

참고적으로 TNT는 트리니트로톨루엔(trinitrotoluene)이라는 화합물이 원료인 폭탄이다. TNT는 1863년 독일 화학자 요제프 빌브란트(Joseph Wilbrand)가 최초로 제조하였으며, 1891년 독일에서 최초로 대량 생산을 시작하였다.

일반적으로 잘 알려져 있는 다이너마이트는 알프레드 노벨(Alfred Nobel, 1833~1896)이 니트로글리세린을 주원료로 하여 발명한 폭탄이다. 다이너마이트는 폭발력이 TNT보다 60%정도 더 강하면서도 안전하게 사용할 수 있으므로 폭발적으로 보급되었으며 결국 이것이 노벨상의 기본이 되었다.

　원자폭탄의 이론적 근거를 제시한 것이 초등학생도 잘 아는 유명한 아인슈타인의 E=mc²이다. 질량과 에너지 사이의 관계에 대한 아인슈타인의 공식을 '등가원리'라고 한다. 여기서 E는 에너지이고 m은 질량인데 c²이 30만 킬로미터/초×30만 킬로미터/초라는 사실을 염두에 두면 단위 질량이 에너지로 전환되는 양이 얼마나 어마어마한 숫자인지를 알 수 있다. 간략하게 말해 물질 1킬로그램의 에너지는 TNT 2천만톤에 해당한다. 이 양이 얼마나 큰가는 히로시마에 투하된 원자폭탄이 TNT 12,000~15,000 톤 정도임을 비교하면 알 수 있다.[11]
　아인슈타인의 공식은 원자의 질량을 정확히 결정함으로써 어떤 원자로부터 얼마나 많은 에너지가 방출될 수 있는지를 미리 계산할 수 있게 해 준 것으로도 중요성이 있다. 이 공식은 원래 상대성이론에 포함되어 있는 것은 아니고 1905년에 발표된 보완 논문에서 다루어진 것이다.
　〈사이언스 일러스트레이티드〉는 독자들에게 이 식의 의미를 설명하는 다음 글을 싣고 있다.
　　'아인슈타인은 어떤 주어진 질량 내에 엄청난 양의 에너지가 잠재되어 있지만 에너지가 그 질량의 원자들 속에 갇혀 있기 때문에 일상생활에서는 그 에너지가 발현되지 않고 단지 핵분열에 의해서만 그 에너지가 방출될 수 있다고 했다.'

이것이 소위 원자폭탄의 이론이다. 약 10킬로그램 정도의 우라늄 235를 각각 따로 보관하면 우라늄 덩어리 자체가 열과 중성자를 내뿜기는 하지만 폭발하지는 않는다. 그런데 이 10킬로그램짜리 우라늄 덩어리 두 개를 한데 붙여 놓으면 중성자의 수가 갑자기 늘어나 통제할 수 없는 중성자의 홍수를 이루는데 이것이 바로 핵폭발이다. 원자폭탄이란 바로 이 원리를 이용하여 정교하게 깎은 두 개의 반구형 우라늄235 덩어리를 따로 떼어서 재래식 폭탄으로 감싸 놓았다가 순간적으로 결합시키는 것이다. 이것은 우라늄235가 서로 떨어져 임계질량(핵분열 물질이 연쇄반응을 일으킬 수 있는 최소의 질량)이하가 되면 폭발이 되지 않는다는 것을 뜻한다.[12]

참고적으로 우라늄235의 임계질량은 16킬로그램, 초임계질량은 25킬로그램으로 대체로 소프트볼 크기다. 플루토늄239의 임계질량과 초임계질량은 각각 8킬로그램과 12킬로그램으로 야구공 크기로 알려진다. 바꿔 말하면 원폭을 만들려면 10킬로그램 정도의 플루토늄, 20킬로그램 정도의 우라늄235가 있어야 한다는 뜻이다.[13]

이들 핵분열로 인해 발생되는 것이 악명 높은 방사능이다. 대부분의 원자핵은 안정적이다. 우리 몸속에 있는 탄소나 칼슘의 원자핵은 수십 억 년 전에 만들어졌을 때와 마찬가지로 똑같다. 그런데 어떤 원자핵은 이런 성질을 가지지 못하고 저절로 붕괴되면서 수많은 파편들을 쏟아낸다. 이러한 원자핵들은 방사성이 있어 이 붕괴과정을 '방사성붕괴'라고 하며 이 붕괴과정에서 방출되는 입자들의 흐름이 방사능이다.

우라늄의 모든 동위원소는 방사능이 있으며 탄소14, 스트론튬90 같은 동위원소들도 방사성을 가진다. 방사성을 가진 원자핵의 집단은 붕괴 시기가 서로 다른데 어떤 집단 속의 원자핵들 중 2분의 1이 붕괴하는 데 걸리는 시간을 반감기라고 정의한다. 우라늄의 가장 흔한 동위원소인 우라늄238의 반감기는 지구의 나이와 거의 같은 45억 년이며 플루토늄의 동위원소들은 반감기가 짧아 십억 분의 1초밖에 안 된다.

이제 방사선으로 들어간다. 방사선은 19세기 말에 발견되었는데 러더퍼드는 각각 다른 형태의 붕괴로부터 나오는 세 가지의 방사선이 있다고 생각했다. 이를 알파(α)선, 베타(β)선, 감마(γ)선이라 불렀다.

어떤 원자핵이 알파붕괴를 하면 두 개의 양성자와 두 개의 중성자로 이루어진 입자(헬륨 원자핵)의 흐름을 방출하는데 이를 알파입자라고도 부른다. 알파붕괴가 끝나면 당초의 원자핵에서는 두 개의 양성자와 두 개의 중성자가 빠져 나간 상태가 된다. 이 상태의 원자핵은 자신이 가진 전기력으로는 현재의 전자 전체를 유지할 수 없으므로 전자 두 개가 떨어져 나간다. 그러면 두 개의 양성자와 두 개의 전자가 줄어든 원자가 생긴다. 즉 화학적으로 완전히 다른 새로운 원자가 탄생하는 것으로 알파붕괴는 핵의 질량뿐 아니라 원자의 본질까지 바꾼다. 예를 들어 우라늄238은 알파입자를 방출하면서 붕괴되고 종국에는 토륨234가 된다.

학자들은 이런 성질을 가진 알파붕괴와 베타 붕괴를 현대판 '철학자의 돌' 즉 '마법의 돌'이라 부른다. 중세의 연금술사들이 납과 같은 저급 금속을 금으로 바꿔줄 수 있다고 믿었던 바로 그 돌이다. 원리 자체는 결코 틀리지 않지만 실험실에서 만들 수 없으므로 연금술사 모두 금을 만드는데 실패한 것이다.

베타붕괴에서는 핵 속의 중성자가 전자를 방출하면서 양성자로 변한다. 이렇게 되면 당초의 핵은 질량은 거의 똑같지만 양성자를 하나 얻고 중성자를 하나 잃은 것이다. 이 설명은 베타붕괴는 핵의 본질은 바꾸지만 질량은 바꾸지 않는다는 것을 의미한다. 추후에 '베타입자'라는 이름은 전자의 흐름을 뜻하지만 오늘날도 가끔 전자의 흐름을 가리켜 '베타선'이라 부르는 이유다. 베타붕괴는 핵과는 전혀 관계없이 독립적으로 중성자가 붕괴하는 것이다. 중성자는 혼자 놔두면 양성자와 전자, 그리고 반감기가 약 8분인 뉴트리노라는 입자로 붕괴한다.

마지막으로 감마붕괴는 핵 속의 양성자와 중성자가 배열을 바꾸는 것이며 그 결과 X선의 형태로 전자파가 방출된다. 감마붕괴는 핵의 질량이나 본질에는 영향을 미치지 않는데 주파수는 1019Hz이상이다.

보다 풀어서 설명하면 강력한 에너지를 가진 방사선은 물질을 뚫고 지나가는 힘이 있다. 방사선이 물질을 뚫고 지나갈 때 그 물질에 에너지를 전달하기 때문이다. 알파선은 기체를 이온화시키는 전리 작용이나 세포를 파괴하는 작용을 한다. 그러나 투과력이 약해 종이 한 장으로도 차단할 수 있을 정도이다. 따라서 신체는 통과할 수 없다.

베타선은 질량에 비해 전하량이 매우 커서 전기장이나 자기장에서 크게 휘며 투과력은 알파선보다 강하다. 보통 1~2cm의 물이나 손바닥 정도의 신체 부위는 통과한다. 그러나 얇은 금속은 통과할 수 없다. 한편 감마선은 투과력이 매우 강하다. 보통 병원에서 사용하는 X선보다 강해 우리 몸뿐만 아니라 2cm 두께의 납도 통과할 수 있다.[14]

우라늄238로 위 내용을 다시 설명한다.

우라늄238은 금, 은, 수은보다도 훨씬 많이 지각 속에서 발견되는 물질이다. 우라늄238은 우선 알파붕괴를 통해 토륨234가 되고 이어서 베타붕괴를 통해 프로탁티늄234가 된다. 이것의 반감기는 24일이다. 이 원자핵은 다시 베타붕괴를 통해 반감기가 2분인 우라늄234가 되고 우라늄234는 알파입자를 방출하고 반감기가 25만 년인 토륨230으로 변한다. 이러한 일련의 과정은 안정된 원소인 납208로 변할 때까지 계속된다.

우라늄238의 붕괴사슬에서 반드시 생겨나는 방사성 물질이 바로 라돈(원자번호 86, 질량수 222)으로 공기보다 7.5배 가량 무거운 무색무취의 기체다. 라돈은 알파붕괴를 계속하며 납214, 비스무스214, 폴로늄214를 거쳐 최종적으로 가장 안전한 상태인 납210이 된다. 라돈이 납으로 되는데 걸리는 시간은 1시간도 채 안되는데 이는 그만큼 라돈이 한꺼번에 많은 방사선을 내고 빠른 다른 물질로 바뀌기 때문이다.[15]

자연계에는 물질의 종류에 따라 스스로 방사선을 내는 것이 있는데, 태양으로부터 나오는 빛에너지가 이에 해당한다. 지구가 처음 생성될 때 만들어졌거나 우주에서 오는 방사선과 대기 중 물질이 반응해 생성된다. 지구에는 70여 종의 자연 방사성 물질이 있다. 가장 양이 많은 것은 '토륨'이고 가장 위험한 것은 앞에 설명한 기체인 '라돈'이다. 라돈은 호흡을 통해 몸속으로 들어온 후 기관지나 허파꽈리에 달라붙어 폐암을 일으키기도 하는데 탄광이나 지하철 공사장에 많이 있다.[16)]

참고적으로 인류가 우라늄을 사용하기 시작한 것은 매우 오래되었다. 1912년 옥스퍼드 대학의 갠트 교수는 이탈리아의 나폴리 근처에서 고대 로마의 유적을 발굴하다가 매우 아름다운 유리 모자이크 벽화를 발견했다. 약 2천 년 전에 착색된 유리의 색은 조금도 퇴색되지 않았다. 갠트교수는 고대 로마인이 사용했던 안료 성분에 흥미를 갖고 영국의 화학자 마클레에게 분석을 의뢰했다.

마클레 박사는 특별한 것은 발견되지 않았지만 질량으로 따져 보았더니 1.5퍼센트에 달하는 혼입물이 섞여 있다고 설명했으나 그 혼입물의 정체를 설명할 수는 없었다. 이때 그 혼입물 속의 방사능을 조사해보면 어떨까 하는 아이디어를 제시했다. 혼입물이 실제로 방사능을 내 놓았기 때문이다.

미지의 혼입물은 우라늄의 산화물로 새로운 발견은 아니었다. 놀랍게도 우라늄염은 오래 전부터 유리의 착색에 이용되고 있었다. 학자들은 유리가 우라늄을 실용적으로 이용한 최초의 사례로 보지만 일부 학자들은 고대 로마의 유리에 우라늄이 포함된 것은 우연으로 치부했다. 로마인이 고의로 방사성물질을 유리에 넣었다고는 상상할 수 없었기 때문이다.

그런데 미국의 고고학자이자 화학자인 켈리가 이 문제에 도전하여 수많은 유리 유물들을 분석한 결과 고대 로마 유리의 대부분에 우라늄이 들어있다는 것을 발견했다. 로마인들은 우라늄이라는 광물을 알고 있었고 이를 유리의 착색에 이용한 것이다.[17]

3
독일보다 먼저 원자폭탄을 만들어라

　핵분열반응이 일어나게 하기 위해서 중성자로 핵을 때려야 하고, 핵융합반응을 위해서는 입자를 큰 속도로 가열하여 충돌시켜야 한다. 그런데 이 작업은 간단한 일이 아니다. 역으로 말하면 우라늄의 연속 반응을 일으키기 위해서는 막대한 예산과 인원이 필요하다는 뜻이다.

　지구에서는 이런 때에 항상 극적인 사건이 일어나 해결책을 제시한다. 변수는 역시 전쟁이었다. 오토 한 자신이 얻은 실험 결과의 의미를 몰랐지만 마이트너는 앞에 설명한 것처럼 그들의 실험 결과가 무엇을 뜻하는지 알았다.[18] 프리쉬는 마침 미국으로 출발하려던 보어에게 독일인 한이 발견한 핵분열에 대한 실험을 설명했다.

　중요한 것은 한이 독일 사람이라는 것이었다. 그가 나치에 협조하여 핵폭탄 개발에 발 벗고 나선다면 세계는 온통 나치의 치하로 들어갈 것으로 과학자들은 예상했다. 추후에 알려진 사실이지만 한은 독일에서 원자폭탄이 개발되는 것을 반대하여 태업 아닌 태업으로 원자탄 개발을 지연시키려고 노력했음이 밝혀졌다.

그당시 한의 의도를 모르는 과학자들은 나치에 의해 원자폭탄이 개발된다는 것을 가장 큰 악몽으로 생각했다. 결국 나치의 위협을 피해 미국에 망명 중이던 평화주의자 아인슈타인은 미국의 루스벨트 대통령에게 우라늄의 붕괴가 지닌 잠재력을 지적하면서 나치에 앞서 핵무기를 개발하는 데 모든 노력을 기울여야 한다는 편지를 썼다.

아인슈타인의 편지는 1939년 8월 2일자인데 그 편지가 루스벨트 대통령에게 전달된 것은 10월 11일이었고 그 동안에 유럽에서는 우려하던 제2차 세계대전이 일어났다. 마침내 미국은 아인슈타인의 편지가 요구하는 대로 원자폭탄 개발에 착수하여 실제로 개발되었다.

한편 그동안 수많은 학자들이 원자의 속성 등에 대해 연구하였음에도 불구하고 이와 같은 내용이 아인슈타인에 의해서 비로소 알려진 것은 그 당시까지 어떤 에너지도 방출된 적이 없기 때문에 학자들이 전혀 신경을 쓰지 않았다고 볼 수 있다. 마치 엄청난 부자라도 돈을 한 푼도 쓰지 않는다면 누구도 그가 부자인지를 알 수 없는 것과 같다. 이는 관찰되지 않았기 때문에 대부분의 학자들이 원자 분열의 중요성을 간과한 것으로 볼 수 있는데 바로 그 맹점을 아인슈타인은 정확하게 집어낸 것이다. 아인슈타인이 인류 사상 가장 돋보이는 학자로 인식되는 이유이다.

이관수 박사는 일반적으로 아인슈타인의 편지가 미국이 원자폭탄을 개발하는데 결정적인 계기가 되었다고 알려져 있지만 실상은 약간 다르다고 지적했다. 아인슈타인의 편지를 계기로 설치한 '우라늄위원회'는 딱 두 번 모임을 가졌을 뿐이라는 것이다. 이는 역으로 우라늄위원회보다 아인슈타인의 편지 자체가 큰 비중이었다는 설명도 된다. 아인슈타인이 서명했다는 것만으로도 모든 것이 설명되기 때문이다.

사실 아인슈타인의 편지는 직접 작성한 것이 아니라 아인슈타인의 제자로 헝가리 출신 물리학자인 레오 실라르드(Leo Szilard)가 작성했다. 1898년 헝가리의 수도 부다페스트에서 태어난 실라르드는 부다페스트 공과대학에서 전기공학을 전공하다가 물리학에 흥미를 느끼고 베를린 대학으로 유학을 갔다. 열역학이 그의 전공이었는데 그의 천재성을 갈파한 아인슈타인은 1년 만에 박사학위를 받을 수 있도록 적극 주선했다.

그러므로 과학사가들은 지구상의 원자폭탄은 실라르드에 의해 태동되었다는데 주저하지 않는다. 그가 원자폭탄을 구상한 것은 전설적이다.

1933년 9월 어느 날 대영박물관이 있는 런던의 럿셀 광장 앞에서 신호가 바뀌는 것을 기다리던 실라르드는 교통신호등이 청색으로 바뀌는 순간 하나의 생각을 번개와 같이 떠올렸다.

'알파입자로 원자핵을 때려주면 핵이 깨져서 다른 원소의 핵으로 바뀐다. 이 반응 때 엄청난 에너지가 나온다. 이 반응을 천천히 인공적으로 조절할 수 있다면 막대한 에너지를 얻는 하나의 새로운 방법이 나올 수 있다.'

그의 생각은 중성자가 발견되었으므로 알파입자 대신에 중성자를 사용한다는 생각으로 바뀌었다. 그가 6년 전에 생각했던 아이디어가 독일인 오토한에 의해 실용화될 수 있다는 것을 확인한 실라르드는 독일에서 핵폭탄이 먼저 개발된다면 최악의 상황이 될 수 있다며 루즈벨트 대통령에게 이 사실을 알려야 한다고 동료들을 설득했다. 그의 말을 듣고 경제학자인 알렉산더 삭스는 루즈벨트 대통령이 존경하는 아인슈타인이 직접 편지를 작성해서 대통령에게 전했으면 좋겠다고 조언했다.

이에 용기를 얻은 실라르드는 독일에서 원자폭탄을 만들 가능성과 히틀러가 먼저 만들었을 때 인류에게 미칠 해악을 설명하는 편지를 작성했고 아인슈타인에게 서명을 요청했다. 아인슈타인은 핵분열 반응의 발견이나 이용과는 아무런 관계가 없었지만 그가 지닌 명성과 권위 때문에 편지에 서명을 요청받은 것이다.

아인슈타인은 실라르드의 설명을 듣고 다음 내용의 편지에 흔쾌히 서명했다.[19]

'지난 4개월 동안 프랑스의 졸리오와 미국의 페르미, 실라르드 등이 하고있는 일련의 연구는 한 번에 많은 에너지와 새로운 원소를 얻을 수 있는 것으로 이것은 가까운 장래에 새로운 형태의 무기를 만들 수 있을 것이 틀림없습니다. (중략)

이 연구의 중요성을 각하에게 알리고 관심을 갖도록 하는 것은 나의 의무라고 믿습니다. 만일 그것이 인정된다면 빠른 행동을 촉구합니다. (중략)

이 무기는 단순한 형태의 폭탄으로 투하지역을 단 번에 파괴시키는 막대한 힘이 있으며 만일 원폭 1개를 선박으로 어떤 항구까지 운반하여 폭발시킨다면 항구 전체가 완전히 파괴되고 그 주위는 폐허가 될 겁니다. (중략)

독일은 그들이 장악한 체코슬로바키아 광산으로부터 우라늄 반출을 금지하고 있어 독일에서도 핵무기 개발이 진행되고 있다고 이해됩니다. 이를 위해 필요한 관계자들을 만나는 것이 필요합니다.'[20]

이 편지가 세계사에서 가장 중요한 편지 중 하나로 거론되는 것은 미국이 핵무기를 개발토록 하는데 방아쇠 역할을 한 역사적 의미가 있기 때문이다. 그러나 실라르드는 미국의 원자폭탄 개발에 적극적인 역할을 했지만 맨해튼 프로젝트에는 참여하지 않았다. 특히 제1호 원자폭탄이 개발되어 1945년 7월 16일 폭발에 성공하자 그 위용을 실감한 그는 루즈벨트 대통령에게 원자폭탄을 실전에 사용해서는 안 된다고 진정서를 제출했다.

연쇄반응에 의한 핵분열이라는 개념을 처음 생각해내고 그것을 실현시키기 위해서 전력을 기울였던 당사자로서 원폭의 파괴력이 가져올 무서운 핵무기 경쟁을 예견한 것이다.

그러나 그의 진정에도 불구하고 일본의 히로시마와 나가사키에 핵폭이 투하되었다. 그는 이후 보다 조직적으로 반핵운동을 벌이는데 이 입장은 아인슈타인과 비슷하다.

1949년 이후 실라르드는 시카고 대학에서 분자생물학을 연구했고 1964년 68세의 나이로 삶을 마감한다.[21]

맨해튼 프로젝트의 탄생

미국이 원자폭탄을 만들 수 있었던 것은 또 다른 행운이 따랐기 때문이다. 핵분열에 있어 가장 중요한 권위자인 페르미와 양자론의 대가 보어가 마침 미국과 영국에 망명해 있었던 것이다.

페르미가 미국으로 망명한 것은 당시의 정황 때문이다. 페르미가 중성자 실험을 계속할 때 유럽의 정치 정세는 독일의 히틀러와 이탈리아의 무솔리니 등이 기세를 올리고 있었다. 이탈리아에 있지만 유럽에서 유대인에 대한 인종차별 정책이 날로 극심해지고 있어 부인이 유대인인 페르미도 신변에 위험을 느끼지 않을 수 없었다.

마침 페르미가 1938년에 노벨 물리학상을 받게 되자 스톡홀름의 노벨상 수상식에 가족이 함께 참석하는 것을 계기로 미국으로 망명을 결행했다. 미국 뉴욕의 컬럼비아 대학에서 물리학 교수 자리를 제의하고 있었으므로 안성맞춤이었다.

보어의 경우도 대동소이하다. 히틀러가 독일에서 유대인 배척운동을 주도하자 보어는 많은 유대계 과학자들을 코펜하겐의 연구소로 불러 안전한 피신처를 제공했다. 그러나 1940년 독일이 덴마크를 침공하자 유대계 혈통인 보어는 위험을 느끼지 않을 수 없었다. 자주 반나치 감정을 숨기지 않았기 때문이다. 그는 과감하게 탈출을 시도했다. 레지스탕스에서 제공한 낚싯배를 타고 가족과 함께 스웨덴으로 피신한 후 영국의 모스키토 폭격기의 빈 폭탄 장착대에 숨어서 영국으로 갔다.

덴마크를 탈출하기 전, 금으로 제작된 자신의 노벨상 상패를 병에 넣고 산성 용액으로 녹여서 감추었다. 전쟁이 끝난 후 귀국한 그는 병에 녹아 있던 금을 회수하여 상패를 다시 주조했다.

안전한 영국에 도착하자 보어는 독일인보다 앞서 원자폭탄을 개발해야 한다는 데 동의했고 1939년 1월 가족과 함께 미국으로 가서 본격적으로 원자폭탄 제조에 참여한다. 1975년 노벨물리학상을 수상하는 그의 아들 오게 보어도 미국 로스알라모스에서 맨해튼 프로젝트에 참여했다.[22]

미국에 도착한 페르미를 주축으로 실제로 핵분열을 일으키는 폭탄을 개발할 수 있는가를 본격적으로 검토하기 시작했다. 그는 연쇄반응이 일어날 가능성이 있는 물질로 우라늄235, 플루토늄239를 제시했다. 그러나 연쇄반응을 준비하려는 컬럼비아 대학 물리학자들은 두 가지 난관을 극복해야 했다.

첫째는 우라늄 분열 시 방출되는 중성자들이 너무 빨라서 우라늄의 분열을 유발시키는 핵 폭탄으로는 효율적이지 못한 데 따른 어려움이었고 둘째는 통상적인 조건 하에서 핵분열 시 방출되는 중성자들이 다른 우라늄 원자들을 쪼갤 새도 없이 공기 중으로 빠져나가거나 다른 물질에 흡수되는 등의 중성자의 손실이었다. 다시 말해 연쇄반응을 촉발시키기에는 턱없이 부족한 극소수의 중성자만 핵분열을 일으키는 것이다.

연쇄반응을 일으키기 위해서는 중성자들의 속력과 손실을 최대한 줄여야 했다. 페르미는 로마에서 이미 파라핀과 물의 중성자에 대한 특이한 효과를 알고 있어 우라늄의 핵분열에 대한 연구를 물 속에서 시작했다. 물리학자들의 용어로 말하면 물을 감속재로 사용한 것이다.

그러나 여러 달에 걸친 연구 결과 물이나 수소를 함유한 다른 물질들은 모두 감속재로 적당치 않다는 결론에 도달했다. 이는 수소가 너무 많은 중성자를 흡수하여 연쇄반응이 불가능했기 때문이다.

페르미는 탄소를 감속제로 사용할 것을 제안했다. 순도가 높기만 하면 탄소는 중성자를 충분히 감속시킬 뿐만 아니라 물에 비해 중성자의 흡수도 적을 것이라는 것이다. 이들은 연쇄반응을 불러일으킬 수 있는 기발한 장치를 고안했다. 이 장치는 우라늄과 매우 순도가 높은 그라파이트를 겹겹으로 쌓았다. 즉 순수한 그라파이트 층과 우라늄 덩어리를 포함한 그라파이트 층을 교대로 배열하여 만든 것이다. 이 장치가 바로 원자로이다.[23]

처음에는 시카고 근교 숲 속에서 원자로를 건설하려고 계획했지만 마침 노동자들의 파업이 일어나 곧바로 착수할 수 없었다. 그래서 시카고 대학 축구장인 스태그필드의 서쪽 관람석 아래에 있는 스쿼시 코트에 건설했다. 원자로는 극반경 309센티미터, 적도반경 388센티미터의 타원형으로 제작되었다. 우라늄의 총량은 6톤이었고 감속재로는 흑연이 사용되었다. 중성자 흡수재로는 카드뮴 막대기가 사용되었.

곧이어 알곤원자력연구소에 출력 100kW의 제2원자로, 그리고 워싱턴 주의 핸포드에 폭탄 제조용 플루토늄을 본격적으로 생산하는 원자로가 건설되었다. 여기에서 생산된 플루토늄으로 만든 원자폭탄

제3호가 일본 나가사키에 투하된 것이다.[24]

페르미의 실험이 성공하자 본격적인 원자폭탄을 제조하는 계획이 착수되었다. 계획은 비밀을 유지하기 위하여 뉴멕시코 사막 로스앨러모스에 건설된 원자탄 연구소에서 진행되었다. 오펜하이머(John Robert Oppenheimer, 1904~1967)가 소장인 이 연구소에서 진행된 원자탄 개발 프로젝트가 바로 유명한 '맨해튼 계획'이다.

맨해튼 계획을 실무적으로 총괄 주도한 사람은 전기공학자 베너버 부시(V. Bush)였다. 부시는 전미국방개발위원회(NDRC)의 초대 의장이었는데 1941년에 신설된 대통령 직속 과학연구개발국(OSRD)의 장으로서 미국의 전쟁연구개발 체제를 총괄하고 있었다. 부시의 주도아래 1941년 11월 원자폭탄 개발 방향이 제시되었는데 마침 일본의 진주만 공습이 있자 10일 후에 당시 부통령 월러스가 참석한 회의에서 부시가 제안한 원자폭탄 개발 계획이 승인되었다.

4,500여명의 과학자들이 참여한 맨해튼 계획은 많은 노벨상 수상자들이 참여했지만 노벨상의 등용문으로도 유명하다. 그러나 미국이 원자폭탄 개발을 촉구하였던 아인슈타인은 참여하지 않았다.

원자폭탄 개발 계획이 승인되자 '맨해튼 계획'은 실무책임자로서 육군성의 그로브즈 장군이 임명되었다. 극도의 기밀 유지를 위해 각 개인들의 이름이 사라졌고 이 연구소에서 일하는 모든 사람들은 전쟁이 끝나더라도 6개월이 지난 뒤 그곳을 나갈 수 있다는 서류에 서명해야 했다. 그래서 이 연구소는 '노벨상 수상자의 강제수용소'라는 별

명을 얻기도 했다.[25] 모든 사람의 가슴에 붙은 배지 번호가 이름을 대신했는데 오펜하이머 소장의 번호는 '47'이었다.

주소도 암호로 사용했다. 로스앨러모스라는 지명은 대통령의 명령으로 미국에서 사라졌다. 우편물은 모두 한 곳에 모아졌고 전부 개봉되었다. 전화가 도청되는 것은 물론 모두 녹음되었다. 비밀은 철저하게 지켜졌다. 실제로 원자폭탄 개발이 성공한 이후에도 자신들이 원폭 개발에 참여했다는 사실을 모르는 직원들도 있었다.

급박한 원자폭탄 개발

미국이 원자폭탄 개발에 본격적으로 뛰어들기 전의 상황을 보면 그야말로 여러 가지 행운이 겹쳤기 때문이다.

우선 당시 미국에는 원폭을 실제 개발할 수 있는 동 분야의 수많은 과학자들이 망명하고 있었다. 그러므로 핵폭 제조에 관한 한 비밀리에 당대의 거의 모든 전문가들을 동원하는 것이 어렵지 않았다.

두 번째는 미국도 유럽의 전투 즉 제2차 세계대전에 참전하고 있으므로 독일은 적국이었다. 그런데 많은 과학자들과 전문가들이 독일이 이미 원자폭탄 개발에 착수했다고 판단한 것은 미국에도 치명상을 안길 수 있는 중대한 정보였다. 그것은 앞에 설명한 오토 한과 또 한 명의 천재로 불확정성 원리를 창안한 하이젠베르크(Werner Karl Heisenberg)도 이미 원자로와 원자폭탄의 기본적인 차이를 이해하고 원자폭탄을 만드는 것이 가능하다는 결론을 가지고 있었기 때문이다.

1941년 10월 하이젠베르크가 독일 점령 하에 있던 코펜하겐을 방문하여 스승인 보어를 탈출 직전에 만난 적이 있었다. 나치의 엄중한 감시 때문에 두 사람은 은밀하게 이야기할 수도 없었지만 하이젠베르크는 핵반응에 대해 언급하면서 원자로의 윤곽을 설명했다. 특히 하이젠베르크는 보어에게 전시에 물리학자가 우라늄 관련 연구를 하는 것이 옳은지에 대해 질문했다. 이 당시 비밀리에 미국의 연구에 관여하고 있었던 보어는 하이젠베르크의 질문을 독일이 원폭에 대해 많은 진전을 보고 있다는 것을 알려주기 위한 것으로 파악했다.

보어로부터 하이젠베르크의 질문을 전해들은 원자폭탄 관련자들은 후끈 달아올랐다. 그들 역시 하이젠베르크가 보어와 만나서 원자폭탄 개발 가능성에 관해 질문했다는 자체를 독일에서 원자폭탄을 제조하고 있다는 것으로 생각했기 때문이다. 이 부분은 뒤에서 다시 설명한다.

세 번째는 미국이 영국으로부터 원자폭탄 개발에 관한 정보를 모두 받을 수 있었다는 점이다. 1939년에서 1941년 사이 영국의 원자탄 개발 연구는 그 어느 나라보다 앞서 있었으나 영국에서 원자폭탄을 실제로 만드는 것은 여러 가지 문제가 있었다. 우선 핵분열반응의 연료인 우라늄235을 분리하는 방법이 확립되지 않았고 특히 연쇄반응을 일으킬 수 있는 최소의 임계질량의 값이 정확하게 알려지지 않았다.

이런 문제의 돌파구를 연 사람이 1940년 영국에 망명 중이던 프리시와 파이얼스다. 그들은 이론적으로 약 10킬로그램 정도의 우라늄235만 있으면 원자폭탄을 만들 수 있는 임계질량이 되며 더욱 정책

입안자의 입맛에 맞는 것은 원폭을 항공기에서 투하할 수 있다고 계산한 것이다. 그들은 가장 당면한 문제점인 우라늄235를 분리하는 방법도 제시했고 원폭을 제작하는데 약 2년 밖에 걸리지 않을 것이라고 결론을 내렸다.

그러나 영국은 기초 연구의 기반을 갖추고도 원자탄 생산 공정을 향해 더 이상 나아갈 수 없었다. 특히 영국은 독일의 공격에 취약했다. 독일은 가공할 파괴력을 가진 로켓을 확보하고 있는데 이들의 사정거리 안에 있으면서 원자탄 제조공장 같은 거대한 시설을 갖추는 것 자체가 자살행위나 다름없었다. 그러므로 영국은 우라늄뿐만 아니라 플루토늄으로도 원자탄을 개발할 수 있다는 내용 등의 1급 비밀들이 담긴 모드위원회 보고서를 미국에 넘겼다.

영국으로부터 자료를 넘겨받은 미국은 크게 자극받아 원폭 개발에 관심을 가지고 마침 새로운 발견이 줄을 이었다. 버클리 대학의 로렌스는 자신이 만든 입자가속기 사이클로트론으로 우라늄235와 우라늄238을 분리하던 중 예기치 않게 우라늄238이 플루토늄으로 변환되는 것을 확인했다. 이 발견은 우라늄238도 원자탄의 원료로 사용할 수 있다는 획기적인 군사상의 발견으로 미국 대통령을 비롯한 정책 책임자들을 설득시키는데 문제가 없었다.[26]

히로시마에 원자폭탄 투하

우라늄은 지각에서 흔하게 발견되는 원소로 1톤의 암석에서 평균 2그램 정도 얻을 수 있다. 우라늄 238은 일정량 이상의 에너지를 가진 중성자에 의해서만 분열을 일으키지만 우라늄235는 간단한 열중성자에 의해서도 분열된다. 그러나 자연계에 존재하는 우라늄을 정제하면 99.3퍼센트가 우라늄 238이고 0.7퍼센트만이 우라늄235이다. 따라서 천연 우라늄에서 핵폭탄을 제조하는 데 충분한 우라늄235을 분리하는 작업은 매우 어려운 일이었다.

여기에도 전쟁이라는 특수성이 작용했다. 우라늄235을 얻기 위해 평화시라면 경제성이 없기 때문에 폐기되었을 기체 분사식이란 방법이 채택되었다. 이 방법은 우라늄의 혼합물을 원심 분리기에 넣고 회전시키면 우라늄238보다 1.3퍼센트 정도 가벼운 우라늄235가 분리되는 현상을 이용한 것이다.

그러나 기체 분사식의 첫 번째 문제는 우라늄을 기체로 만드는 것이다. 이를 가능케 하는 유일한 방법이 우라늄을 6개의 불소와 화합시키는 '6불화우라늄'이라는 휘발성 액체를 만드는 것이다. 이 화합물에서도 우라늄235를 가진 것이 우라늄238을 가진 것보다 1.3퍼센트 정도 가볍기 때문에 기체 분사에 의해 충분히 분리될 수 있다.

다른 한편으로 우라늄235를 다량 확보하는 것이 워낙 어려운 일이었으므로 과학자들은 우라늄235가 아닌 또 다른 핵분열의 원료를 찾았다. 그것이 바로 플루토늄239이다. 그리스 신화에 나오는 바다의 신 포세이돈이 로마로 신화의 무대를 옮기면 넵튠이라는 이름으로 불리게 된다. 바로 이 넵튠에서 넵투늄이라는 원소의 이름이 비롯된다. 천연 상태의 우라늄239에 중성자가 하나 흡수될 때, 우라늄은 넵투늄239로 변한다. 하지만 문제는 그 다음부터이다. 이 넵투늄이 며칠 지나면 구조가 바뀌어서 또 다른 물질로 변화한다.

그리스 신화에 등장하는 하데스는 이름만으로도 섬뜩한 지옥의 신으로 로마 신화에서는 플루토라는 이름으로 불린다. 플루토에서 플루토늄을 유추해 내기란 그리 어려운 일이 아니다. 과학자들은 자연 상태에서는 존재하지 않는 가공할 위력을 가진 이 위험한 물질에 '지옥의 신'이라는 이름을 붙여주었다. 이 플루토늄도 핵폭탄의 원료가 되는데 일본의 나가사키에 떨어진 원자폭탄은 플루토늄239로 만들어진 것이다.

'맨해튼 계획' 팀은 1945년 핵폭탄을 만들기에 충분한 우라늄235와 플루토늄239를 정제하였다. 그들은 로스앨러모스(우라늄 농축 및 관련 연구는 테네시 주 오크리지 국립연구소에서 담당)로부터 300킬로미터 떨어진 뉴멕시코 주 앨러모고도 트리니티사이트에서 원폭 1개를 실험키로 했다. 폭탄은 강철 탑 꼭대기에 설치되었고 그 주위에는 과학적 감시 장비들이 설치되었다. 오펜하이머와 그의 팀은 그곳으로부터 약 10킬로미터 떨어진 통제실에 있었고 그 밖의 과학자들과 관찰자들은 16킬로미터 떨어진 벙커나 방공호로 피신했다. 카운트 다운이 시작되고 마침내 '나우(Now)'라는 소리가 흘러나왔다.[27] 1945년 7월 16일 오전 5시 29분 45초의 일이었다. 이때의 폭발 장면을 목격한 과학자는 다음과 같이 말했다.

"인류가 일찍이 본 적이 없는, 말로는 표현할 수 없는 놀라운 광경이었다."

페르미는 폭발 직전에 종이를 떨어뜨려 종이의 위치가 변하는 것을 보고 폭탄의 위력을 측정하려 했다는 일화도 전해진다. 원자폭탄의 위력이 알려지자 페르미는 다음과 같이 말했다.

"천 개의 태양보다 더 밝다."

이 실험을 현장에서 목격한 1965년 노벨물리학상 수상자 리처드 파인만(Richard Phillips Feynman, 1918~1988)은 이 당시 장면을 다음과 같이 생생하게 전했다.

'나는 폭발 현장에서 20마일 떨어진 곳에서 실험을 관찰할 때 착용할 검은 안경을 지급받고 대기하고 있었다. 20마일 떨어진 곳에서 검은 안경을 쓴다면 실험을 제대로 볼 수 없을 것으로 생각했다. 이 거리에서 나의 눈에 해로운 것은 자외선밖에 없었다. 나는 트럭의 앞 유리 뒤로 갔는데 자외선은 유리를 통과하지 못하므로 그곳은 안전한 곳이었다. 그곳에서 나는 끔찍한 광경을 볼 수 있었다.

드디어 시간이 되었고 엄청난 섬광에 너무 눈이 부신 나는 얼른 머리를 숙였다. 트럭의 바닥 위에서 이 진홍색의 오점을 보았지만 나는 '이게 아니야. 이것은 잔상일 뿐이야'라고 중얼거렸다. 다시 고개를 든 나는 백색광이 노란색으로 변하고 다시 오렌지색으로 변하는 것을 보았다. 충격파의 압축과 팽창에 의해 구름이 형성되고 다시 사라졌다.

마침내 중심이 매우 밝은 커다란 오렌지색 공이 위로 떠오르며 조금씩 소용돌이치기 시작했고 바깥쪽은 약간 검게 변했다. 그리고 내부의 열이 밖으로 나오면서 섬광과 함께 연기로 변하는 커다란 공을 볼 수 있었다. 이 모든 과정은 약 1분 가량 걸렸다. 그것은 밝음에서 어두움으로의 연속적인 변화였다.

그리고 나는 그것을 봤다. 아마도 내가 이 위대한 실험을 실제로 본 유일한 사람이었을 것이다. 다른 모든 사람들은 검은 안경을 착용했고 6마일 떨어진 곳에 있었던 사람들은 모두 바닥에 엎드려야 했기 때문에 이 광경을 제대로 볼 수 없었을 것이다. 마침내 1분 30초 정도 후에 갑자기 '쾅'하는 엄청난 굉음이 들렸다. 그리고 천둥과 같이 우르르 울리는 소리가 들렸다. 이 소리는 나를 안심시켰다. 20마일이나 떨어진 거리에서 이 정도의 소리가 난다는 것은 정말로 폭탄이 터졌다는 것을 뜻하기 때문이다.'[28]

이날 뉴멕시코 주 경찰에 한 화물트럭 운전기사가 이상한 제보를 했다. 새벽 5시에 지평선 위로 해가 솟았는데 조금 후에 다른 해가 또 다시 솟았다는 것이다. 두 번째 해가 세계 최초의 원자폭탄이었다. 맨해튼 프로젝트의 총책임자인 오펜하이머는 그 순간 힌두교의 경전인 『바가바드기타』의 두 구절이 문득 머리를 스쳐갔다고 다음과 같은 구절을 말했다.

'나는 이제 세계의 파멸자가 되었다. 죽음의 운명이 무르익는 시간이 기다리고 있다.'[29]

원자폭탄의 실험이 성공하자 1945년 8월 6일 오전 8시15분30초, 서태평양 티니안섬 기지를 출발한 B29 '에놀라 게이(Enola Gay)'가 히로시마 상공 9,600미터 지점에서 원자폭탄 1호를 투하, 인구 30만 명의 이 도시를 잿더미로 만들었다.[30] '에놀라 게이'는 B29 조종사 티베츠 대령의 어머니 이름에서 딴 이름이고, 원폭1호는 지름 71센티미터, 길이 3.05미터, 무게 4톤으로 '리틀 보이(little boy)'로 불렸다.

히로시마 시민들은 도시가 주요 군사기지인데다 보급기지이기도 했기 때문에 공습이 있을 것을 항상 염두에 두고 있었다. 특히 연합군이 소이탄으로 공격해 올지도 모른다고 생각했으므로 많은 사람들이 시골로 피난 갔기 때문에 원래 약 40만이었던 도시는 24만 5000명으로 줄어 있었다.

오전 7시가 조금 지났을 무렵 히로시마 상공에 미국의 기상 관측기가 나타났기 때문에 경계경보가 울렸다. 경계경보는 흔히 있는 일이므로 대부분의 시민들은 방공호로 대피하지도 않았다. 그런데 8시15분에서 몇 초 정도 지났을 때 두 대의 비행기가 다가와 그 중 한 대가 폭파 기록 장치를 실은 세 개의 낙하산을 떨어뜨렸으며 '에놀라 게이'는 550미터 상공에서 폭발하도록 조절되어 있는 원자폭탄을 터트렸다.

폭탄은 강한 섬광을 발하며 폭발했고 이어서 고열의 불덩이가 퍼져 나갔다. 히로시마 중심부에 있던 수천 명은 곧바로 재가 되고 말았으며 4킬로미터나 떨어진 곳에 있던 사람들도 화상을 입었다. 이어서 시속 900킬로미터의 충격을 동반한 폭풍이 불면서 반경 3킬로미터가 넘는 지역 안의 거의 모든 것을 파괴하였다. 도시의 60퍼센트가 파괴됐고 폭심지(爆心地)로부터 반경 500미터 이내의 모든 생명체는 현장에서 즉사했다.

폭탄이 투하된 다음날 세이조 아리수에 장군이 히로시마에 도착하여 폭탄의 피해상황을 다음과 같이 기술했다.

"비행기가 히로시마 상공에 접어들었을 때 눈에 띄는 것은 검게 타죽은 나무 한 그루뿐이었다. 마치 이 도시에 까마귀가 한 마리 앉아 있는 것 같았다. 그 나무 외에는 아무 것도 없었다. 공항에 내려 보니 잔디가 마치 구워 놓은 것처럼 붉었다. 도시 자체가 완전히 지워 없어진 상태였다."[31]

원폭이 투하될 당시 미국의 대통령은 트루먼이었다. 루즈벨트 대통

핵폭발모습 히로시마에 투하된 원자폭탄의 폭발모습

령의 급사로 부통령이 된지 82일 만에 갑작스럽게 대통령직을 인수하였다. 트루먼에게 원자폭탄 관계자들은 원폭이 터지기 전인 1945년 4월 25일, 다음과 같이 보고했다.

'우리는 도시 하나를 단번에 완전히 파괴할 수 있는 역사상 가장 무서운 무기를 4개월 이내에 가지게 될 것입니다.'

트루먼 대통령은 첫 번째 원자폭탄이 히로시마에 투하되자마자 놀라운 성명을 발표했다.

'지금부터 16시간 전에 미국의 항공기 1대가 일본의 중요한 군사기지인 히로시마에 폭탄 1개를 투하했다. 이것은 TNT 화약 약 2만 톤 이상의 위력이 있다. (중략) 일본은 진주만 습격으로 전쟁을 시작했으며 이제 와서 그 수십 배의 보복을 받는 것이다. (중략) 그것은 원자폭탄이다. (중략) 우리는 일본 국내의 어떤 도시의 기능도 여지없이 신속하게 완전히 파괴할 수 있는 준비를 갖추고 있다.'

트루먼은 원자폭탄이 히로시카에 성공적으로 폭발했다는 것을 보고받자 히로시마 폭탄은 경고에 지나지 않는다며 8월 9일 나가사키에 플루토늄239로 만든 두 번째 원자폭탄 '뚱뚱한 사람(fat man)'을 떨어뜨리는 것에 동의했다. 이때 약 7만 명 이상의 사망자가 발생했다.[32] 두 개의 원자폭탄이 가진 위력은 TNT 3만 5천 톤과 맞먹는다. 제3탄은 8월 15일 경에 완성될 예정이었다. 이때 일본이 무조건 항복할 의사가 있다는 내용이 스위스 정부를 통해 미국에 전달되었다.[33]

아인슈타인의 후회

원자폭탄이라는 괴물이 결론적으로 더 많은 인명이 희생되는 것을 막아주었다는 점에는 많은 사람들이 동조하고 있다. 그러나 원자폭탄의 엄청난 파괴력에 놀란 학자들의 놀라움은 매우 컸다.

원자폭탄의 폭발력이 엄청나다는 것을 확인한 일부 과학자들은 고민하지 않을 수 없었다. 자신들이 만든 폭탄의 미래를 점쳐볼 수 있기 때문이다. 대표적인 사람이 독일에서 망명한 제임스 프랑크(James Franck, 1882~1964)이다. 그는 질소비료를 만든 하버(Fritz Haber, 1868~1934)와 함께 독가스를 제조에 참여하기도 했다. 하버는 독가스와 같은 새로운 무기가 투입되면 전쟁이 금방 끝날 것이고 따라서 희생자도 줄일 수 있다고 말했다. 그러나 독가스는 전쟁을 빨리 끝내기는커녕 아무 죄도 없는 수많은 사람을 죽음으로 몰고 갔다. 바로 그와 같은 상황이 원자폭탄에 의해 일어날 수 있다는 것이 프랑크의 생각이었다.

그는 유명한 『프랑크 보고서』에서 '핵무기에 대한 국제적 차원의 통제가 필요하다'는 요지의 글로 원자탄을 전쟁에 투입하는 것을 반대했다.[34] 프랑크를 중심으로 한 원자탄 투하 반대에도 불구하고 원자폭탄은 일본에 투하되었는데 그의 예견과는 달리 일본이 재빨리 항복했지만 무고한 수많은 사람들이 죽음의 사슬에서 벗어나지 못한 것은 사실이다.

원자폭탄 개발에 결정적인 이론을 제공한 아인슈타인은 $E=mc^2$으로 유도된 에너지가 실질적 용도가 있을 것으로 예상하지 않았다. 그러나 결국 자신도 원폭 개발에 적극적으로 참여한 정황이 되었고 일부 언론에서는 그를 사악한 예언자로 그리기도 했다.

물론 히로시마에 투하된 원자폭탄은 효율적인 폭탄은 아니었다. 5톤이나 나갔던 거대한 폭탄 속에는 순도 70퍼센트로 농축된 우라늄 235가 45킬로그램이 포함되어 있었는데 실제로 핵분열을 한 것은 그 1퍼센트인 0.9킬로그램에 지나지 않았다. 그러나 0.9킬로그램밖에 되지 않는 우라늄의 핵분열 과정에서 나온 에너지가 도시 전체를 파괴하고 많은 사람을 살상했다는 것은 원자폭탄의 무서움을 알려주는데 오히려 큰 홍보거리가 되었다.[35]

1946년 7월 1일자 〈타임〉의 표지에서 아인슈타인의 얼굴이 원자폭탄의 폭발 장면을 배경으로 '우주의 파멸'이라는 문고와 함께 실려 있다. 프리드먼과 돈 레이는 『전설과 시적 영감으로서의 아인슈타인』에서 다정다감한 과학자가 현대의 프로메테우스(하늘의 불을 훔쳐 인간에게 주었기 때문에 제우스의 분노를 산 그리스의 신)가 되었다고 쓰고 있다.

히틀러와 같은 적에게 대항해야 한다는 강박관념에 의해 개발되었다고는 하지만 원자폭탄의 피해를 직접 알게 된 핵폭탄 제조에 참여한 학자들은 심한 동요를 일으켰으며 핵폭탄이 가져올 파장을 우려하여 더 이상의 원자폭탄 사용에 반대하기 시작했다. 독일이 원자폭탄을 만들어낼 능력이 없었다는 것을 알게 된 아인슈타인도 루스벨트에 원자폭탄 개발을 진언한 것을 후회했다.[36]

1946년 아인슈타인은 1945년 발족된 국제연합(UN)에 보낸 공개장에

서 원자무기의 사용금지를 호소했다. 특히 독일이 원자폭탄을 만들
어낼 능력이 없었다는 것을 알게 된 아인슈타인도 루스벨트에 원자폭
탄 개발을 진언한 것을 후회하면서 노벨상 수상자인 라이너스 폴링
(Linus Pauling)에게 다음과 같이 말했다.

'내 생애에서 저지른 가장 큰 실수는 루스벨트 대통령에게 원자폭탄
을 만들라고 촉구하는 편지에 서명한 것이었네.'[37]

미국의 핵폭탄 개발에 결정적인 역할을 한 보어도 원폭 개발에 관한
한 미국과 다른 생각을 하고 있었다. 미국에 망명하면서 휠러(A. Wheeler)
와 함께 핵분열의 이론을 세워 핵폭탄 제조에 핵심을 제공했지만 그는
독일군이 핵폭탄을 먼저 개발할 우려가 있기 때문에 연구 결과를 비
밀에 부쳐야 한다는 일부 정책기안자들의 주장에 대해 이의를 제기했
다. 특히 당초 예상과는 달리 독일에서 원자폭탄을 만들 기술이 부족
하다는 것을 알자 원자폭탄 개발에 반대하는데 적극적이었다.

그는 원자탄 개발 후 세계가 원자탄을 둘러싸고 어떻게 갈릴 것인
지를 경고하며 1944년 처칠과 루즈벨트를 찾아갔다. 그러나 처칠의
반응은 지극히 냉담했고 루즈벨트는 동의하는 기미만 보였을 뿐 실
질적인 조처는 취하지 않았다.[38] 맨해튼 계획의 수정이 모두 수포로
돌아가자 보어는 핵개발 기술을 소련에도 알려주고 공동으로 기술
을 관리함으로써 원폭의 무차별한 확산을 방지할 필요가 있다고 강
조했다. 이것을 보어의 '열린 세계(Open World)'라고 한다. 그러나 보어
의 이 생각은 채택되지 않았고 결국 전쟁 후 세계는 핵개발 경쟁에

휩싸인다.[39]

그러나 세계 각국은 자국의 안보와 핵 억지력이라는 명분을 내세워 오히려 보다 강력한 폭탄을 개발하는데 주저하지 않았다. 소위 핵융합반응에 기초한 수소폭탄이다. 수소폭탄은 수소의 동위원소인 이중수소와 삼중수소의 핵이 융합할 때 방출되는 에너지를 이용하는 것이다. 이 개념은 헝가리 태생의 물리학자 에드워드 텔러(Edward Teller, 1908~2003)에 의해 구체화되었는데 이중수소와 삼중수소가 핵융합을 일으키기 위해서는 엄청난 고온과 고압이 필요하다.

학자들은 고온과 고압은 기존의 원자폭탄을 폭발시키면 얻을 수 있다는 것을 알았다. 원자탄이란 위력을 알고도 각국에서 보다 큰 핵폭탄을 만들고자 한 것은 원자탄의 경우 핵폭발이 일어나더라도 사용된 핵물질의 많은 부분이 이용되지 않기 때문에 폭발력이 제한된다. 그러나 수소폭탄의 경우 일단 핵융합조건이 만들어지면 투입된 수소 동위원소의 양에 비례하여 폭발력이 커질 수 있다. 이 때문에 수소폭탄의 위력은 설계에 따라 기존 원자탄의 1000배 이상이 될 수 있다.

미국의 경우 텔러와 페르미를 주축으로 1952년 수소폭탄 개발에 성공했는데 그 위력은 TNT 15MT으로 히로시마에 투하된 원자폭탄의 약 1000배이다.[40] 한편 1961년 소련에서 실험한 폭탄의 파괴력은 58메가톤에 달해 히로시마에 투하된 원폭보다 거의 4,000배에 달했다.[41]

4
핵전쟁이 일어나면

 1980년, 지질학자 월터 알바레즈가 퇴적층을 연구하기 위해 이탈리아를 여행하면서 1센티미터 두께의 진흙층을 발견했다. 그는 그 진흙이 지질학적으로 짧은 시간 간격을 나타낸다고 가정하고, 1968년 소립자에 대한 업적으로 노벨물리학상을 수상한 아버지인 루이스 W. 알바레즈 박사에게 진흙층이 침전되는데 얼마의 시간이 걸리느냐고 질문했다.

 루이스 알바레즈는 아들이 가져온 진흙층을 분석한 결과 백금 계열의 이리듐 함량이 비정상적으로 많이 포함되어 있다는 것을 발견했다. 일반적으로 지구 표면에서는 이리듐이 약 10억분의 0.03에 불과한데, 이탈리아에서 발견된 진흙층에서는 거의 300배에 달했다. 이리듐은 오래 전에 지구의 중심 쪽으로 가라앉은 금속으로 지구 표면에서는 발견하기 힘든 희귀한 금속이므로 이와 같은 양은 믿을 수 없는 수치였다.

 이리듐의 비정상적인 양에 흥미를 느낀 앨버레즈는 덴마크, 스페인, 프랑스, 뉴질랜드, 남극 대륙 등에서 가져온 다른 샘플들을 분석

해본 결과 같은 시기의 이리듐이 전 세계적으로 분포하고 있다는 것을 발견했다. 심지어 보통 값의 500배가 넘는 경우도 있었다.[42]

이와 같이 급격한 이리듐의 증가는 지구에서 일어날 수 없으므로 루이스 W. 알바레즈 박사는 이들 여분의 이리듐이 지구 밖에서 온 것이라고 결론을 내렸다. 가장 흔한 종류의 소행성인 콘드라이트(chondrite)가 10억분의 500정도의 이리듐 함량이 있기 때문이다.

핵겨울이 오는가

알바레즈는 전 세계에 걸친 비정상적인 이리듐의 총량은 약 500만 킬로그램일 것으로 계산했으며 지구에 그렇게 많은 이리듐을 가져다주기 위해서는 핼리 혜성의 핵보다 약간 더 큰 지름 10킬로미터, 질량은 수조 톤이 되어야 한다고 계산했다. 이 혜성이(학자들은 이 당시 충돌한 물체는 소행성이 아니라 혜성으로 추정함) 충돌할 때 생긴 폭발의 위력은 TNT 1억 메가톤 폭탄과 맞먹는다. 제2차 세계대전을 종식시킨 히로시마에 떨어진 원자폭탄의 위력이라야 12킬로톤 불과하며 현재 인류가 보유한 가장 강력한 핵폭탄의 경우도 그 위력이 5메가톤에 불과하다. 혜성의 충돌시 지구에서 일어난 폭발력은 핵폭탄보다 무려 2천만 배나 더 강력하다는 것을 뜻한다.

또한 알바레즈는 진흙층의 연대가 6500만 년 전으로 추정했는데 6500만 년 전에 생물의 대량 멸종이 일어났다는 것을 파악하고[43] 진흙층에서 엄청난 이리듐이 발견된 사실과 생물의 대량 멸종이 동시대에 일어난 것은 상호 연계관계가 있다고 추정했다. 혜성이 지구와 충돌하자 이 여파로 화산이 폭발하여, 거대한 화재와 해일이 발생했고 곧바로 엄청난 양의 먼지가 성층권으로 올라가 상당한 기간 동안 태양 빛을 차단했기 때문에 '핵겨울'이 일어나 대부분의 생물이 사망했고 공룡도 멸종했다는 것이다.[44]

이것이 공룡이 6500만 년 전에 갑자기 멸종했다는 격멸설의 주안점이다. 물론 공룡의 멸종이 혜성의 충돌에 의해서만 일어난 일인가에 대한 결론은 내려지지 않았지만 알바레즈 박사의 주장은 다른 분야의 학자들을 놀라게 했다.

일본의 히로시마와 나가사키에 떨어진 핵폭탄에 의해 1945년 일본이 무조건 항복했다는 것은 핵폭탄의 위력을 유감없이 보여주었다. 당연히 미국과 소련에서 핵무기 경쟁이 일어났는데 이들의 경쟁은 학자들의 우려를 자아내기에 충분했다. 그것은 미국과 소련이 가진 핵폭탄들이 지구에서 폭발될 경우 파국을 맞을지도 모른다는 것이다.

한마디로 인간이 가지고 있는 핵폭탄만으로도 지구에서 공룡을 멸종시켰다는 혜성과 같은 대재앙이 실제로 일어나겠느냐이다.

1950년대 최고의 반전(反戰)영화로 꼽히는 「그날이 오면, on the beach」은 바로 이와 같은 상황을 그린 것이다.

'서기 1964년에 핵전쟁이 일어나 지구상의 모든 나라가 멸망하고 오로지 호주만 온전하게 살아남는다. 그러나 호주에도 죽음의 방사능 바람이 점점 밀려들고 있었다. 홀로 남은 잠수함의 선장과 선원들은 캘리포니아에서 발신되는 구조전파신호를 포착하고 생존자를 발견할 수 있다는 희망으로 찾아가보지만, 바람에 흔들리는 창문 손잡이가 전신기 키에 걸려있는 것을 발견할 뿐이다.'

「그날이 오면」의 시나리오는 전면적인 핵전쟁이 일어날 경우 원자력으로 바다 속을 항해하는 핵잠수함의 승무원만이 살아남을 수 있을 정도로 지구상의 모든 인간이 전멸한다는 것이다. 물론 잠수함의 승무원들도 지상에 올라오면 얼마 되지 않아 사망한다는 암시를 준다.

그러므로 미국 정부는 혜성이 아닌 경우에도 지구에서 핵겨울이 일어날 수 있는가를 영화 「콘택트」의 원작인 과학도서 『코스모스』의 저자인 미국의 천문학자 칼 세이건(1934~1996) 박사에게 계산해달라고 의뢰했다. 드레이크 박사와 함께 우주에서 외계인을 찾아내려는 '오즈마 계획'의 책임자로 외계의 지적 문명이 보낸 전파를 받으려는 SETI(Search For Extra-Terrestrial Intelligence) 혹은 CETI(Communication with Extra-Terrestrial Intelligence)라고 불리는 지구 밖 지적 생명 탐사 연구를 주도한 장본인이다.

미국정부가 칼 세이건에게 분석 의뢰한 것은 당시 미소 양국이 보유하고 있는 1만 메가톤을 모두 사용하는 전면적인 핵전쟁이 일어날 때 과연 6500만 년 전 공룡을 멸종시킨 대 재난이 지구에서 일어날 수 있는가이다.

파괴력이 큰 핵무기가 지상에서 폭발하면 목표 지역의 표면은 증발되고 녹아서 산산조각이 난다. 그리고 그것이 응축된 것이나 미세한 낙진이 대류권의 상층이나 성층권으로 날아올라간다. 그와 같은 미립자는 상승하는 불똥 속으로 들어가 일부는 버섯 모양의 구름 줄기 부분을 타고 올라간다. 성층권으로 날아올라간 미립자는 매우 서서히 내려온다. 완전히 떨어질 때까지는 대체로 1년 정도 걸리지만 파괴력이 작은 핵폭발인 경우는 좀 더 빨리 내려온다.

또한 핵폭발로 인해 피폭 지역은 당연히 대화재가 발생하게 되는데 도시에 따라 10만 제곱킬로미터 또는 그 이상의 지역을 완전히 불태워 버리게 된다. 이때 검은 연기가 대량으로 발생하여 최소한도 하층 대기의 상부인 대류권까지 올라가지만 성층권까지는 올라가지 않는다.

문제는 파괴력이 큰 핵폭발로 고온이 된 불똥은 공기 중의 질소 일부를 화학적으로 연소하여 질소산화물을 만든다는 것이다. 그 질소산화물은 성층권의 중간 부분에 있는 오존을 화학적으로 공격하여 파괴한다. 성층권의 오존층이 부분적으로 파괴되면 지표에 내리쬐는 태양의 자외선이 증가하게 된다. 지상 생물의 기본적 생체 구성 분자인 핵산이나 단백질은 자외선에 대해서 특히 민감하다. 따라서 태양에서 지구 표면에 내리쬐는 자외선의 양이 늘어난다는 것은 생명이 위험에 처한다는 것을 의미한다.

칼 세이건은 미소 양국이 보유하고 있는 핵탄두의 절반인 5000메가톤이 폭발하였을 경우 4개월 후 지구의 기온은 최저 영하 25도에 달하는 빙하기가 도래한다고 예측했다. 성층권에 주입된 대량의 낙진이 서서히 떨어져 오기 때문에 육지의 기온이 0도로 되돌아가는 데 1

년 이상이 걸리고 통상 기온이 되는 데는 더욱더 긴 시간이 걸린다고 발표했다.

또 5000메가톤 이상이 폭발하였을 때에는 폭풍, 화재, 방사선으로 10억 명 이상이 즉사하거나 부상자가 나온다고 예측하였다. 그리고 미소 양국 간의 핵전쟁이지만 그들이 위치한 북반구를 포함하여 대부분 지구의 생태계가 파괴된다고 발표했다.

예를 들면 대규모 핵전쟁 이후 북반구에서는 적어도 1년이나 그 이상 동안 농업 생산이 불가능하며, 비축되어 있던 식량의 대부분도 파괴되며 거의 대부분 지역에서 마실 물을 얻기 어려워진다고 한다. 내륙부에서는 담수계가 대략 1미터에서 2미터의 두께까지 얼어버리기 때문이다. 적어도 북반구에서는 생명 유지 시스템과 문명의 존속이 불가능한 상태가 된다는 결론이다.

그 후에 핵폭발의 영향이 남반구까지 퍼지면 연안 지방이나 섬 등 일부 지역의 몇 그룹 사람들은 살 수는 있겠지만 '인간의 수가 서서히 감소되어 최후에는 절멸'하게 될 수 있다는 것이 '핵겨울'의 시나리오이다.

물론 핵전쟁이 북반구에서만 일어났을 때 핵전쟁에 의한 대형 참사가 「그날이 오면」에서 설정한 것과 같은 상황이 남반구에서도 일어나겠는가는 학자들 간에 아직도 이견이 있다. 일반적으로 기류는 '헤들리 세포'라 불리는 공간에서 순환하기 때문에 북반구 공기와 남반구 공기는 거의 혼합되지 않는다. 적도에서 뜨거운 공기가 상승하여 극

지방으로 이동한 다음 지상에 도달하면서 식는다.

헤들리 세포는 매우 안정된 공간이며 북반구 공기와 남반구 공기가 혼합되는 것을 막는다. 물론 적도 지방에서 북반구나 남반구로 공기가 이동하지 못한다. 그런데 핵겨울의 시나리오는 북반구의 헤들리 세포가 없어지게 되어 적도 지방을 가로질러 공기가 혼합될 수 있다고 추정했기 때문에 핵전쟁의 결과를 너무나 과장했다는 지적도 있었다.[45]

그러나 칼 세이건은 핵겨울의 시나리오가 옳든 아니든 미소 양국의 핵전쟁이 일어나더라도 「그날이 오면」과 같은 파국은 일어나지 않을 것으로 예측했다. 그는 핵겨울이 일어나려면 5000메가톤의 핵폭탄이 지구에 떨어져야 하는데 5000메가톤이라면 일본의 히로시마에 떨어진 약 12킬로톤의 원자폭탄이 무려 41만 6,667개나 폭발해야 하기 때문이다. 전면적인 핵전쟁이 벌어지더라도 단 번에 41만 6,667개의 원자폭탄이 폭발하리라고 생각하는 사람은 없을 것이라고 생각한다.

서울에 핵폭탄이 떨어지면

원자폭탄은 현재까지 단 두 개만 실제로 지구상에서 사용되었다. 그런데도 세계는 핵공포에 살고 있는데 한국의 경우 서울에 핵폭탄이 떨어지면 어떻게 될 지 궁금해 하는 사람이 많이 있다. 다소 껄끄러운 진단이지만 두 가지로 나누어 설명한다.

첫째는 서울에 떨어질 핵폭탄의 파괴력을 일본의 히로시마에 투하되었던 것보다는 다소 큰 20킬로톤(TNT화약 약 2만 톤)으로 가정하며 둘째는 이보다 50여배의 위력을 보이는 1MT(메가톤, TNT 100만톤의 폭발력)으로 상정한다. 핵폭탄을 1MT으로 가정하는 것은 현재 미국, 러시아 등 강대국이 보유하고 있는 핵폭탄은 5MT톤까지 있으나 대부분의 전술 핵폭탄은 1메가톤 정도이기 때문이다.

히로시마급 폭탄이 광화문 인근에서 폭발했다면 폭발과 동시에 강력한 압력파를 발생시킨 불덩어리는 1초 후에 최대의 지름에 이르렀다가 10초 동안 줄어들면서 수 킬로미터 솟아오르는 거대한 버섯구름으로 바뀐다. 광화문에서 5킬로미터 안팎의 지역에 있던 사람이 이를 목격했다면 눈동자의 망막에 화상을 입고 눈이 멀게 되며 100킬로미터 정도 떨어진 평택의 주민들도 태양광선의 30배나 되는 강력한 빛과 열을 받아 일시적으로 실명한다.

피해상황은 핵폭이 상공 어느 지점 또는 지상에서 폭발했는지에 따라 다르지만 원폭이 지상 500~600미터 상공에서 폭발했을 경우를 가정하면(히로시마의 경우와 동일) 대체로 반경 1킬로미터 안에 있는 사람의 70퍼센트가 즉사하며 반경 2킬로미터 안에서는 30퍼센트가 즉사한다. 인명피해 외에 건물 피해도 엄청난데 반경 2.5킬로미터 안에 있는 건물은 절반 이상 완파되며 고층 건물은 거의 붕괴 위험이 있다.

만약 폭탄이 지상에서 높은 곳에서 폭발할수록 폭풍과 열 피해는 상대적으로 줄어들지만 방사능 오염 피해는 오히려 증가한다. 반대로 지상과 충돌 후 폭발한다면 방사능 피해 지역은 줄어들지만 상대적

으로 열과 폭풍 피해는 엄청나게 불어난다.[46]

둘째의 가정인 1MT이 서울에 떨어진다면 피해는 상상할 수 없을 정도로 커진다.

어느 날 오후 지상 2,500미터 지점에서 1MT 핵폭탄이 서울 광화문 위에 떨어진다면 그야말로 끔찍한 상황이 연출된다. 핵폭발이 일어난 지 1/1000초가 지나면 온도가 약 천만 도인 불덩어리가 형성되는데 그 크기는 잠시 동안 거의 변하지 않는다. 불덩어리의 밝기는 점점 줄어들다가 약 30초가 지나면 더 이상 빛을 내지 않는다.[47]

광화문을 중심으로 대략 반경 3킬로미터 안에 있는 모든 것은 폭발과 동시에 증발해 버린다. 대체로 서울역·을지로·종로·동대문·신촌·용산구 등은 흔적도 없이 사라진다고 볼 수 있다.

이들이 증발하는 이유는 핵폭탄이 터질 때 태양의 표면 온도보다 약 1000~1500 배 이상 높은 열과 빛이 순식간 즉 1~2초 사이에 이 반경 안으로 방출되기 때문이다.

또한 반경 7~9킬로미터 안에 있는 탈 수 있는 모든 물체들은 엄청난 열기로 불타기 시작하는데 여기에는 성산대교·동작대교·국립묘지·강남고속터미널·서대문시립병원 등이 포함된다. 이 지역 안에 있는 사람들은 최소 3도 이상의 화상을 입는데 그 중에서도 피부 노출 부위가 25퍼센트 이상 되는 사람은 몇 초 안되어 사망한다. 피부 노출이 이보다 다소 작아 즉사하지 않은 사람도 약 1분 뒤 후폭풍으로 대부분 사망한다.

핵폭탄이 터진 후 생기는 후폭풍은 사실 핵폭탄이 가진 또 다른 위력 중에 하나이다. 핵폭탄이 떨어지면 그 중심부에서 반경 약 3킬로미터 내에 불덩이가 생기면서 엄청난 양의 산소를 태우게 되므로 이때 생기는 공백을 주위에서 산소가 채우게 된다. 즉 폭발 후 약 25초쯤 뒤에 시속 약 400킬로미터의 후폭풍이 일어나는데 이 속도는 비행기 이륙 속도보다도 빠르다.

다시 1분 뒤에 시속 350킬로미터의 후폭풍이 중심부에서 약 7~9킬로미터 떨어져 있는 지역에 도착하는데 이때 후폭풍의 파괴력은 대체로 리히터 규모 7.0의 강진과 맞먹을 정도이다.

이 후폭풍으로 지상 건물의 90퍼센트 이상이 모두 파괴되고 인근의 아스팔트 도로가 부글부글 끓으며 후폭풍에 노출 된 사람은 거의 전부 사망한다. 또한 차량과 건물 파편들이 지상 2~3킬로미터 정도의 공중으로 올라갔다가 각지로 산재하여 떨어진다. 자동차 속에서 다행하게도 살아있던 사람들이 어떻게 될지는 이야기하지 않아도 잘 알 것이다.

또 다시 2~3분이 지나면 후폭풍은 보다 넓은 지역으로 옮겨져 과천시청·서울랜드·김포공항·도봉산·광명시청·송파구·부천·구리시·행주산성 등까지 도착하며 이 지역은 중심부보다는 못하지만 역시 건물이 붕괴되고 화재가 나는 등 초토화된다. 이 지옥과 같은 상황으로 끝나는 것은 아니다. 공포의 낙진이 이후 떨어진다. 처음에 떨어지는 것은 엄청난 방사능을 띤 오염물질로 이를 선낙진이라고 하는데 이때 노출된 사람은 2주일부터 6개월 안에 사망한다.

위의 설명을 간단하게 정리하면 핵폭발 이후 1차적으로 고열, 2차적으로 후폭풍에 의해 서울 시내 건물의 약 80~90퍼센트가 파괴되며 서울 시민 1천만 명 중 반경 3킬로미터 내에 살아있던 약 2백만 명은 즉사하며 반경 7~9킬로미터 내에 있던 약 2백만 명도 단 얼마를 견디지 못하고 선낙진에 노출된 약 3백만 명은 2주일에서 6개월 안에 사망한다. 적어도 핵폭탄 하나로 서울 인구의 약70퍼센트 이상이 사망하는데 여기에 수돗물·전기·의료 업무의 중단 등으로 사망자 수는 보다 늘어난다.

물론 핵폭탄이 터지면 서울 뿐만 아니라 인근 도시들도 적지 않은 피해를 입는다. 직접 피해는 서울보다 덜하지만 선낙진의 피해는 이들 지역에도 어김없이 나타나는데 일반적으로 서울에 핵폭탄이 폭발하면 약 60퍼센트 이상의 주변 도시 인구가 직간접적으로 6개월 내에 사망한다고 추정한다. 이후 방사능의 피해도 만만치 않게 나타난다.[48]

원자폭탄이 폭발할 때 더욱 놀라운 일은 전자기적 펄스가 발생한다는 점이다. 순간적으로 발생한 감마선은 빠르게 진행하므로 넓은 지역에 걸쳐 있는 공기분자들로부터 전자를 떼어놓을 수 있다. 이 전자들은 지구 자기장 속에서 양으로 대전된 입자들고 반대 방향으로 나선 운동을 한다. 대전 입자들은 이에 노출된 송전선, 특히 발전소의 개폐 장치에 전기적인 교란(surge current)을 일으킨다.

실예로 태평양 중심에 있는 죤스톤 섬에서 수소폭탄 실험이 진행되는 동안 1,200킬로미터 떨어져 있는 호놀룰루의 가로등이 모두 꺼졌

다. 이는 큰 전류에 의해 안전차단기가 풀려지면서 일어난 일이다.[49]

그러나 현실적으로 위와 같은 끔찍한 상황은 일어나지 않을 것으로 생각한다. 우선 지구상에 있는 많은 나라들이 있는데 악당들이 굳이 서울에 핵폭탄을 투입하려고 하지 않을 것이기 때문이다. 그 증거가 허리우드의 영화 주제는 대부분 미국의 뉴욕, 일본 등의 대도시를 대상으로 하지 서울은 아예 고려 대상도 아니라는 것이다.

더구나 정의의 사자인 '로보트 태권 V'가 건재하는 한 우려할 필요가 없다. 김청기 감독의 새로 업그레이드된 로봇 태권 V는 핵폭탄이 발사되더라도 한국이 피해보지 않게 만반의 준비를 할 것이기 때문이다.

제2차 세계대전의 3대 공신

원자폭탄이 제2차 세계 대전에 결정적인 역할을 수행했다고 알려지지만 학자들은 제2차 세계대전을 승리의 원동력으로 다음 세 가지 화학적 발명품을 꼽는다. 폴리에틸렌과 고옥탄가 항공기 연료, 그리고 궁극적으로 원자폭탄이 탄생케 한 일등 공신인 테플론(폴리테트라플루오르에틸렌)이다.

테플론은 뒤퐁사의 등록상표로 현재 주부들의 폭발적인 찬사 아래 시판되고 있는 타지 않는 프라이팬에 사용되는 제품이다. 테플론을 발명한 플랑켓트는 테트라플루오르에틸렌에서 독성이 없는 냉매(프레온 류)를 만들 목적으로 봄베 안에 불화탄소 기체를 가득 넣고 기계 장치의 밸브를 열었지만 아무 가스도 나오지 않았다. 봄베 안에 기체가 사라질 리가 없다고 생각한 그는 이 이상한 현상을 조사했다.

봄베를 톱으로 자르자 매끈한 하얀 분말이 나왔다. 이것이 무엇인지 곧바로 알아차렸다. 테트라플루오르에틸렌의 기체분자가 서로 중합되어 고체의 물질이 된 것이다. 이 왁스와 같은 백색 분말은 놀라운 성질이 있어 강한 산과 염기는 물론 고온에서도 끄떡없었고 어떠한 용매에서도 녹지 않았다. 그러나 이것은 제조하는 데 비용이 많이 들어서 실용성이 없다는 이유로 폐기되었다.

그때 극적인 전환이 일어났다. 제2차 세계대전 중 미국에서 원자폭탄을 만들기 위해 투입된 과학자들은 원폭용 우라늄235를 제조하는 데 사용되는 물질의 하나로써 6불화우라늄(Hex)이라는 위험한 부식성 가스에도 끄떡없는 개스킷용 재료가 필요하였다. Hex가 유기물질을 맹렬히 공격하기 때문이다. 원폭에 사용될 우라늄235를 추출하기 위해 '기체 분사식'이 채택되었는데 이 방식을 이용하려면 길이가 수 마일이나 되는 파이프나 펌프 그리고 장벽에 한 점의 기름도 용납되지 않는 엄밀성이 요구되었다.

더욱이 이음새를 막는 물질에 가스가 새지 않도록 기름기가 포함되면 안 되었다. 이 당시까지는 이런 물질을 개발할 필요조차 없었던, 그야말로 어느 누구도 생각조차 하지 않은 상황이었다.

이런 물질을 찾는데 고민하던 원자폭탄 계획 담당의 책임자인 그로브즈 장군이 우연히 플랑켓트가 이상한 물질을 개발했는데 생산비가 비싸 생산을 포기했다는 소문을 들었다. 그로브즈는 플랑켓트에게 가격은 고려하지 않아도 된다며 발견한 미끈미끈한 물질을 생산하여 실험에 사용해 달라고 요청했다. 이 물질은 그들의 예상대로 우라늄 화합물에도 아무런 반응을 하지 않았고, 원폭 개발팀은 원하던 우라늄235를 추출할 수 있었다.

당시 뒤퐁사는 이 재료를 극비로 취급했으므로 어느 누구도 이 물질에 대해 알지 못했다.

테플론은 폴리에틸렌과 거의 유사하다. 그러나 탄소—플루오르 결합은 탄소—수소 결합보다 강하며 환경의 영향을 훨씬 적게 받는다. 테플론은 거의 모든 물질에 녹지 않으며, 젖지 않고, 열 저항이 강하다.

테플론이 사용되는 가장 유명한 예는 타지 않는 프라이팬의 코팅 재료이다. 이것은 음식물이 플루오르화탄소 중합체에 들러붙지 않으므로 기름 없이도 음식을 구울 수 있게 해 준다.
　실제로 테플론이 시판되기 시작한 것은 군사 기밀이 해제된 후인 1948년부터이지만 주부들로부터 주목을 받는 프라이팬과 냄비가 시판되기 시작한 것은 1960년부터이다. 그러나 처음부터 테플론으로 만든 타지 않는 프라이팬이 주부들로부터 인기를 끈 것은 아니다. 문제는 대부분의 주부들이 습관대로 프라이팬을 수세미로 박박 문지르다 보면 테플론이 벗겨진다는 점이었다. 물론 뒤퐁사는 연구에 박차를 가하여 현재는 내구력과 접착력이 강한 제4세대 테플론을 개발하여 이런 문제점을 개선하였고 그 후 폭발적인 수요가 창출되었다.

　테플론이 사용되는 분야는 프라이팬뿐이 아니다. 대동맥이나 맥박 보조기 등 인체 안에 장치되어야 할 물질은 인체가 거부반응을 일으키지 않는 물질로 제조되어야 하는데 테플론이 바로 그런 용도에 적합하다. 테플론은 인공 각막이나 턱, 코, 두개골, 허리나 무릎 관절 등의 인공 뼈, 귀 부분, 인공 기관, 심장 판막 또는 힘줄이나 봉합용 실, 의치 등에 사용되고 있다.
　더구나 테플론은 의류 부분에서도 선풍을 일으켰다. 테플론을 이용한 가볍고 따뜻하며 숨쉬는 섬유 조직이 발명되었기 때문이다. 이 의류 제품은 스키복과 방한 캠핑복으로 인기를 끌고 있다. 이들 의류 제품의 이름이 바로 고어-텍스(Gore-Tex)이다.

또한 테플론은 우주복의 외피로도 사용된다. 테플론은 우주의 특수한 환경에서 태양의 강력한 복사열에도 견딜 수 있기 때문이다. 미국 최초로 궤도 비행에 성공한 존 글렌(John Herschel Glenn Jr.)의 우주복도 테플렌 코팅이 된 것이었다. 우주선의 머리 부분이나 기타의 내열 보호막 또는 연료탱크에도 테플론이 사용되고 있다.

테플론이 가장 폭넓게 쓰이는 곳은 전자산업 분야이다. 사무실에 있는 수많은 전화와 컴퓨터를 연결하는 전선은 테플론 코팅으로 절연되어 있고 TV에도 테플론 부품이 들어 있다. 날씨가 덥고 추울 때 교량이 어떻게 팽창하고 수축하는지 궁금할 것이다. 여기에서도 테플론은 중요한 역할을 하는데 교량이 수축 팽창하면서 미끄러지는 폴러를 테플론으로 만들기 때문이다.

미국의 자유 여신상이 앞으로 얼마나 오래 서 있을 수 있는 지는 전적으로 테플론에 달려 있다는 말이 있다. 테플론 코팅과 간극제가 내부의 스테인리스 강철 구조와 외부의 구리 표면을 분리시키면서 자유의 여신상이 부식되는 것을 막고 있다.[50]

각주

1) 『세계 최초 원자로를 제작한 핵물리학의 아버지 엔리코 페르미』, 박병소, 원자력문화, 2010. 7·8월
2) 『물리법칙으로 이루어진 세상』, 정갑수, 양문, 2007
3) 『청소년을 위한 과학자 이야기』, 송성수, 신원문화사, 2002
4) 『노벨상이 만든 세상(물리)』, 이종호, 나무의꿈, 2007
   『천재를 이긴 천재들』, 이종호, 글항아리, 2007
5) 『과학사의 유쾌한 반란』, 하인리히 찬클, 아침이슬, 2009
6) 「한, 슈트라스만, 마이트너, 프리쉬에 의한 핵분열현상의 발견」, 원자력지식관문국, 한국원자력연구원, 2001년 8월
7) 『물리법칙으로 이루어진 세상』, 정갑수, 양문, 2007
8) 「한, 슈트라스만, 마이트너, 프리쉬에 의한 핵분열현상의 발견」, 원자력지식관문국, 한국원자력연구원, 2001년 8월
9) 「에너지 문화사 원자력 에너지」, 이필렬, 한국가스공사 사보, 2004년 05월
10) 『교과서에서 배우지 못한 과학이야기』, 로버트M.헤이즌, 고려원미디어, 1996
11) 『원자력과 방사선 이야기』, 윤실, 전파과학사, 2010
12) 『지식의 원전』, 존 캐리, 바다출판사, 2006
13) 『핵, 터놓고 얘기합시다』, 류창하, 김영사, 1992
14) 「고삐 풀린 방사능, 공포의 진실은 무엇인가」, 김형자, 시사저널, 2011.04.
15) 『교과서에서 배우지 못한 과학 이야기』, 로버트M.헤이즌, 고려원미디어, 1996
    『원자력의 기적』, 사이토 가이찌로 외, 한국원자력문화재단, 1994
16) 「고삐 풀린 방사능, 공포의 진실은 무엇인가」, 김형자, 시사저널, 2011.04.
17) 『생각 1g만으로도 유쾌한 화학 이야기』, 레프 G. 블라소프외, 도솔, 2002
18) 『과학사의 유쾌한 반란』, 하인리히 찬클, 아침이슬, 2009
19) 『내가 듣고 싶은 과학교실』, 데이비드 엘리엇 브로디 외, 가람기획, 2001
20) 『원자력과 방사선 이야기』, 윤실, 전파과학사, 2010
21) 「핵분열 연쇄반응의 개념 창시자 레오 실라르드」, 박병소, 원자력문화, 2010. 5·6월
22) 『열정의 과학자들』, 존 판던 외, 아이세움, 2010
23) 『지식의 원전』, 존 캐리, 바다출판사, 2006
24) 「세계 최초 원자로를 제작한 핵물리학의 아버지 엔리코 페르미」, 박병소, 원자력문화, 2010. 7·8월
25) 『원자력과 방사선 이야기』, 윤실, 전파과학사, 2010
26) 『과학기술의 세계』, 김명자, 웅진, 2001

27) 『내가 듣고 싶은 과학교실』, 데이비드 엘리엇 브로디 외, 가람기획, 2001
28) 『지식의 원전』, 존 캐리, 바다출판사, 2006
29) 「21세기 한반도의 현실과 원자력 문제」, 박영무, 과학사상, 2003년(45호)
30) 『청소년을 위한 과학자 이야기』, 송성수, 신원문화사, 2002
31) 『20세기 대사건들』, 리더스다이제스트, 1885
32) 『세계를 바꾼 20가지 공학기술』, 이인식 외, 생각의 나무, 2004
33) 『원자력과 방사선 이야기』, 윤실, 전파과학사, 2010
34) 『과학 우리 시대의 교양』, 이필렬 외, 세종서적, 2005
35) 『영화로 과학읽기』, 이필렬 외, 지식의 날개, 2006
36) 『지식의 원전』, 존 캐리, 바다출판사, 2006
37) 『내가 듣고 싶은 과학교실』, 데이비드 엘리엇 브로디 외, 가람기획, 2001
38) 『과학기술의 세계』, 김명자, 웅진, 2001
39) 『물리법칙으로 이루어진 세상』, 정갑수, 양문, 2007
40) 『세계를 바꾼 20가지 공학기술』, 이인식 외, 생각의 나무, 2004
41) 『영화로 과학읽기』, 이필렬 외, 지식의 날개, 2006
42) 『거의 모든 것의 역사』, 빌 브라이슨, 까치, 2005
43) 『대충돌』, 게릿 L. 버슈, 영림카디널, 2004.
44) 『우주의 충돌』, 다나 데소니, 김영사, 1996
45) 『물리적 사고 길들이기』, 케이스 로케트, 에드텍, 1996
46) 『핵, 터놓고 얘기합시다』, 류창하, 김영사, 1992
47) 『최무영 교수의 물리학 강의』, 최무영, 책갈피, 2009
48) 『과학교과서 영화에 딴지를 걸다』, 이재진, 푸른숲, 2004
49) 『최무영 교수의 물리학 강의』, 최무영, 책갈피, 2009
50) 『노벨상이 만든 세상(화학)』, 이종호, 나무의 꿈, 2007

3 원자력과 방사능

1 현실화된 원자폭탄의 산업 이용
2 안전하지만 완전하지는 않다
3 세계가 놀란 원자력 사고
4 방사능 제대로 알기

1
현실화된 원자폭탄의 산업 이용

원자폭탄이라는 괴물의 위용을 본 구소련과 미국의 학자들이 모두 원자폭탄에 대해 거부반응을 보인 것은 아니다. 노벨이 발명한 다이너마이트가 전쟁에 사용되어 많은 인명을 살상하는데 이용되기도 했지만 도로나 교량 건설, 광산 등에서 평화적인 용도로 사용하는 것처럼 핵도 평화적으로 사용할 수 있다고 생각했기 때문이다.

학자들은 원폭의 폭발력이 다이너마이트보다 더 위력적이므로 댐과 고속도로 건설 계획에 광범위하게 이용될 수 있다고 생각했다. 그러나 항구의 건설, 해협을 파는 것, 암석 파괴 등으로 사용될 수 있다는 과학자들의 소박한 꿈은 모두 수포로 돌아갔다. 예상치 못한 장애물이 나타난 것이다. 바로 마리 퀴리가 명명한 '방사능'이다.

방사능이라는 장애가 나타나자 원자폭탄을 산업화에 사용하려는 생각은 포기하지 않을 수 없었다. 그러나 방사능의 문제가 돌출되었지만 원자력을 산업에 이용한다는 생각 자체가 매력적이므로 학자들은 역발상의 아이디어를 도출했다. 방사능이 문제가 된다면 이를 제어하는 방법을 알아내고 원자력이 꼭 필요한 수요처를 찾아내자는 것이다.

　방사능이라는 복병 때문에 애물단지가 될지 모를 원자력의 산업화에 물꼬를 튼 것은 군사적 용도로의 효용성 때문이다. 학자들은 잠수함의 동력으로 원자력을 생각했다. 물이나 용융된 금속을 냉각재로 사용하여 원자로를 제어하기만 하면 전기 생산이나 난방을 위해 많은 열을 생산할 수 있다는 것을 알아냈기 때문이다. 한마디로 잠수함용 동력원으로 원자력을 사용하자는 것이다.

　놀라운 것은 잠수함의 동력원으로 핵분열에너지를 사용하자는 생각은 1930년대에 이미 예견되었고 1945년에 원자력잠수함 개발계획서가 실제로 작성되었다는 사실이다. 그러나 그다지 큰 주목을 받지 못하고 사장되었는데 1947년 미 해군 대령인 릭코바가 이미 구상하였던 원자력잠수함의 필요성을 역설하면서 원자력잠수함 계획을 되살렸다. 해군은 곧바로 그의 제안을 받아들여 해군 함선국내에 원자력부를 설치하였고 그가 책임자가 되었다.

　릭코바 대령은 사상 초유의 원자력잠수함을 만들기 위해 다소 독선적으로 업무를 진행했다는 평가를 받았지만 그가 없었으면 원자력잠수함은 지구상에 태어나지 못했다고 인식할 정도로 핵잠수함 건설에 매진했다.

　잠수항속시간(거리)은 잠수함의 중요한 성능이다. 원자력이 잠수함의 동력원으로 주목받기 시작한 것은 연소(산화) 과정이 없으므로 공기(산소)가 필요 없어 한 번의 연료 장전으로 몇 년간 수만 킬로미터를 갈 수 있기 때문이다. 즉 석유연료를 사용할 경우에는 연료보급을 빈

번히 해야 하며 연료의 연소용 산소를 위해 정기적으로 해면으로 떠올라 공기를 공급해야 하므로 잠수항속거리에 한계가 있었다.

릭코바는 다음 두 가지를 핵잠수함의 선결요건으로 제시했다.

첫째는 원자로를 잠수함 내에 탑재해야 하므로 소형일 것, 둘째는 구소련과의 군비 경쟁 중이므로 빨리 실현할 수 있어야 한다는 것이다.

당시 원자로로서 유일하게 운전 실적이 있던 핵무기용 플루토늄 생산로로 사용되었던 것으로 천연우라늄을 원료로 하고 흑연을 감속재로 사용했지만 부피가 커서 낙제점을 받았다. 당시에 고속증식로라는 개념도 도출되었고 소형이라는 대전제조건을 만족시킬 수 있었으나 실용화 면에서 두 번째 조건을 충족시킬 수 없었다.

그래서 고속증식로 대신에 중속증식로라는 아이디어가 도출되었지만 릭코바는 최종적으로 가압경수로를 채택하여 세계 최초의 원자력 잠수함인 노틸러스호를 1954년 1월에 진수하였고 1955년 1월 17일 항해 시험에 성공했다.[1] 이 성공이 그 후 거의 모든 원자력발전소에서 가압경수로를 채택케 하는 결정적인 요인이 된다.

노틸러스호는 배수량 3,000t, 잠항속도 30~50km/h, 잠항시간 50일, 잠항심도 200m 내외, 항속거리 5만 km 이상의 성능을 가졌다. 1955년에 완성된 이래 1957년에 제1회 연료보급을 받을 때까지의 26개월간에 약 7만 해리를 주행하였고, 1959년에 제2차 연료를 공급받을 때까지 다시 9만 3000해리(그 중 8만 해리는 잠항)를 항해함으로써 재래식 잠수함의 결점을 일거에 배제하여 잠수함 자체의 가치를 근본적으로 일신하였다.

　잠수함에 이어 항공모함도 원자력을 이용하기 시작했다. 1960년 9월에 취역한 원자력추진 항공모함 엔터프라이즈는 80여 대의 항공기를 탑재하고 한번 출항하면 재공급 없이 지구를 20바퀴나 돌 수 있어 '떠다니는 섬'이라 불린다.

　현재 미국, 러시아, 영국, 프랑스, 중국 등이 핵추진 군함을 보유하고 있다. 항공모함이나 잠수함은 대체로 원자로를 2개 설치하여 만약에 대비하고 있다. 특히 대형 항공모함인 엔터프라이즈호는 8개의 원자로를 장착했다. 국토가 북극의 얼음바다로 둘러싸인 러시아는 얼음을 깨면서 항해하는 원자력 추진 쇄빙선을 1959년부터 취항시키고 있다.[2]

　원자력잠수함과 같은 소형 시설로도 원자력을 이용할 수 있는 방법이 알려지자 상업용 발전에 원자력을 이용하려는 계획이 급속도로 추진된다. 군비확장경쟁과 원자력의 군사이용에 따르는 반발을 누그러뜨리는데도 이용할 수 있기 때문이다.

　드디어 펜실베니아주 쉬핑포트에서 1957년 12월 미국 최초의 원자력 발전소가 상업운전에 성공하였다. 소련의 오브닌스크와 영국의 콜더홀 1호기가 이보다 다소 빠르게 운전을 개시했으나 이들은 모두 군사용 플루토늄 생산을 겸한 발전소이므로 순수 상업용 원자력 발전소는 미국의 쉬핑포트를 효시로 보고 있다. 물론 소련이나 영국에서는 미국의 이러한 주장을 인정하지 않는다.

일반 발전소와 다름없는 원자력 발전소

원자폭탄은 핵분열 물질을 임계 질량이 되지 않는 두 개의 덩어리로 배치한 다음 어느 순간 그 둘이 갑자기 합쳐지게 함으로서 임계 질량을 넘겨 버리는 것이며, 이 과정을 조절하여 전기 발전에 이용할 수 있도록 하는 것이 원자력 발전소이다.

전기를 만드는 발전소의 기본 개념은 모두 비슷하다. 모든 발전소는 터빈에 연결된 발전기를 돌려서 전기를 만들어낸다. 이때 터빈을 돌리는 동력으로 물을 이용하면 수력발전소가 되고 화력을 이용하면 화력발전소, 원자력을 이용하면 원자력발전소라 한다.

원자력을 이용한 발전소도 그 원리만 놓고 보면 크게 복잡할 게 없다. 일반적인 화력발전소는 보일러에다 석탄 또는 석유 등의 화석 연료를 태워서 얻은 열로 물을 끓인다. 거기서 나온 수증기로 터빈을 돌리고, 이 터빈이 다시 발전기를 돌림으로써 전기가 발생한다.

반면 원자력발전소는 불을 때는 것이 아니라 핵분열을 할 때 나오는 에너지를 이용하여 물을 끓인다. 따라서 원자력발전소에서는 원자로가 화력발전의 보일러 역할을 담당한다. 원자로는 우라늄이 핵분열하면서 나오는 에너지를 이용하도록 만들어진 우라늄 전용보일러라고 생각하면 간단하다.

원자력 발전소는 핵분열로 열에너지를 방출하는 우라늄 전용보일러와 핵연료를 장전하는 노심(爐心), 핵연료의 부식 또는 방사성 물질의 누출(漏出)을 막는 피복재, 핵분열을 돕기 위한 감속재(減速材), 발생된 막대한 열을 빼앗거나 냉각시키는 냉각재(冷却材), 중성자의 누출을 막기 위한 차폐재(遮蔽材), 핵분열을 제어하여 원자로의 출력을 조정하는 제어재(制御材), 이들을 외부 공간과 차단하는 구조재 등으로 구성되어 있다.

원자로 속에 핵연료를 집어넣어 핵분열을 일으키면 우선 원자로 속에는 섭씨 300도, 150기압에 달하는 고온, 고압의 물이 생긴다. 이 물은 급수를 데우면서 280도 55기압으로 내려가며, 다시 원자로 속으로 들어가 가열된 원자로를 식히는 동시에 핵연료가 발생시키는 열에 의해 다시 뜨거워지는 순환 과정을 되풀이한다.

한편 뜨거워진 급수는 수증기로 변해 터빈을 돌리고, 그 다음에는 커다란 탱크 속으로 들어가 바닷물로 식혀지면서 보통 물이 된다. 이 물이 다시 급수로 사용되어 보일러에 들어가 수증기가 되고 계속해서 터빈을 돌린다. 이 수증기가 파이프를 통하여 터빈을 돌리면서 전기를 만든다. 계통도로 간단하게 설명하면 핵분열로 얻은 열에너지-냉각재-열교환기-증기-터빈-발전기-발전 등의 단계를 거친다.

뜨거운 냉각재가 돌아다니는 파이프나 기계를 총칭하여 '1차 계통', 급수가 돌아다니는 파이프나 기계를 '2차 계통'이라고 한다. 뜨거워진 1차 냉각재는 파이프를 통해 '증기발생기'라는 보일러 속으로 들어가 별도로 격리된 '2차 냉각재' 혹은 급수라는 물을 끓여 수증기를 만든다. 이는 마치 끓는 물속에 통조림을 넣어 데우는 것과 같은 원리이다.

1차 계통을 제외하면 일반 발전소와 다를 것이 없다. 그러나 1차 계통의 물은 핵분열이 일어나는 원자로 속을 드나들기 때문에 방사성 물질에 오염되어 있다. 물론 1차 계통과 2차 계통을 엄격히 분리하고 폐쇄회로로 순환되도록 설계되어 있어 방사성 물질이 밖으로 유출되지는 않는다. 핵분열은 원자로 속에서만 일어나고 원자로 속을 돌고 있는 물 즉 냉각재는 2차 계통이나 다른 회로와 분리되어 있기 때문이다.

이렇게 원자력발전소의 핵심 요소 중에서 감속재, 냉각재, 반사재 및 차폐제로 다양하게 두루 활용되는 것이 바로 물이다. 물은 열용량이 크고, 냉각재를 순환시키는데 필요한 펌프의 동력이 적게 들며, 질량이 작아서 감속 작용이 크고, 그리고 무엇보다도 값이 싸다.

또 하나 중요한 것은 물에다 압력을 걸어 주는 과정이다. 이른바 '가압 경수로', '가압 중수로' 라는 게 이런 개념인데, 이것은 우리가 높은 산에 올라가 밥을 하면 생쌀이 씹히는 것을 생각하면 이해가 쉽다. 높은 산에서는 평지보다 공기의 압력, 즉 기압이 낮다. 평소에는 물이 100도가 되어야 끓지만, 기압이 낮으면 100도가 되지 않아도 물이 끓어서 쌀이 설익는다.

원자로에서는 물이 100도에서 끓어 버리면 곤란하다. 그 정도 온도로는 급수를 데울 수가 없기 때문이다. 그러나 엄청난 압력을 걸어 주면 100도가 넘어가도 물은 수증기로 변하지 않고 계속 액체로 남아있다. 앞에서 '섭씨 300도의 물'이라는 표현을 쓴 것도 이런 이유 때문에 가능한 것이다.

이렇게 1차 냉각재로 쓰이는 보통 물(경수)에 100배 이상으로 압력을 가하여 끓지 않도록 만든 원전을 '가압경수로' 원자력발전소라고 부른다. 한편 보통의 수소보다 두 배가 무거운 중수소와 산소가 결합한 중수를 감속재와 냉각재로 사용하는 발전소를 '가압중수로' 원자력발전소라고 한다.

중수로는 우라늄 235가 0.7퍼센트 포함되어 있는 천연 우라늄을 그냥 원료로 쓸 수 있다. 그러나 경수로는 자연 상태에서 채취한 천연 우라늄의 농도를 3~4퍼센트 정도로 높여야 원료로 쓸 수 있다. 그러기 위해서는 이른바 핵연료 농축이라는 별도의 공정이 필요하다. 그 밖에도 경수로는 연료를 교체할 원자로 가동을 약 2달 정도 중단해야 하는 데 중수로는 연료를 교체하기 위해 원자로의 가동을 멈추지 않아도 된다는 장점이 있다.[3]

중수는 물속에 약 0.015퍼센트가 들어 있으며 보통 물보다 1.2배가 무거운 성질이 있다. 보통 물에서 중수를 얻기 위해서는 물을 전기분해하거나 증류하는데, 여기에는 많은 기술적 어려움이 따르고 비용도 많이 든다. 중수로가 많이 보급되지 않은 이유이다.

이에 비해 경수형 원자로는 우라늄235의 비율이 3~4퍼센트인 저농축 우라늄을 사용해야 하지만 그 대신 냉각재와 감속재로 경수를 쓸 수 있다는 장점이 있다. 그래서 대부분의 원자력발전소는 경수형 원자로로 건설되며 한국도 경수형 원자로가 주력을 이루고 있다. KEDO의 주도하에 북한 신포시에 건설하던 신포원전도 물론 경수형이다.

한편 원자로 속에서 핵연료의 연쇄반응이 일어나 열이 발생할 때 방사능 물질도 나온다. 이때 방사성 물질이 새나가지 않도록 핵연료는 '지르코니움'이라는 특수한 금속으로 만들어진 관 속에 밀봉한다. 따라서 핵분열이 일어나 방사성 물질이 생기더라도 지르코니움 관 속에 들어 있으므로 밖으로 새지는 않는다.

자연계에 존재하는 우라늄, 즉 우라늄 광산에서는 연쇄반응이 일어나지 않는다. 그 이유는 자연적인 우라늄의 대부분이 U-238로 이루어져 있고 U-235는 0.7%밖에 되지 않기 때문이다. 따라서 우라늄을 이용하여 막대한 에너지를 뽑아내려면 우라늄의 농도를 증가시켜 연쇄 반응을 일으키기 쉽도록 해주는 작업이 필요하다. 이것을 우라늄 농축이라고 한다. 핵폭탄용 우라늄은 우라늄 235의 농도를 94% 정도로 충분히 높인 것이며 3~4%의 농축도에서 꺼내면 원자력 발전용 연료로 사용할 수 있다.

원자력의 가장 큰 특징 중의 하나는 사용한 핵연료를 다시 재활용할 수 있다는 점이다. U-235의 핵분열로 대량의 에너지를 얻은 후 원자로에서 뽑아낸 사용이 끝난 연료, 즉 사용 후 핵연료에는 우라늄 235가 1.5% 정도 남아 있다. 즉 사용 전 핵연료에 비해서는 절반이 되나 천연 우라늄에 함유된 우라늄 235의 비율보다는 무려 2배나 되는 양이다. 그러므로 이를 다시 농축해서 핵연료로 재사용할 수 있다.

또한 사용 후 핵연료 1톤 중에는 U-238에서 만들어진 플루토늄 239를 약 10킬로그램 정도 추출할 수 있다. 이것은 새로운 연료로 사용할 수 있을 뿐 아니라 핵폭탄의 재료가 될 수도 있다. 그러므로 원자로를 잘 설계하면 최초에 넣은 유효연료(U-235)보다도 더 많은 연료, 즉 플루토늄을 얻는다는 꿈과 같은 이야기가 현실이 되며 물론 핵폭탄도 만들 수 있다. 이것을 연료가 증가한다는 뜻에서 '증식'이라고 부르며 이러한 용도로 만든 원자로를 '증식로'라고 부른다. 이른바 고속 증식로라는 것은 우라늄의 사용 기간을 60배 이상 연장시키는 획기적인 자원 재활용 기술인 셈이다.

한국 특유의 재처리 공정인 듀픽(DUPIC) 핵연료라는 것이 있다. 우리나라는 세계적으로 볼 때 특수한 원자력 발전소 가동 구조를 가지고 있다. 한 마디로 경수로를 주 원자로로 사용하지만 중수로도 보완적으로 이용하고 있다.

경수로와 중수로의 특성을 이용하여 경수로에서 나온 사용 후 핵연료를 재처리하지 않고 중수로에서 다시 사용하는 것이 듀픽핵연료 처리방식이다. 경수로에서는 우라늄 235가 3.2~4.4% 들어 있는 저농축 우라늄 연료를 사용하고 중수로는 우라늄235가 0.7% 들어있는 천연 우라늄을 사용한다. 이 기술의 핵심은 경수로에 사용된 우라늄 연료는 타고난 후에도 우라늄235가 1.5% 들어있어 이것을 재가공하여 중수로의 핵연료로 사용한다는 점이다.

듀픽핵연료를 만드는 기술은 기존 중수로 핵연료를 만드는 공정과 같다. 더구나 듀픽핵연료의 장점은 사용 후 경수로 핵연료를 직접 처분하는 대신 중수로에 재사용할 수 있으므로 기존의 천연 우라늄 연료가 30% 이상 절감되고 사용 후 핵연료의 양도 1/3정도 감소된다.

또 사용 후 핵연료를 재처리하지 않고 그 연료를 다시 사용하므로 자연에 노출되는 방사능의 피해 가능성을 그만큼 줄일 수 있다.

이 연료의 특징은 핵연료주기 가운데 가장 논란이 되는 핵확산성이 없다는 것이다. 듀픽핵연료의 제조 공정은 차폐된 공간 내에서 중수로 핵연료를 직접 가공하므로 핵물질인 플루토늄이 분리되지 않는다. 한국이 독자적으로 가진 핵연료 처리기술로서 세계가 가장 주목하는 기술이다.

재처리는 일반 쓰레기를 분리수거하는 것과 마찬가지로 사용 후 핵연료를 재활용 자원과 폐기물로 구분하여 처리하는 기술이다. 더구나 재처리를 통해서 나오는 아메리슘(Am)은 인공위성용 초소형 원자로의 원료로 사용되는 값비싼 핵연료이기도 하다.

원자력발전소가 바닷가에 주로 건설되는 것은 냉각수를 원활하게 공급해야 하기 때문이다. 1GW급 원전 1기에 사용되는 냉각수는 매초 60~70톤에 달하므로 이를 공급하는데 바닷물이 가장 적격이다. 반면에 바다가 없는 나라는 강물을 이용하지 않을 수 없다. 강물 주변에 냉각탑을 세워 더워진 냉각수를 다시 냉각시켜 사용한다.

프랑스의 경우가 대표적으로 파리 근교의 노장 원자력발전소는 센 강 상류에 있어 이곳의 물을 냉각수로 사용한다. 거대한 냉각탑을 이용해 더워진 냉각수를 식혀 재사용하고 남은 물은 센 강으로 흘려보낸다. 파리 시민들이 이 센 강의 물을 식수원으로 사용하는데 아무 불평이 없는 것은 원자력 발전소에서 나오는 방사능이 안전하다는 신

뢰가 쌓여 있기 때문이다.[4]

원자력 전기에 도전한다

전기 생산을 위해 원자력을 사용하든, 화석연료를 사용하든 기본 틀은 같다. 그러나 원자력인 경우 난해하기 짝이 없는 핵분열 이론을 활용하므로 화석연료처럼 쉽게 이해할 수는 없다. 이해를 돕기 위해 앞에서 설명한 내용을 중점적으로 풀어서 다시 한 번 설명한다. 이 단원은 장기진 박사의 글을 많이 참조했다.

원자력발전의 기본이 되는 원자의 크기는 그야말로 작다. 당구공을 원자라면 진짜 당구공은 달의 크기이다. 이런 원자들이 모여서 우리 세계는 물론 인간을 구성하고 있다는 것은 잘 알려진 사실이다. 나무나 인체의 근육과 같은 유기물은 산소, 탄소, 수소, 질소, 칼슘, 인 등 대단히 많은 원자들이 복잡하게 엉켜있다.

이 원자도 속을 들여다보면 전자가 미친 듯이 원자핵 주위를 날아다니고 있다. 원자핵은 원자 전체에 비하면 형편없이 작아 크기로만 따지면 원자 전체 크기의 10만분의 1정도이다. 이는 마치 태양계에서 태양을 중심으로 행성들이 돌고 있는 정황과 유사하다. 태양을 원자핵이라면 행성들은 전자들로 볼 수 있다.

원자핵도 양자와 중성자라는 알맹이로 되어 있다. 이를 당구공으로 비교하여 양자를 붉은 공, 중성자를 하얀 공으로 보면 원자핵은 붉은 공과 하얀 공이 여러 개의 조합으로 이루어졌다고 볼 수 있다.

붉은 공 즉 양자 한 개로서 된 것이 수소의 원자핵이다. 헬륨의 경우 붉은 공 2개, 흰 공 2개로 되어 있다. 산소는 붉은 공 8개, 하얀 공 8개로 되어 있으며 가장 무거운 우라늄은 붉은 공 92개, 흰 공 146개로 되어 있다.

이제 다소 감성적으로 설명한다. 붉은 공의 양자는 '+' 전기이므로 항상 찌릿찌릿하다. 그러므로 자기들 끼리 만나면 서로 밀치기에 바쁘다. 동종의 전기는 서로 반발하는 원리 때문이다. 반면에 하얀 공은 중성이다. 사이가 나쁜 빨간 공 사이에 하얀 공이 들어갈 수 있는 것은 붉은 공과 하얀 공 사이에는 서로 당기는 힘 즉 핵력이 존재하기 때문이다.

이들 주위를 전자가 회전하고 있는데 이 전자는 크기는 작으나 '-'전기를 띠고 있다. 원자는 원자핵의 '+'전기를 가진 빨간 공과 똑같은 수의 전자가 있으므로 원자는 전기적으로 중성이다. 잘 알려진 바와 같이 원자의 성격은 전자의 수(양자의 수)에 따라 결정된다. 이 전자의 수를 순서적으로 수소부터 차례로 나열하면 어느 조합의 원자들은 성격이 비슷해진다. 이것은 전자의 궤도 속에 전자가 차있는 상황이 비슷하기 때문이다. 바로 이를 명쾌하게 설명한 사람이 멘델레예프이다.

그런데 원자핵에도 차별이 있다. 소위 뚱보와 홀쭉이가 있다. 뚱보 원자핵은 빨간 공의 숫자는 동일하나 하얀 공을 다른 것에 비해 많이 가진 것을 말한다. 따라서 무게는 다르나 성질은 같다. 말하자면 한 가족인데 이를 동위원소라고 한다. 수소를 예를 들면 보통 수소는 1

개의 양자, 1개의 전자뿐이다. 그러므로 원자세계의 저울(질량)로는 약 1 이다. 그런데 수소에도 똥보가 있어 빨간 공 이외에 하얀 공 1개를 물고 들어와서 결합하는데 이것이 질량수 2의 중수소이다. 그러나 이들도 다 같은 수소이며 화학적 성질은 똑 같다. 자연 속에 수소 원자 1만 개 중 이들 똥보는 15개 정도다.

원자세계의 헤비급은 우라늄으로 이들은 세 가지 동위원소를 가지고 있다. 모두 92개의 빨간 공을 가지고 있는데 하얀 공이 142개, 143개, 146개 있다. 이들이 우라늄234, 우라늄235, 우라늄238이다. 자연계에서 우라늄235는 우라늄238의 993에 비해 7 정도로 일정한 비율로 존재하며 우라늄234는 너무 적어서 거론조차 되지 않는다.

빨간 공과 하얀 공은 원자번호가 낮으면 숫자가 거의 같다. 그러나 원자번호가 높은 즉 무거운 원자핵이 되면 형편이 달라진다. 원자번호가 낮은 경우 '+'극의 빨간 공을 하얀 공이 핵력으로 어떻게 해서든지 안정화시키지만 원자번호가 높은 경우 같은 숫자의 하얀 공으로는 빨간 공을 달래서 안정시키기 어려워지기 때문이다.

철은 빨간 공 28개에 하얀 공 30개, 주석은 빨간 공 50개에 하얀 공 68인데 라듐인 경우 빨간 공 88개에 하얀 공 138개로 하얀 공이 급격히 늘어나며 우라늄의 경우 빨간 공 92개에 하얀 공 146개가 필요하다.

문제는 이들 하얀 공으로는 빨간 공의 반발력을 안정화시키기 어렵다는 점이다. 핵력이 가지는 특별한 성질이 있는데 빨간 공 2개와 하얀 공 2개가 합쳐져 4개가 되었을 때 죽이 잘 맞는다. 큰 원자핵의 경우 가끔 이와 같은 결합의 입자가 튀어나오는데 이것을 알파입자라고 한다. 이것은 헬륨의 원자핵 즉 헬륨 원자로부터 주위를 돌고 있는 전자 전부를 빼앗는 것이다.

자연에서 이와 같은 입자를 방출하는 경우가 있는데 소위 빨간 공, 하얀 공 2개가 손을 잡고 집단 가출하므로 당연히 원래의 원자핵 속에서 빨간 공 2개가 줄어든다. 이때 원자핵의 빨간 공의 숫자가 변했으므로 그전과 다른 원자가 된다. 이와 같은 집단가출의 현상을 알파 붕괴라고 하는데 이것이 자연방사능의 일종이다. 이런 집단가출의 정도는 원자핵의 종류에 따라 다르지만 항상 일정한 비(比)로서 일어난다.

빨간 공이 많은 원자인 경우 즉 무거운 원자핵들은 빨간 공이 많으므로 나누어지려는 현상 즉 핵분열하려는 충동을 항상 가진다. 빨간 공이 너무 많아 욕구불만 상태가 되므로 기회만 있으면 튀어나가려는 것이다.

아무리 이러한 특성이 있다 하더라도 이런 가출이 간단히 유도되는 것은 아니다. '+' 전기를 가진 양자나 알파입자를 원자핵 속에 집어넣어 충격하여 핵을 분열시키려 해도 서로 부딪치는 것은 물론 근처에 가도록 만드는 것도 간단하지 않다. 러더퍼드가 놀랐다는 실험이 이것이다. 즉 그는 질소에 알파 입자를 부딪쳐서 빨간 공을 튀어나오게 하는데 성공했는데 간단히 말하여 질소가 알파입자로 두들겨 맞더니 산소로 변한 것이다. 이때 러더퍼드는 매우 높은 에너지를 주어 질소에 알파입자가 부딪치도록 만들었다.

그런데 우라늄과 같은 큰 원자핵이 되면 '+' 전기를 갖는 빨간 공의 숫자가 매우 많으므로 반발력이 커서 알파 입자를 충격시키는 것이 간단하지 않다. 반발력이 크기 때문이다.

이때 중성자가 등장하면 이야기가 완전히 달라진다. 하얀 공은 기본적으로 중성이므로 전기적인 반발력을 전혀 느끼 전혀 느끼 한마디로 불감증이므로 다소 느린 속도라 해도 손쉽게 과녁인 원자핵을 맞추어 그 속으로 들어갈 수 있다. 철이나 금이나 우라늄이라 해도 중성자는 아무 상관없이 그 속을 자유롭게 통과할 수 있다.

이런 뻔뻔스런 녀석을 받아들여야 할 빨간 공은 그야말로 곤욕이 아닐 수 없다. 한마디로 하얀 공으로 두들겨 맞은 빨간 공은 발끈하면서 상황에 따라 빨간 공을 방출하거나 어떤 것은 알파입자를 방출하는 것은 물론 하얀 공도 방출한다. 또 어떤 때는 감마선도 방출한다.

이를 우라늄의 경우로 생각한다. 우라늄은 원래 빨간 공이 많으므로 평소에도 잠잠하지 못한 성격인데 중성자가 부딪히면 그야말로 콩 튀듯 팥 튀듯 한다. 이들 중에서도 과민성 반응을 일으키는 것은 우라늄235이다. 그 때문에 자연 상태에서도 하얀 공을 흡수하여 핵분열을 일으키는데 고의적으로 하얀 공으로 충격하면 곧바로 KO 상태가 되면서 스스로 두 개의 원자핵으로 나누어진다. 이때 중성자와 열을 내는데 이를 핵분열이라고 한다.

당연히 갈라진 핵은 이전보다 훨씬 작아지는데 이는 말썽만 부리는 빨간 공의 수가 확연히 줄어든다는 것을 의미한다. 따라서 중개역할을 하는 중성자 즉 하얀 공의 수도 전 보다 적어진다. 이렇게 되면 당연히 하얀 공의 몇 개가 감원되면서 밖으로 쫓겨난다. 이것이 핵분열에 따라 방출되는 새로운 중성자이다. 이것이 소위 핵분열 에너지 방출의 열쇠인데 이때 운동에너지와 방사능이 튀어나온다. 운동에너지는 즉시 인간이 원하는 열이 되는데 바로 아인슈타인의 $E=mc^2$가 바로 그 원리다.

분열에 의해 생긴 생성물은 자연에 있는 동위원소에 비해 매우 흥분된 상태로 만든 것이므로 불안정해서 베타선 등의 방사선을 방출한다. 베타선은 본질이 전자가 흐르는 선이지만 그 자신은 변화한다. 이와 같은 변화를 방사능붕괴 또는 베타붕괴라 한다. 이것이 핵분열 생성물의 특징이며 소위 방사성 폐기물의 정체다.

우라늄235는 불과 같은 성질을 가지고 있지만 우라늄238은 다소 둔감한 성질이 있다. 그러므로 웬만한 중성자를 맞더라도 지리멸렬하여 핵분열을 일으키지 않는다. 그렇지만 계속 하얀 공의 펀치만 맞을 수는 없는 일이다. 우선 무언가를 방출하는데 이것이 베타선이다. 그러면서 순간적으로 원자세계의 원자번호 93인 넵튬으로 변한다. 그러나 넵튬도 소화불량을 일으키면서 다시 베타선을 계속 방출하며 곧바로 플루토늄239로 변한다. 플루토늄239는 우라늄235와 버금간다. 그러므로 계속하여 중성자로 공격하면 화가 치밀어 맹렬한 열을 내면서 스스로 2개로 갈라진다.

앞에 여러 번 설명했으므로 독자들은 이와 같은 현상을 이해했을 것이다. 한마디로 우라늄238은 플루토늄239가 되어야 핵분열을 일으킬 수 있는 능력을 가진다. 이런 의미에서 우라늄235와 플루토늄239를 핵분열성 물질이라고 한다.

핵분열의 원리는 규명되었지만 인간이 원하는 에너지를 만들기 위해서는 인간이 조절할 수 있어야 하는데 이것이 간단하지 않다. 즉 우라늄은 에너지 창고를 함부로 열지 않는다. 이를 강제로 열게 만든 것이 바로 원자폭탄이요 원자력발전소이다.

우선 우라늄의 창고를 열게 하는 키워드 열쇠는 중성자 즉 하얀 공이다. 다행인 것은 중성자를 대기권(대기권에도 약간의 중성자가 있다는 뜻)에서 끌어내는 것이 아니라 바로 우라늄 속에 있다는 점이다. 우라늄235가 핵분열하면서 2개 내지 3개의 새로운 중성자가 생기는데 바로 이 하얀 공이 그 열쇠다.

이제 실용적인 면에 대해 설명한다. 어떤 방법으로든 우라늄 원자핵에 중성자를 때려 주었을 때 핵분열이 일어나지만 실용적인 면에서 인간이 활용하기 위해서는 또 다른 문제점을 짚고 넘어가야 한다. 핵분열을 한 직후의 중성자는 큰 에너지를 가지며 빛의 10분의 1 정도의 속도로 지상에 태어나지만 핵에 수없이 부딪히면서 속도가 떨어진다. 나중에는 처음 튀어 나올 때 속도의 1만분의 1가량이 되어 지쳐 버린다. 이때의 중성자를 열중성자라고 하는데 그래도 초속 2200킬로미터나 되며 더 이상 떨어지지 않는다. 이와 같이 중성자가 원자핵에 부딪혔다가 튀어 나가는 것을 산란이라고 하며 스피드가 떨어지는 것을 감속이라고 한다. 감속이 중요한 이유다.

비유가 심하다고 하겠지만 중성자 즉 하얀 공의 속도가 떨어지면 원자핵은 이를 포획 즉 잡아먹으려고 용을 쓴다. 한마디로 속도가 떨어진 중성자는 원자핵에 흡수되는 것이다. 그런데 이러한 식욕도 원자핵의 종류에 따라 매우 달라 중성자의 대식가 챔피언은 붕소와 카드뮴이고 소식가는 중수소와 흑연이다. 독자들은 감속재로 물, 중수소와 흑연이 사용되었다는 것을 앞에서 충분히 이해했을 것이다. 원자로는 사실상 중성자를 어떻게든 잘 감속시켜 열중성자로 만들어 연쇄반응에 사용하는 것이다.

중성자에 대한 식욕의 정도는 물질에 따라 다르다. 그러므로 노심에 이들을 넣을 때 되도록 대식가가 혼입되지 않도록 주의해야 한다. 모든 물질이 정도의 차이는 있으나 잡아먹는 버릇이 있으므로 증배율(增配率)을 높이는 것이 쉽지 않다. 만약 증배율이 1보다 작으면 핵분열 반응은 곧 소멸해버린다. 증배율이 1보다 적다는 것은 마치 얼음에 불을 붙이는 것과 다름없다. 한마디로 핵분열이 일어나지 않는다.

이를 다시 설명하면 에너지 창고인 원자로의 문을 열기 위해서는 연속하여 핵분열을 일으켜야 한다. 그러므로 중성자의 무한증배율을 반드시 1보다 높게 만들어야 한다. 물론 너무 증배율이 높아도 문제가 되므로 증배율을 1.01보다 작게 만들어도 이것이 연쇄반응을 일으키면 폭발적으로 핵분열이 일어난다.

이제 원자로에 대해 살펴보자. 원자로는 중성자와 우라늄 같은 핵분열물질에 의한 연쇄반응의 결과 핵에너지를 방출시키는 장치이다.

근본적으로 에너지를 방출시키는 점에서 연탄난로와 다름이 없다. 근래 연탄이 거의 사라졌지만 연탄난로란 무연탄과 같은 연소물질이 산소와 연소하여 화학반응열을 방출하는 장치이다.

이들의 차이는 한마디로 전자와 원자핵의 차이다. 원자로는 원자 속의 작은 원자핵과 관련하지만 화학반응열은 전자에만 관련된다. 즉 무연탄이 타는 것은 각각 탄소와 산소의 제일 바깥쪽의 구역에 있는 최외곽전자들의 조작에서 일어난다.

전자들이 서로 함께 붙으면서 탄산가스가 나오는데 이때 화학반응열이 나오고 그 열로 삼겹살을 구워 먹을 수 있다. 이때 원자의 한가운데 있는 원자핵과는 아무런 관련이 없다는 것이 원자력 발전의 핵심이다.

감속재에 대해 좀 더 설명한다. 현재 가동되는 원자로는 거의 모두

하나로(HANARO) 한국원자력연구소가 설계·건설한 순수 국내기술의 다목적 연구용 원자로

열중성자로라고 부르는데 이는 핵분열에서 생긴 빠른 중성자를 어떻게 해서든 감속시켜 속도를 떨어뜨려서 열중성자로 만들어 이를 우라늄핵연료에 효율 좋게 잡아먹혀서 핵분열을 계속 일으키게 하도록 만든다. 이를 위해서는 핵연료와 감속제를 적절하게 혼합해서 노심 속에 집어넣어 주어야 한다.

감속재는 핵연료와 부부관계로 궁합이 맞지 않으면 원자로인 집안이 엉망이 된다. 가장 효율적인 감속재로 중수소를 거론하는데 대단히 가벼우면서도 식욕이 대단하다. 그런데 중수소의 문제점은 1톤의 물속에 불과 140그램만으로 극히 적을 뿐 아니라 물에서 중수소를 분리하는 것이 쉽지 않아 가격이 매우 비싸다. 그럼에도 불구하고 많은 장점 때문에 즉 천연 우라늄을 쓸 수 있으므로 중수로를 사용하는데 한국의 월성원자력발전소가 이것이다.

보통 물을 의미하는 경수는 중수소와 같은 높은 효율을 내지는 못하지만 가격이 저렴하여 대부분의 원자력발전소가 사용한다. 그런데 경수 속에 천연우라늄을 그대로 넣어서는 어떠한 방법을 사용하더라도 원자로가 임계상태로 되지 않는다. 잡아먹히는 중성자가 더 많기 때문에 중성자의 증가가 이루어지지 않는 것이다.

이런 문제점을 해결해 준 것이 농축우라늄이다. 우라늄235의 비를 천연우라늄의 0.7퍼센트에서 2~3퍼센트로 올리는 것으로 이렇게 하면 핵분열의 원천을 단번에 3~4배를 높일 수 있어 그만큼 핵분열하는 비율이 증가하며 또한 중성자의 자손번영에 큰 도움을 준다. 즉 우라늄 체질을 개선하여 무한증가율을 1보다 높게 만들 수 있다.

하지만 우라늄을 농축하는 것이 간단하지 않다. 우라늄 농축이란 천연우라늄 속에서 우라늄238을 꺼냄으로써 상대적으로 우라늄235의 비를 높여주는 것인데 이 분리가 만만치 않다. 이유는 우라늄235와 우라늄238이 동위원소이므로 화학적 성질이 똑같아 화학적인 방법으로는 분리할 수 없기 때문이다.

그러므로 두 가지 우라늄의 무게를 이용하는데 둘의 차이가 너무 작지만 그래도 인간들은 이를 극복했다. 맨해튼 프로젝트에서 6불화 우라늄 가스분리로 이 난관을 극복하였는데 현재도 이 공정이 간단치 않아 이 우라늄을 농축할 수 있는 나라는 핵강국 뿐이다.

흑연도 훌륭한 감속재로 흑연의 원자핵은 수소나 중수소보다 무겁다. 흑연은 빨간 공 6개, 하얀 공 6개이므로 무게는 수소의 12배이다. 따라서 중성자의 속도 저감 효과는 매우 떨어지지만 흑연은 열중성자에 대해서 소식가이므로 합격이다.[5]

2
안전하지만 완전하지는 않다

원자폭탄에 이어 원자력발전소의 가능성이 엿보이자 당시 많은 사람들은 인류의 번영과 발전의 수단으로 사용될 수 있을 것으로 보이는 원자력 발전에 대해 큰 기대감을 가졌다. 원자폭탄이 일본에 투하된 지 10년 후 아이젠하워 대통령은 다음과 같이 말했다.

'만약 우리가 이 계획을 실천하기만 하면 인류는 영원히 지치지 않는 원자력이라는 하인을 갖게 될 것이다.'[6]

이후 60여년이 지난 현재 전 세계에서 수많은 원자력발전소가 가동되고 있다. 원전이 논란의 대상이 되는 것은 정말로 안전한가이다. 자칫 폭발하지는 않을까? 그리고 원전 주위에 사는 사람들에게 건강상 피해는 정말로 없는가? 이런 의문과 궁금증이 완벽하게 해소되지 않으므로 불신이 떠나지 않는 것은 사실이다.

결론부터 말한다면 원전은 '안전'하다. 문제는 '완전'하지 못하다는 점이다. 완전하지 못한 이유를 큰 틀에서 보면 인간이 만든 그 무엇이든 완전할 수 없다. 그런 사실을 원전에 관련하는 사람들이 모를 리

없다. 그러므로 안전하지만 완전하지 않는 원전을 안전하게 운영하기 위해 초창기부터 인간의 기술로 만들 수 있는 온갖 장치들을 모두 동원한 것이 바로 현재 가동되고 있는 원전이라 볼 수 있다.

원전을 안전하게 만든다

원전에 대한 두려움을 다시 정리하면 대체로 다음 3가지로 요약된다. 첫째는 원전이 폭발하지 않을까, 둘째는 운영 중 사고로 인해 방사능 물질이 누출되지 않을까 하는 우려이고 마지막은 원전에서 나온 폐기물이나 원전 자체에서 발생되는 방사능이 혹시 주변 주민들에게 피해를 주지 않을까 하는 것이다.

첫 번째, 원전이 원폭처럼 폭발하지 않을까 하는 우려를 많이 한다. 「클라우드(The Cloud)」란 영화의 주제는 원자력 발전소가 폭발하면서 일어나는 내용을 담았다. 이 영화는 구소련의 체르노빌 원전사고를 모티브로 하고 있으며 『구름』이라는 소설이 원작인데 영화에서 원자력발전소가 원자폭탄처럼 폭발하고, 거대한 먹구름이 대 재앙을 일으킨다.

영화 속성상 흥미를 주기 위해 픽션들이 가미된 건 당연하지만 영화처럼 원전이 폭발하여 재앙을 몰고 오는 핵구름은 원칙적으로 불가능하다. 원자력 발전소가 애초에 폭발이 일어나기 힘든 구조라는 것은 차제하더라도 원전은 결코 폭발하지 않는다. 원전에서 사용하는 연료가 우라늄이든, 재처리해서 나온 플루토늄이든 농축 정도가 폭발할 만큼 높지 않기 때문이다. 도수가 높은 위스키나 보드카에 성냥불을 대면 불이 붙지만 도수가 낮은 막걸리나 맥주에 성냥불을 갖다

댄다고 해서 결코 불이 붙지 않는 것과 같은 논리다.

두번 째 우려는 원전이 태어날 때부터 가진 문제점으로 원전이 궁극적으로 해결해야 할 최대의 과제다. 그러므로 원전측이 남다른 안전에 신경 쓰고 있는데 안전에 대비한 방법 자체는 무모할 정도로 최상급의 보안책이다.

현재 가동되거나 건설 중인 원전은 3중의 안전대책이 있다.

첫째는 여유 있는 설계다. 운전 중 각 기기에 가해지는 힘이나 온도 등에 대해 최대한의 안전율을 가지도록 설계한다. 말하자면 오디오를 선택할 때 자신이 필요로 하는 이상의 출력을 지닌 것을 택하는 것과 마찬가지다. 이와 함께 지진, 태풍 등 최악의 자연 재해에도 견딜 수 있도록 견고하게 건설하는 것은 물론 재료도 고성능·고품질을 선택한다.

둘째는 인터로크(Interlock) 시스템이다. 원전은 만약에 인위적인 과실이 있을 경우에도 그 과실이나 오동작이 더 이상 진행되지 못하도록 방어하는 기능이 있다. 이것은 마치 첫 번째 문이 완전히 닫히지 않으면 다음 문이 열리지 않도록 되어 있는 것과 같다.

셋째는 페일세이프(Fail Safe)라는 안전기능 장치로 기계가 고장 나면 자동적으로 안전이 확보되도록 해준다. 예를 들면 고장이 발생했을 때 기계가 정지되는 것이 안전에 유리하다고 판단되면 스스로 정지된 파이프가 파손되어 밸브를 잠그는 것이 안전하다고 감지되면 밸브가 스스로 잠기는 것이다.

사실 원전처럼 안전에 주의하는 시설은 지구상에 거의 없다고 해도 과언이 아니다. 원자로는 압력, 온도, 출력 등을 항상 감시하면서 조금이라도 정상 상태를 벗어나면 스스로 이유를 찾아내어 자동적으로 원상 복구시키는데 원상 복구가 되지 않으면 정지된다. 더욱이 만일의 경우에 대비하여 많은 냉각 시스템을 준비하고 있다.

그럼에도 불구하고 만약의 원전 사고로 인한 방사능 누출을 방지하기 위해 원자로는 다중 방호시스템을 채택한다.

제1 방벽은 펠레트다. 이것은 핵연료 자체로서 우라늄 분말을 고온에서 처리하여 직경 9mm, 높이 15mm의 원통형 세라믹으로 핵분열하면서 발생되는 스트론튬, 세슘 등 고체 방사성 물질이 그 안에 밀폐되도록 한다. 그러나 크립톤, 크세논 등 기체방사성물질과 요오드와 같은 휘발성이 강한 물질의 일부는 펠레트 밖으로 달아난다. 펠레트는 섭씨 2800도에도 녹지 않는다.

제2 방벽은 특수 금속으로 된 핵연료 피복관이다. 지르코늄의 합금으로 만든 원통형의 긴 관으로 펠레트를 그 속에 넣고 양쪽을 밀봉하여 핵연료통(핵연료봉)이라 부른다. 펠레트 밖으로 나온 미량의 기체 방사성물질까지도 빠져나가지 못하게 한다.

제3 방벽은 약 25센티미터나 되는 두께의 강철로 된 원자로 압력용기로 만일에 피복관에서 방사성 물질이 누출되더라도 외부로 나가지 못하게 한다. 압력용기의 지름은 5미터, 높이가 10미터 정도이며 노심이 물에 완전히 잠길 수 있도록 3분의 2 정도가 물로 채워져 있다.[7]

펠레트를 담고 있는 연료피복관은 289개를 한 덩어리로 묶은 4각형의 다발로 25센티미터 두께의 철제압력용기에 담는다. 따라서 연료피복관에 구멍이 생긴다 하더라도 방사성물질은 철제압력용기 안에 갇힌다. 압력용기는 방사성물질뿐만 아니라 높은 압력과 온도에도 견딜 수 있다.

제4 방벽은 약 3~4센티미터 두께의 원자로 격납용기로 최악의 사태가 발생하여 원자로 압력용기에서 방사성 물질이 누출되더라도 이 안에 갇힌다. 원자로압력용기 안에서 핵연료가 핵분열을 일으키면 물이 과열되고 이 물이 파이프를 통해 증기발생기로 넘어가 증기를 발생시킨다. 따라서 고온고압의 물이나 그 속에 함유된 방사성물질이 원자로압력용기 배관계통 증기발생기 가압장치 등을 지날 때 새어나갈 경우가 있더라도 이들을 격납용기 안에 가둬둔다.

제5 방벽은 콘크리트로 된 원자로 건물이다. 원자로계통 전체를 보호하기 위한 것으로 원전에서 흔히 볼 수 있는 원형 돔이 바로 이것이다. 한국은 콘크리트 두께가 75센티미터이지만 독일의 경우 150센티미터로 만들기도 한다. 이들은 근처를 지나던 LPG운반선이 폭파돼도 원자로계통이 손상되지 않도록 설계되어 있다.[8]

또한 안전 보호상 중요한 기기는 같은 기능을 갖는 설비를 두 계통 이상 독립적으로 설치하며 원전에서 중요한 역할을 하는 계기들은 한 종류 당 세 개씩 존재한다. 어느 한 계기가 원자로의 고장을 나타낼 경우 이것의 계기 자체의 결함 때문에 나타날 수 있으므로 결정은 항상 '세 개 중 두 개의 논리'에 따른다. 즉 두 개가 고장을 나타내는 수치를 보이면 원자로에 고장이 난 것이지만, 세 개 중 둘은 정상이고

하나만 정상이 아닌 경우 원자로의 고장이 아니라 계기의 고장이다.[9]

한마디로 완전이라는 말을 동원할 수는 없지만 가능할 수 있는 각종 재난에 대비하여 안전을 뒷받침하고 있다. 문제는 그럼에도 불구하고 세계를 경악시키는 재난이 일어났다는 점이다.

셋째 질문은 원전 주위 주민들이 방사능 물질에 오염되지 않을까 하는 것이다. 원전을 가동하면 당연히 방사선이 나오며 인체에 영향을 미친다. 그러나 그 정도가 극히 미비하므로 걱정할 필요가 없다는 것이 원전 측의 설명이다. 우리가 X선을 한번 찍을 때 받는 방사선량이 100밀리렘 정도인데 원전으로 인해 주위 10킬로미터 이내 주민들이 받을 수 있는 방사선량은 대체로 연간 5밀리렘에도 이르지 않는다.

원전에서 나오는 방사선량이 적다고는 하지만 혹시 있을지 모르는 문제에 대비하여 비상대책을 강구하고 있다. 한국의 경우 발전소 중심 반경 30킬로미터 이내에 방사선 감시기를 설치하여 공기 중의 방사선량, 미립자, 물, 토양, 각종 식품류, 해조류 등을 채취 분석 조사한 후 유관 기관 등에 곧바로 통보하는 시스템을 갖추고 있다. 더구나 방사선 감시기에는 주민들이 직접 보고 확인할 수 있는 계기도 설치하고 있다.[10]

세계 각국이 운영하고 있는 방사능 감시 장치는 단순히 자기 나라의 방사능만 감시하는 것이 아니고 때때로 이웃 나라에 어떤 일이 일어났는지를 파악하는데도 도움을 준다. 1986년 4월 구소련의 체르노빌에서 원전사고가 났을 때 이것을 가장 먼저 발견한 나라는 스웨덴이다. 스웨덴국립과학연구소는 그들이 측정한 방사능수치가 통상적인 것보다 월등히 높은 것을 알고 그 원인을 추적한 결과 구소련에서 원전사고가 발생했음을 확신했다. 그때까지만 해도 소련에서는 이 사고를 비밀로 하고 있었다. 스웨덴 등이 원전 사고 의혹을 계속 질의하자 결국 소련도 체르노빌에 있는 원전에서 사고가 발생했음을 공식적으로 발표했다. 이 사고에 의한 대기 중의 방사능 증가는 사고 한 달 후인 5월 한국과 일본의 방사능감시망에서도 포착되었다.[11]

방사능을 체크한다

원전 사고라면 가장 먼저 연상되는 것이 방사능이다. 한마디로 방사능이 누출되기 때문에 원전을 기피하는 것인데 방사능의 유해성 여부는 방사선량에 따라 달라진다. 방사능량을 체크하는 단위를 먼저 설명한다.

방사능 조사량(피폭량)을 확인하는 방법은 두 가지이다.

첫째 어떤 방사성 물질이 얼마나 많은 입자를 방출하는가로 퀴리라는 단위로 표시하며 이것으로 방사성 물질이 어떤 것인지를 알 수 있다. 둘째는 여기서 나오는 방사능이 얼마나 많은 양의 파괴적 에너지를 가지는가로 인간의 건강 측면에서 매우 중요하다. 방사선에 노출되는 대상물이 받는 영향을 측정하는 단위로 시버트(Sv, 밀리시버트는 1000분의 1시버트)라는 단위를 사용한다. 시버트라는 이름은 방사선 노출을 측정하고 인체에 미치는 영향을 연구한 스웨덴의 물리학자 롤프 막스밀리안 시버트에서 유래됐다.

시버트(Sv)는 방사선의 형태와는 관계없이 그 방사선으로 인한 일정한 생물학적 영향만을 나타내는 단위로 시버트는 단순히 방출되는 방사선의 총량이 아니라 방사성 물질에서 나오는 방사선의 종류와 신체 각 부위가 받는 영향을 포함하는 수치다. 그러므로 같은 시버트가 쓰여도 피폭 허용치와 원전에서 방출되는 시간당 방사선량은 의미가 조금 다르다. '방사선량한도'라고 불리는 허용치는 1년 동안 일상생활을 하면서 몸에 누적되는 방사선의 양이 1mSv(밀리시버트 = 100밀리렘)를 넘지 않아야 한다는 뜻이다. 반면 시간당 300mSv가 방출됐다는 것은 원전 앞에 한 시간 동안 서 있는 사람이 받게 되는 방사선량을 나타낸다. 30분 동안 노출됐다면 그 값은 150mSv로 떨어진다.

동아사이언스에서 분석한 자료를 보자.
방사선량은 '표준인'의 전신이 노출됐을 때 피폭되는 양이기 때문에 손이나 얼굴 등 일부가 노출됐을 때와는 다르다. 표준인은 나이, 신체조건, 성별 등의 평균을 내 표준화한 가상의 인물이다. 한국 성인 남성의 경우 171cm에 68kg, 성인 여성은 160cm에 54kg이 기준이다. 따라서 사람에 따라 조금씩 차이가 날 수 있다. 또한 아이들은 표준인보다 2배 정도 더 많은 영향을 받으며 여성의 경우 유방암, 자궁암 등 방사선 피폭으로 인한 암 발생률이 남성보다 30% 정도 높다고 알려진다.
이재기 박사는 신체 내부에서도 장기별로 방사선 영향이 다르게 나타난다고 다음과 같이 설명한다. 시버트에는 신체부위별 민감도가 달리 적용돼 포함돼 있다. 예를 들어 가장 민감한 생식기관이 0.20, 비교적 영향을 덜 받고 노출 위험이 적은 뼈의 표면은 0.01이다. 전체 민감도를 합친 전신 값이 1이 된다. 연간 피폭 허용치인 1mSv는 각 부위의 민감도를 합쳐 온몸에 고루 퍼진 방사선 영향을 나타내는 것이다. 1000μSv(마이크로시버트)는 1mSv이고, 1000mSv가 1Sv(시버트)다. 적은 양의 방사선량을 나타낼 때는 1Sv의 1000분의 1인 1밀리시버트(mSv)를 사용한다.

렘(rem)은 1g의 라듐(1큐리의 방사능)으로부터 1m 떨어진 거리에서 1시간 동안 받은 방사선의 영향을 말하며 1렘의 1000분의 1을 1밀리렘(mrem)이라고 한다. 병원에서 가슴에 X선 1회 촬영할 때에 약 100밀리렘의 방사선을 받는다. 이때 생물학적 영향을 고려한 개념으로 1밀리시버트의 영향을 받았다고 표현한다. 1밀리시버트는 X선이나 핵의학, 양전자 단층 촬영, 컴퓨터 단층 촬영등과 같은 의료 검진 시 발생하는 유효 노출을 측정하는 경우 사용된다. 이 수치와 위에서 설명한 방사선량한도를 감안하면 의료용이라도 X선 촬영을 가능한 한 자주 하지 않는 것이 좋다고 설명하는 이유다.

일반적으로 전신 노출 시에 1시버트 즉 1000밀리시버트를 받으면 약간의 혈액 변화, 2~5시버트는 메스꺼움-탈모-출혈을 유발하며, 많은 경우 숨지게 된다. 6시버트 이상은 2개월 이내에 80% 이상이 사망한다. 발암 최저 한계치는 연간 100밀리시버트인데 체르노빌 사태 때 주민들의 이주를 결정한 근거는 계속 그곳에 살면 평생 350밀리시버트의 방사능을 맞을 것으로 계산됐기 때문이다.[12]

3 세계가 놀란 원자력 사고

　원자력에 문외한인 일반인들이 우려하는 것은 아무리 완벽한 보안 조치를 취하더라도 원자력 사고가 발생할 수 있으며 사고 시 방사능 누출로 인간에게 치명상을 입힐 수 있다는 점이다.
　실제로 우려하던 원자력사고로 다량의 방사능 누출 사고가 발생했다. 그중 세계에 큰 충격을 준 원전사고는 1979년 미국의 스리마일 원전, 1986년에 일어난 구소련의 체르노빌 원전, 2011년 3월에 일어난 일본의 후쿠시마 원전 사고이다.

　국제에너지기구(IAEA)는 원자력발전소에서 발생하는 고장, 사고에 대한 이해를 높이기 위해 '국제 원자력 고장·사고 등급(INES : International Nuclear Event Scale)'을 도입해 현장에 적용하고 있다. 0~7등급까지 8단계로 나눈 다음 0~3등급까지는 '고장(Incident)', 4~7등급까지는 사고(Accident)로 구분한다. 또 안전에 별다른 영향을 미치지 않는 고장(Incident)에 대해서는 등급외 사건(out of scale)으로 규정하고 있다.
　자동차 사고를 예로 들면 이 등급에 대한 이해가 쉬워진다. 도로에서 갑자기 자동차가 멈춰 섰다면 그것은 '고장'이다. 주변에 큰 피해를 주지 않기 때문이다. 그러나 고장으로 인해 다른 차나 건물 등을 치받았다면 그것은 '사고'다.

한국의 원자력발전소에서도 가끔 고장으로 운전을 멈추기도 하는데 발전소 주변 사람들에게 영향을 끼친 경우가 없으므로 이는 사고가 아니다. 원전 측에서 고장은 있어도 사고는 없다고 말하는 이유이다.

현재까지 알려진 최악의 사례는 구소련 체르노빌 사고가 7등급이며 6등급은 1957년 9월29일 러시아 키시팀(Kyshtym) 사고다. 이 사고는 마야크(Mayak) 재처리공장 근처의 한 폐쇄된 도시에서 발생했다. 이곳에 있는 군용 방사능폐기물 재처리시설 냉각시스템 고장으로 방사성 증기가 70~80톤이 누출됐는데, 당시 소련 당국이 이 사실을 밝히지 않는 사이에 방사능이 확산되었다.

세계에 가장 큰 충격을 준 원전 사고는 미국의 스리마일원전 사고이지만 사고 등급 자체로만 보면 5등급이다.[13] 그러나 미국이라는 나라에서 방사능 누출사고가 발생한데다가 마침 원전 반대운동이 한창일 때이므로 파급효과가 매우 높았다. 한마디로 스리마일원전 사고는 미국으로 하여금 더 이상 원전을 건설하지 못하게 하는 결정타가 되었다.

2011년 3월 11일 발생한 후쿠시마 원전사고는 원전 가동의 문제점으로 발생한 것이 아니라 인근 해상에서 일어난 지진의 여파였다는 점에서 그동안의 원전 사고와는 원천적으로 다르다. 그러나 파급 효과는 그 어느 원전 사고보다 한국인에게 크게 다가왔다. 한국에서 일어난 사건은 아니지만 결국 치명적인 원전 사고가 발생했다는데 세계

가 놀란 것이다.[14]

일본 정부는 원전사고 직후 후쿠시마 제1원전 1호기에 한정해 4등급으로 평가했다가 곧바로 1~3호기를 5등급으로 재평가했고, 한 달 후인 2011년 4월 후쿠시마 제1원전 전체를 7등급으로 상향조정했다. 발생 순서로 사고 정황을 설명한다.

스리마일 원전 사고

인간이 원자력을 핵폭이 아닌 용도로 활용하기 시작한 이후 처음으로 발생한 원자력사고는 1957년 10월 영국의 윈드스케일 원자력 사고이다. 이 원자로는 군사용으로 플루토늄을 생산하기 위한 것인데 이 원자로에서 나온 방사성물질로 근무자 중 14명이 3렘 정도의 방사선을 받았다. 또 이 사고로 2만5큐리의 요오드131, 6백큐리의 세슘137이 대기 중으로 누출되었다.[15]

1958년 유고슬라비아의 원자력연구소 연구용 원자로에서 피폭 사망사고가 발생했다. 원자로의 작동 조건을 연구하기 위한 실험용 원자로인데 갑자기 노가 임계가 되더니 중성자 증식이 시작되어 다량의 방사선을 발생하기 시작했다. 경보기조차 작동하지 않아 당시 연구에 종사하던 4명의 연구원 모두 치사량에 가까운 방사선을 받았다. 다행히도 긴급 후송조치 등을 받아 한 명만 숨지고 다른 연구원들은 골수이식으로 살았다.[16]

1975년 앨라배마 주 브라운즈페리에서도 원전 사고가 발생했다. 다소 코미디와 같지만 원전측은 공기유출을 점검하기 위해 양초를 이용했는데 밀봉제로 사용된 연소성이 높은 폴리우레탄폼에 불이 붙은 것이다. 불은 순식간에 원자로와 비상 노심냉각장치과 접합한 플라스틱으로 둘러싼 조절 케이블 등으로 번져 7시간 반 동안 발전소의 상당부분을 무력화시켰다.

핵분열은 중지되었어도 붕괴열은 계속 생성되므로 노심을 냉각시켜야 했지만 화재로 인해 비상 냉각장치도 작동할 수 없는 사태가 벌어졌고 이로 인해 원자로 내부의 물이 증발하여 연료봉 상부가 물 밖으로 노출되었다.[17]

다행하게도 운전원의 적절한 대응조치에 의해 큰 사고에 이르지는 않았지만 원전 안전기준을 강화시키는데 큰 역할을 했다. 노심냉각계통의 각종 기자재가 일단 화재가 나면 사용이 불가능해질 수도 있다는 것을 확인한 설계팀들이 새로운 원전을 건설할 때 기자재의 물리적 분리 및 격리에 관한 설계기준을 강화시켰기 때문이다.[18]

그러나 세계인들로 하여금 방사능 누출에 경각심을 일으킨 것은 1979년 3월 28일, 미국 펜실베이니아 주 스리마일(Three mile)섬의 원전에서 원자로 내부가 파괴되어 방사능물질이 누출된 사고이다. 이 섬에는 2개의 90MW 원전이 있었는데 이중 1979년 1월부터 상업운전에 들어간 2호기에서 사고가 발생한 것이다.

사고의 원인은 원자로에 공급되던 냉각수의 급수계통 이상이었다. 또 1차 급수계통에 고장이 나면 보조 급수계통에서 냉각수를 공급하게 되어 있었으나 보조 밸브도 작동하지 않았다. 원래 2차계통의 물이 줄면 자동계기가 이를 측정하여 줄어든 만큼의 물을 자동으로 공급하도록 설치되었는데 점검수리원이 실수로 보조급수기의 밸브를 잠가버린 것이다. 따라서 2차계통의 물이 줄어들자 1차계통의 물이 계속 가열되어 핵연료봉이 녹아내리고 원자로 용기까지도 파괴되었다.

다행인 것은 이때 누출된 방사성물질이 다섯 단계의 보호막 중에서 네 번째의 방호벽까지 뚫었지만 마지막 보루인 방호 건물 안에 갇혀 방사성 물질이 조금도 외부로 빠져 나가지 못했다. 추후의 조사에 의하면 점검수리원이 실수한 이유는 수면 부족으로 인한 판단 착오였다고 한다.

사고가 일어난 후 5일 동안 발전소에서 방사능 물질이 계속 방출되었다고 알려지자 우선 임산부와 아이들에게 피난 권고가 내려지고 23개 학교가 폐쇄되었다. 또 인근 주민에 대해서도 긴급 대피명령이 내려져 아기들은 담요로 싸고 어린이들은 목도리로 얼굴을 둘러싸 방사선에 대한 노출을 최소화토록 했다.[19] 이 사고로 사고 지점에서 반경 80km 내에 거주하던 주민 200만 명이 이 방사능 물질에 노출된 것으로 발표했다.

그러나 여러 연구기관에서 정확한 사고원인 분석과 현장 검증 등을 한 결과 스리마일원전 사고의 방사선 영향에 대한 조사보고서는 다음으로 귀결되었다.

'원자로 속의 핵연료가 녹아 방사성물질이 많이 방출되었으나 외부로는 누출되지 않고 격납용기 속의 밀폐용기에 안전하게 갇혔다. 따라서 인명피해는 없지만 10~18억 달러에 상당하는 물질적 손해가 발생하였다. 인명피해 상황에 대한 내역은 다음과 같다.

① 사고 당시 일부 보조기기에서 흘러나온 약간의 방사능 때문에 인근 80마일 이내에 살고 있던 주민들이 받은 최대 방사선량은 85밀리렘, 주민 한 사람당 평균 1.65밀리렘이다. 발전소 부근의 공기나 지하수 등을 채취해 분석한 결과 전혀 방사선에 오염되지 않았다.

② 사고발생일인 3월 28일부터 6월 30일까지 발전소 내에서 가장 많은 방사선을 받은 사람은 3명으로 이들이 받은 방사선량은 각 3천~4천 밀리렘이다. 이 수치는 발전소 방사선 작업자가 1년 동안 받을 수 있는 허용방사선량이 5천 밀리렘인 점을 감안하면 아무런 문제가 없다.

1990년에 종합적인 연구를 수행한 컬럼비아 대학이 〈역학저널〉에 발표한 조사결과는 다음과 같다.

'스리마일 원전 주변 10마일 이내에 거주하는 사람 10만 명을 대상으로 4년간에 걸쳐 시행한 역학조사 결과 스리마일원전 사고로 인한 방사선과 백혈병 및 다른 암과의 인과관계를 발견할 수 없었다.'[20]

사고로 인한 직접적인 사망자는 나타나지 않았으나 이 때 누출된 방사능으로 인하여 지역 주민의 암 발생이 크게 높아져 암 발생률이 1만 명당 110명에 달한다는 주장도 있었다. 그러나 미국의 피츠버그대학 연구팀도 1979년에 발생한 스리마일원전 사고 이후 1992년까지 13년 동안 인근 주민 3만2천여 명을 대상으로 암 발생률을 조사한 결과를 2000년 4월에 발표했는데 그들의 결론 역시 당시 유출된 방사능과 주민 암 발생 사이에는 상관관계가 없다는 것이다.

사고가 난 지 수년 후에 실시된 조사에 따르면 노심의 3분의 2가 물 밖으로 드러났고 온도는 2,200도까지 도달했다. 물론 핵연료가 녹기도 했다. 비상 냉각장치는 4시간 30분이 지난 다음에 다시 작동하기 시작했는데 노심이 다시 물로 완전히 덮이는데 2시간이 소요되었다. 7시간이 지난 후 지르코늄과 물의 반응으로 생성된 수소가 폭발하여 원자로 내부의 압력이 일시에 높아졌지만 방호벽에 손상을 입힐 정도의 규모는 아니었고 사고가 시작된 지 16시간이 지난 후에야 완전히 제어 가능한 상태가 되었다.

노심이 얼마나 손상되었는가는 1985년 2월 원자로 용기 속에 TV 카메라가 투입되어 밝혀졌다. 노심의 70퍼센트가 손상되었고 35~45퍼센트가 녹아내렸다. 스리마일의 손상된 원자로의 용해된 노심은 철거되었다. 용해 후 파편이 된 핵연료를 청소하고 정화하는데 11년이 걸렸으며 이들은 워싱턴 주에 있는 핸퍼드 인디언보호구역과 아이다호폴스에 있는 아이다호 국립공학연구소로 운송되었다.[21]

스리마일원전 사고 때문에 전 세계는 원전에 대한 시각을 달리하기 시작했다. 한마디로 한창 원전 건설의 열풍이 불고 있었는데 당시에 일어난 반핵운동과 연계되어 그동안 계획하거나 추진 중이던 세계의 거의 모든 원전건설이 중단되었다. 예외가 있다면 한국과 일본 등이다.

체르노빌 원전 사고

　　　　　　　　　　미국의 스리마일원전 사고가 세계를 놀라게 했지만 방사능에 대한 세계인의 우려를 한꺼번에 노출시킨 것은 구소련의 체르노빌(Chernobyl) 원전 사고이다. 1986년 4월 26일 동이 트기 전 체르노빌에서 세계를 경악케 하는 원전사고가 발생했다.

　체르노빌 원전단지는 지리적으로는 우크라이나공화국 수도 키에프 북방 90킬로미터, 벨라루스공화국과의 접경지역으로서, 곡창 우크라이나 평원 중앙부에 흑해로 흘러드는 드네프르강의 지류인 프리피야트 강변에 위치한다. 드네프르강은 키에프 수원지를 구성하는 지역의 핵심 수자원이다. 사고 원자로로부터 약 3킬로미터 떨어진 곳에 주로 체르노빌원전 근무자를 위한 신흥계획도시 프리피야트(인구 49,000여명)가 위치했으며 발전소를 중심으로 반경 30킬로미터 내의 총인구는 약 12만 명이었다.

　사고 당시 4기의 RBMK형 원전이 가동 중이었고 2기의 WWER형이 건설초기 단계에 있었다. 사고원전은 RBMK형 제4호기로서 1983년에 완공된 열출력 3200MW, 전기출력 1000MW이었다. RBMK-1000은 소련 고유설계의 흑연감속, 압력관형 비등형원자로로서 2%의 저농축 우라늄 연료(U235)를 사용하며 당시 구소련 내에서 16기가 가동되고 있었다.

　이 원자로는 일반적인 원자로인 경수로와는 달리 물이 아니라 흑연을 감속재로 사용하고 증기발생기가 없다. 노심의 크기는 지름이 약 14미터, 높이가 약 7미터인데 각각의 연료관은 핵연료봉과 냉각수가 흐르는 공간으로 이루어져 있다. 이 연료관 속에서 핵분열이 일어나고 그 열로 물이 뜨거워져 증기를 생성하므로 연료관은 하나하나가 작은 원자로라고 할 수 있다. 핵분열의 제어는 211개에 달하는 제어봉을 통해서 이루어진다. 제어봉은 전자석에 붙어 있으므로 정전이 되면 중력으로 인해 밑으로 자동적으로 떨어지게 되어 있다.[22]

그런데 RBMK-1000은 정상 운영되는 고출력에서는 별 문제가 없으나 최대출력의 20%(열출력 640MW)보다 낮은 출력에서는 원자로가 불안정해지는 문제점이 있었다. 또 하나의 결함은 원자로 긴급정지(scram)를 위한 제어봉의 삽입시간이 20초 정도로 서방형 가압경수로의 1초에 비해 매우 늦어 출력의 급증시 긴급대응이 어렵다는 점이다.

원래 발전 당국은 소외전원 상실 후 디젤발전기에 의한 비상전원 공급개시까지 시간동안 터빈의 관성회전이 비상장비 및 노심냉각수 순환펌프를 기동시키는 데 충분한 전력을 제공할 수 있는가를 실험할 계획이었다. 한마디로 실험 중에 폭발사고가 일어나 방사능이 방출된 것이다.

RBMK-1000에서 물은 경수로의 경우와는 정반대의 작용을 한다. 경수로에서는 물이 감속재 작용을 하므로 물이 있어야 연쇄반응이 일어나고 물이 빠져나가면 연쇄반응은 중단된다. 반면 RBMK에서는 흑연이 감속재 작용을 하기 때문에 물은 오히려 중성자를 흡수하여 연쇄반응을 제어하는 작용을 한다. 그러므로 노심을 흐르는 물의 양이 많아지면 연쇄반응이 줄어들어 출력이 떨어진다.

실험 계획은 열출력 1000MW 정도로 운전하다 원자로를 정지하고 계획된 실험을 할 예정이었다. 그런데 운전원의 운전미숙으로 열출력이 30MW 정도까지 떨어지자 운전원은 열출력을 700~1000MW까지 올리기 위해 수동으로 제어봉을 조정하면서 제어봉을 빼내기 시작했다. 규범에는 적어도 30개의 제어봉이 항상 원자로 심내에 있어야 하는데도 불구하고 내용을 잘 모르는 직원이 제어봉을 단지 6~8개만 남기고 모두 빼낸 것이다.

이런 상태에서 사전에 입력된 실험이 시작되었다. 즉 원자로가 정지 상태가 되면서 외부전원 대신 터빈의 관성회전에 의한 전력이 원자로의 계통에 공급되기 시작한 것이다. 저출력으로 운전되던 터빈 관성에 의한 전력은 충분하지 못했고 따라서 냉각수 펌프회전이 줄어 냉각수 유량이 감소하자 냉각수 온도가 상승하면서 증기생성에 의해 정기포계수의 작용으로 원자로 출력이 상승하기 시작했다.

사고가 확대된 것은 제어봉 구동속도가 늦어 운전원 조차 이를 제어할 수 없었다. 한마디로 시내 한복판에서 브레이크를 떼어낸 채 자동차의 고속 주행 실험을 하다가 사고가 난 것이다. 추후에 알려진 일이지만 운전원이 제대로 대처하지 못한 것은 교대 근무 및 수면 부족으로 인한 판단 착오였다고 한다. 수면부족이 큰 원인이었다는 것은 스리마일 아일랜드와 유사하다.

발열의 급격한 증가로 핵연료가 파손되자 고온의 핵연료가 물과 반응하여 발열함으로써 이를 더욱 악화시켜 20초 후에 원자로심을 파괴하는 증기폭발을 일으켰으며, 2, 3초 후에 제2폭발이 뒤따랐다. 처음 폭발은 증기폭발이었고 두 번째 폭발에서 수소가 주된 역할을 했다.[23] 두 차례의 폭발로 4호기 노심은 물론 1,000여 톤에 달하는 원자로 건물의 지붕까지 파괴시키자 고온·고방사능의 핵연료와 흑연 파편이 공중 1킬로미터까지 치솟으면서 공중으로 비산하였다.

폭발로 치솟은 것 중 무거운 것은 인근에 낙하하였으나 불활성기체를 포함하는 가벼운 성분들은 바람을 타고 서북쪽으로 날아갔다. 이어서 4호기 원자로의 남은 노심에서 걷잡을 수 없는 불길이 타 올랐고 터빈 건물 지붕 등에 발생한 화재는 방사성 물질의 방출을 증가시키면서 이를 고공으로 끌어올려 피해를 멀리까지 확대시켰다.

이 당시 누출된 방사능량은 히로시마에 투하된 원폭보다 400배 많은 수치로 방사능 낙진이 그 어느 때보다 높아 수만 평방킬로미터 안에 살던 100만 명의 주민 가운데 3분의 1이 자기 집을 떠나지 않을 수 없었다. 역사상 최악의 원전 사고였다.

 구소련 붕괴의 주역

체르노빌 원전의 여파는 구소련이 붕괴되는데 결정적인 역할을 한 것으로도 유명하다. 사고가 일어난 후 정부의 안일한 대처와 사고를 은폐한 사실이 드러났기 때문이다. 원자로가 통제 불능 상태로 불에 타고 있는 동안 바람의 방향이 바뀌어 방사능 물질의 70퍼센트가 벨로루시로 이동해 국토의 약 25퍼센트를 오염시켰다. 그럼에도 불구하고 구소련 당국은 오염지역 주민들에게 곧바로 이 사실을 알리지 않았다.

현재까지 알려진 사고 후 처리 경과는 다음과 같다.

우선 정부는 체르노빌 폭파사고 일어난 다음날 아침에야 사고 사실을 방송으로 알리면서 전 주민에게 대피령을 내렸다. 그날 우크라이나 전역에서 버스 1만 1000대가 도착했고 오후 5시가 되자 도시는 텅 비었다.

사고 직후 며칠간 소위 '사후처리반'인 여러 직종의 작업반 수천 명이 '방사능 지옥'의 진화작업에 투입되었다. 석탄 광부들은 활활 타고 있는 노심 밑을 파고 액체질소를 주입하여 핵연료를 냉각시켰다. 헬기 조종사들을 불길을 잡기 위해 납, 모래, 진흙 등 5000톤을 공중 투하했다. 3,400명에 달하는 군인들이 정확한 간격을 두고 지붕으로 올라가 원자로에서 나오는 연기 나는 흑연조각들을 다시 노심 안으로 퍼 넣었다. 이들 중 상당수가 평생 동안 흡수할 방사선량을 몇 초 만에 흡수했음은 물론이다.

파괴된 원자로의 화재는 사건이 생긴지 10일 후인 5월 6일 마침내 진압되었다. 곧바로 철강-콘크리트 관으로 된 석관을 4호 원자로 내부에 설치했으며 핵폐기물은 체르노빌 인근에 있는 수백 곳의 매립장에 모두 처리했다.[24]

체르노빌 원전 사고로 인한 피해 내역은 발표를 주도하는 단체나 기관에 따라 그야말로 천차만별이라 어느 내용이 타당성이 있는지 가늠하기가 어렵다. 특히 일부 발표 자료를 꼼꼼하게 살펴보면 과장되었음을 알 수 있지만 그런 자료일수록 일반인들이 보다 쉽게 받아들인다.

가장 많이 알려진 것은 사망자가 6000~8000명에 이르며 또 이때 생긴 방사능 영향으로 수많은 후유증 환자들이 생겼다는 것이다. 이 내용은 자료의 신빙성 여부를 떠나 상당히 많은 곳에서 인용하는데 당시 체르노빌 사고 방사능오염 정화 책임자였던 우크라이나 공화국의 게오르기 고토프치츠 장관이 사고 6주년을 맞아 한 인터뷰에서 다음과 같이 말한 것을 그 근거로 삼는다.

'사실은 이 사고로 6천~8천 명이 숨지고 특히 정화작업에 관계한 비상 복구반 대원들은 같은 연령층의 사람보다 3~5배의 높은 사망률을 보이고 있다.'[25]

이 내용은 담당 장관의 발언이라 큰 반향을 일으켰지만 체르노빌 사태를 면밀히 분석한 국제원자력기구(IAEA)와 세계보건기구(WHO)는 국제사회의 지원을 요청하기 위한 제스처이거나 개인적 신념에 지나지 않는다고 판단했다.[26] 그러므로 이후 그의 설명은 더 이상 신빙할 수 없는데다 확인할 수 없는 내용이 되었지만 그의 정치적 비중 때문에 체르노빌 사고의 부정적인 영향을 설명할 때 가장 많이 인용되고 있다.

이후 발표되는 공식적 자료들을 위의 내용과 비교해보면 엄청난 차이가 난다. 결국 어느 자료를 신뢰성 있는 발표로 믿을 수 있느냐가 관건인데 이곳에서는 그 어느 기관보다 자료의 엄밀성과 정확성을 인정받고 있는 유네스코 자료와 국제원자력기구(IAEA)의 발표를 토대로 설명한다.

2000년 유엔방사선영향과학위원회(UNSCEAR)의 보고에 의하면 체르노빌 당국은 발전소 직원, 소방대원, 긴급 작업자 등 다량 피폭 우려자 499명을 후송하여 검진했다. 검사 결과 237명에게서 급성방사선 증후군(ARS)이 진단되었으나 나중에 정확한 임상분석 결과 134명으로 확인되었다고 발표했다. ARS를 보인 사람 중 1986년 즉 사고 당해에 28명이 사망했고 1987~2004년 사이 추가로 19명이 사망했다.[27]

또한 1995년까지 갑상선암 환자 중 10명 정도가 사망하여 체르노빌 사고가 직접 원인이 된 사망자 수의 공식통계는 초기 사망자 31명(1명 실종, 폭발사고 후 진화 중 1명 사망 포함)을 합쳐 40명 정도였고 2006년에는 사망자가 56명으로 발표되었다. 반면에 사고 처리반에 속하지 않은 일반 주민들 중에는 급성 방사선 증후를 나타낼 만큼 높은 전신피폭을 받은 사람은 없었으며 1986년 5~6월 벨라루스 지역에서 조사된 11,600명 중에도 급성 방사선 장애자는 없었다고 발표되었다.[28]

체르노빌 방사능 누출 사고는 초유의 일이었으므로 전 세계의 많은 의사들이 촉각을 가장 크게 세운 것은 초창기에 사고 처리에 투입되었던 사람들의 백혈구 수가 감소한다는 보고였다. 이 내용만으로 보면 그들 모두 치명적인 후유증을 앓을 것으로 예측했다. 즉 백혈병의 경우 370만 명의 오염지역 거주민과 초기 2년간 정화작업자 20만 명 중 각각 200명 정도의 백혈병 환자가 사고 후 10년 동안 증가할 것으로 예상했다. 그런데 학자들도 놀랄 만큼 대부분의 피폭자들이 정상으로 회복되었다.[29]

백혈병에 대한 역학조사도 체르노빌사고로 인한 방사선 피폭과 실제 백혈병 발생빈도 사이의 상관관계를 찾지 못했으며 실제 역학조사 결과는 기저 발병률에 머무르고 있다는 설명이다. 따라서 방사능 누출 사고로 인한 백혈병의 증가는 인지되지 않았다고 결론내렸다. 한마디로 아동 갑상선암을 제외한 다른 암의 현격한 증가도 발견되지 않았다는 설명이다.

오염이 심한 벨라루스 고멜 지역의 사망률이 지난 10년간 9/1000에서 13/1000으로 증가했고 출생률은 17/1000에서 12/1000 정도로 감소했다는 통계가 벨라루스 국가보고서에 제시되었지만 이 역시 방사선영향이라는 증거는 없다는 판단이다.[30]

특히 2005년 9월 〈체르노빌 포럼〉은 체르노빌 사건에 따른 실제적인 피해상황을 객관적으로 분석하여 발표했다. 이들의 발표는 그동안 수많은 문제점을 제기했던 사람들에게는 다소 실망을 안겨주었다. 체르노빌에서 방사능이 누출된 것은 사실이지만 생각보다 사람들의 건강에 심각한 영향을 미치지 않았고 출산율이 줄어들지 않았으며 선천적 기형아 출산이나 임신합병증이 증가하지 않았다는 것이다.

역설적으로 가장 극단적인 체르노빌에서 인명피해가 50여명도 되지 않는 것은 원전사고가 생각하는 것처럼 치명적인 재난이 아니라는 것을 설명할 때 활용된다. 한마디로 체르노빌 사고는 생각만큼 그렇게 위험하지 않았다는 결론이다. 물론 일부 학자들은 이에 동의하지 않는다.

원전 반대 측의 주장은 크게 다음과 같다.
① 체르노빌과 같은 사고가 발생할 수 있는 가능성은 항상 존재한다.
② 필연적으로 발생하는 방사성폐기물을 안전하게 처리할 수 있는 확실한 방법은 없다.
③ 방사선 피폭의 피해가 공식 발표된 내용과 다를 수 있다.
④ 거대자본으로 추진되는 원자력사업은 지속 가능한 사회가 나아가야 할 바와 합치하지 않는다.
⑤ 생태학적으로 바람직한 재생에너지 개발을 저해한다.
⑥ 무엇보다 핵무기로 인한 파멸을 초래할 수 있다.[31]

특히 방사선 노출에 의한 종양이나 다른 질병들이 20년 정도 지나야 나타날 수 있다는 것을 볼 때 이제부터 질병이 나타날 수 있다는 주장도 제기되었다. 실제로 2006년 사고가 일어난 지 20년 전인 1986년에 사고 현장에서 작업했던 남녀 24만 명을 정밀하게 분석한 결과 백내장이 증가하고 있다는 설명도 있다. 또한 1990년대 사망자 수가 230명 이상이라고도 발표되었다. 스웨덴에서 체르노빌의 결과로 1996년까지 849건의 암이 증가했다는 연구 보고도 있었다.

2001년 유엔개발계획(UND)과 유엔아동기금(UNICEF) 특별사찰단은 다음과 같이 체르노빌 사건에 대한 보고서를 제출했다.
'벨로루시와 러시아, 우크라이나 주민들의 평균 예상수명은 세계에서 20번째로 가난하고 긴 전쟁 중에 있는 스리랑카보다 10년 정도

짧다. (중략) 심장혈관계 질환과 외상(사고들과 중독들)이 가장 흔한 사망 원인이며 암이 그 뒤를 잇는다(이 상황은 체르노빌의 영향을 받은 지역들에 한정되지 않는다). (중략)
이 지역 주민들의 건강에 관한 상황은 방사선이 유발하는 질환으로부터 풍토병과 빈곤, 빈약한 생활 조건들, 낙후된 의료 서비스, 부족한 식품과 두렵지만 무력하게 수용해야 하는 상황에서 발생하는 심리적 혼란의 복잡한 산물이다.'

위 내용을 엄밀하게 분석하면 적어도 체르노빌 사건을 암 발생의 직접적인 요인이라고 볼 수 없다는 점을 명확히 했다.[32] 이들 비교적 신뢰성을 보이는 자료를 종합해보면 당초 예상되던 것보다 체르노빌 사건으로 인한 사람들에 대한 직접적인 피해는 크지 않다는 것을 알 수 있다.

체르노빌 사건이 심각하지 않다고 제시되는 것 중 하나는 체르노빌 사건의 영향을 가장 크게 받은 생태계가 큰 타격을 받지 않았다는 것이다. 방사능에 노출된 지역에서 놀라우리만큼 숲이 무성하며 멧돼지, 사슴, 말, 두루미, 수달, 늑대들로 가득한 것을 볼 때 방사능의 영향이 크지 않다는 것이다.

물론 일부 동물의 경우 유전자 손상도 발견된다. 인간에게도 이런 결과가 나타날 가능성이 있다는 지적이지만 체르노빌 사건이 준 교훈은 방사능에 대한 공포감을 마냥 부추길 필요는 없다는 설명이다.[33]

후쿠시마 원전 사고

2011년 3월 11일 오후, 일본 동북부 지방 부근의 해저, 도쿄에서 북동쪽으로 243마일 떨어진 곳에서 리히터 규모 9.0의 강진이 발생했다. 일반적으로 리히터 규모 5의 지진은 대략 제2차 세계대전 당시 히로시마에 투하했던 원폭의 에너지와 같다. 규모가 1만큼 증가할 때 에너지는 약 30배 증가하므로 이번 지진의 에너지는 규모 5의 지진에 비해 대략 81만 배에 상당한다. 히로시마에 투하된 원자폭탄의 81만 배에 해당하는 에너지가 일본 열도를 강타한 것이다.[34] 이 지진은 6434명이 사망한 1995년 일본 한신 고베 대지진(규모 7.3)의 약 630배나 되는 강력한 위력이다.

사상자와 실종자가 최소한 3만 명에 달하는 것은 물론 피해 규모 또한 상상을 초래한다. 지진 이후 태평양 연안을 대형 쓰나미가 강타하면서 선박과 차량, 건물이 역류하는 바닷물에 휩쓸리는 등 큰 피해를 보였다. 대형 정유공장에 큰 화재가 발생한 것은 물론 후쿠시마(福島) 원자력 발전소에서 줄줄이 화재와 함께 방사능이 누출됐다.

바다 속 지진이나 화산 폭발 등으로 바닷물의 높이가 갑자기 높아져 산더미 같은 파도가 해안을 덮치는 지진해일을 '쓰나미(津波, Tsunami)'라고 부른다. 지진해일을 전문용어로 쓰나미라고 부르는 것은 일본의 어촌 쓰나미가 해일로 인해 갑자기 사라졌기 때문이다.

진원이 해저면에서 가까웠다는 점도 지진의 위력을 키운 요인이었다. 보통 진원이 해저면에서 60km 이내에 있으면 쓰나미 위력이 강한

데 이번에는 이보다 훨씬 가까운 해저면 아래 24.4km에서 지각이 종 잇장처럼 찢겨졌다. 단층도 위아래로 많이 엇갈려 바닷물을 크게 흔들었다. 쓰나미는 엄청난 물의 양 때문에 가공할 파괴력을 지닌다. 진앙지 주변 바다가 거대한 양동이에 든 물처럼 한꺼번에 출렁대면서 그 파괴력은 상상을 초월할 정도로 커진다.

  2011년 3월에 발생한 쓰나미도 심해에서는 제트기 속도와 맞먹는 시속 500~700km로 퍼져나갔다. 해안으로 다가가면서 수심이 얕아지자 속도가 시속 30km 정도로 줄어들었지만 쓰나미의 파고는 진원지 위 해수면에서는 몇m에 불과하던 것이 해안에서는 최고 10m까지 높아졌다.[35]

  쓰나미는 해안에 근접할수록 수심이 얕아짐에 따라 파장과 속도가 감소한다. 그러나 에너지 보존법칙에 따라 그 위력과 파고는 더욱 커

후쿠시마지진 여파 쓰나미로 인해 배가 건물 위로 밀려올라온 모습-이와테현

져 상당한 파괴력을 갖는다. 쓰나미의 또 다른 특성은 해일이 한차례에 그치지 않고 수십 분 간격으로 여러 차례 도달한다는 점이다. 이는 잔잔한 호수에 물결을 일으켰을 때 물결이 금방 가라앉지 않는 것과 같은 원리이다.

특히 일반 해일은 파도의 가운데 부분이 텅 빈 채 해안에 밀려들지만, 쓰나미는 가운데가 불룩하게 물로 채워진 채 밀려오기 때문에 파괴력이 더 크다. 사람 머리 위에서 물벼락이 쏟아지는 것이 아니라, 엄청난 크기의 강한 주먹이 사람의 몸통을 때리는 셈이다. 이로 인해 쓰나미는 높이가 성인의 무릎 높이인 30센티미터에 불과하더라도, 해안가의 사람을 쓰러뜨려 바다로 끌고 갈 수 있어 피해가 늘어난다.

그러나 일본의 지진이 세계를 경악시킨 것은 일본처럼 철저하게 지진에 대한 대비했음에도 수많은 사상자가 생긴 것은 물론 그 어떤 강진에도 안전하다고 주장하던 후쿠시마 원전에서 예상치 못한 방사능이 누출되었기 때문이다. 후쿠시마 원전의 재앙은 지진이 일어나자마자 제1원전의 원자로 1~3호기의 전원이 작동하지 않으면서 촉발됐다. 설상가상으로 원자로를 식혀주는 긴급 노심냉각장치마저 작동을 멈췄고, 이어서 1호기에서 수소폭발이 일어났다. 이틀 뒤에는 3호기도 폭발했다. 잇단 폭발로 방사성물질을 포함한 기체가 누출됐다. 고장 난 냉각장치를 대신해 뿌려대던 바닷물이 방사성물질을 머금은 오염수로 누출되면서 방사선 오염의 공포가 일본 열도를 뒤덮기 시작했다.

원전 사고가 발생한지 거의 2주일이 지난 3월 24일, 3호기 터빈실

주변에서는 정상가동 때 원자로 노심보다 농도가 1만 배나 높은 방사성물질이 검출됐고 1, 2호기 터빈실에서도 오염수 웅덩이가 발견됐다. 4월 2일에는 제1원전 2호기 취수구 부근 바다에서 법정 기준치의 750만 배나 되는 방사성 요오드131이 1㎤당 30만Bq(베크렐) 검출되는 등 고농도 오염수의 유출도 확인됐다. 급기야 일본정부는 4월 4일 저농도 오염수를 바다로 방출토록 허가했다. 이후 전기가 가동되어 임시적인 사고조치가 진행되었다.

정밀조사에 의해 제1호기는 대지진 16시간 만에 핵연료가 녹는 노심용해(멜트다운) 상태가 되었다는 것이 밝혀졌다. 연료봉은 주로 산화우라늄으로 되어 있는데 녹는점이 2,800도이다. 멜트다운이 일어나려면 노심에 열이 축적되어 온도가 2,800도 이상 올라가야 한다는 뜻이다.

그런데 후쿠시마 원전은 대지진이 발생한 직후인 3월 11일 오후 6시쯤 원자로의 수위가 핵연료 상단부까지 내려갔고, 오후 7시30분에는 핵연료가 노출되면서 손상되기 시작해 온도가 핵연료의 용해점인 섭씨 2천800도까지 올라갔고 이어서 멜트다운이 진행돼 지진발생 16시간 후에는 핵연료가 대부분 녹았다. 다행히도 1호기에 대한 냉각수 투입이 3월 12일 오전 5시50분부터 시작하여 원자로의 온도가 100도 이하로 안정되어 더 이상 사건이 확대되지는 않았다. 반면에 노심의 용융으로 격납용기에서 압력억제실로 연결되는 배관의 접속부에 균열이 생기면서 3000톤에 달하는 고농도 오염수가 원자로 건물 지하 등으로 유출되었다는 발표다.[36]

참고적으로 멜트다운은 2,800도가 아니더라도 일어날 수 있다. 핵연료를 싸고 있는 지르코늄은 약 1,850도에서 녹는데 이렇게 낮은 온도에서 금속이 먼저 녹으면 그 속으로 산화우라늄이 들어 갈 수 있기 때문이다. 멜트다운이 발생하면 뜨겁고 무거운 액체 덩어리가 한 곳으로 몰리게 되는데 이것의 온도는 노심을 둘러싸고 있는 강철 용기와 콘크리트의 용융점보다 높고 무겁기 때문에 강철과 콘크리트를 녹이고 점점 밑으로 내려간다.

한편 1호기에 이어 2, 3호기에서도 멜트다운이 진행됐을 가능성도 제기되었다. 원자로 온도가 약 100도 정도를 유지하는 1호기와는 달리 3호기의 온도는 200도를 웃돌고 있기 때문인데 이 온도 자체는 크게 우려할 바는 아니지만 냉각수 공급에 차질이 있었다는 것을 의미한다.

물론 체르노빌과 후쿠시마가 7등급으로 설정되었지만 후쿠시마 제1원전에서 방출된 방사능의 총량은 체르노빌 사고 때의 520만 테라(테라=1조)베크렐에 비하면 10분의 1가량으로 적은 양이다. 특히 경제산업성 산하 원자력안전보안원은 유출된 방사성 물질의 총량을 37만 테라베크렐, 내각부 원자력안전위원회는 63만 테라베크렐로 훨씬 하향된 숫자로 발표했다.

그럼에도 불구하고 일본이 사고 등급을 높인 것은 체르노빌 규모의 방사능이 유출된 것은 아니지만 사고 수습 방안을 강화하겠다는 의지를 보이기 위해서라는 것이다.

앞에서 설명했지만 원자력발전소의 원자로는 원자폭탄처럼 폭발하지 않는다. 원자로에서 감속재인 액체가 사라지면 연쇄반응이 멈추기 때문이다. 그런데 노심은 아직도 뜨겁고 중성자는 계속 방출된다. 이 고온 때문에 노심의 금속이 녹기 시작하는데 이것이 노심용해이다. 이 현상을 「차이나 신드롬」이라고 하는데 미국에 있는 원자력발전소에서 녹은 핵연료가 너무 뜨겁기 때문에 땅속을 뚫고 지구 반대편 중국까지 도달한다는 과장된 생각에서 붙여진 이름이다. 물론 현실적으로 이런 상황이 올 수는 없지만 이런 말 자체가 원자력발전소의 위험성을 알려주는 잣대로 사용되는 것은 틀림없다.[37]

가장 놀라운 것은 일본의 후쿠시마 원전 사고가 1989년 일본의 반핵운동가 히로세 다카시에 의해 정확하게 예견되었다는 점이다. 그는 우선 일본의 모든 원전이 활단층(活斷層) 즉 살아있는 단층 위에 세워졌다는 것을 지적했다. 후쿠시마에 원전들이 집중되어 있는데 만약 큰 지진이 나면 정전이 되고 예비 전원도 망가지고 그 순간 긴급 장치가 작동하지 않거나 또는 대형 해일이 일어나 해수가 빠져나가면 원전이 멜트다운 될지도 모른다고 예견했는데 바로 그런 상황이 일어난 것이다.

즉 전 세계에서 가장 위험한 곳이 일본인데도 계속 원전을 건설했으므로 반드시 대형사고가 일어날 것임을 예견한 선견지명이 놀랍다. 덧붙여 한국인에게 다행인 것은 다카시가 이런 대형 사고가 일어날 수 있는 경우는 일본만이 갖는 특징이라고 말했다는 점이다.[38]

참고적으로 2011년 9월 12일 일어난 프랑스 님시 근처 마르쿨 핵

시설에서 폭발이 발생하여 1명이 숨지고 4명이 부상했으나 이 폭발은 방사능 유출과는 거리가 멀다. 사고 자체가 저준위 방사성 폐기물을 용해시키는 소각로가 폭발한 것이기 때문이다 그러므로 주민대피 조치가 취해지지 않았으며 방사능 오염이 아닌 폭발 때문에 사상자가 발생했다.

    일본 정부는 제1원전의 원자로 6기를 모두 폐쇄키로 결정했다. 학자들은 폐쇄가 결정된 원자로를 식히는 데만 최소 수년이 걸리고, 본격 해체작업을 위해서는 원전 주변 방사성물질 오염을 낮추는 작업을 거쳐야 하므로 사고 처리에 수십 년이 걸릴 것이란 전망도 나왔다.[39]
    무엇보다도 누출된 방사성물질로 인한 토양과 해양 오염은 일본은 물론이고 국제사회에 커다란 불안과 공포를 주었는데 특히 인근에 있는 한국의 반응은 가히 메가톤급이다.

4 방사능 제대로 알기

어떠한 연유든 원전에서 방사능 누출 사고가 생겼으므로 원전과 방사능 자체에 부정적인 시각을 가진 사람이 많은 것은 사실이다. 특히 원자력이면 원폭은 물론 원전 등 '원'자만 대입해도 무조건 반대하는 사람도 있어 이들을 이해시키는 것이 간단하지 않다.

하지만 이렇게 반대하는 사람들도 방사능에서 벗어날 수는 없다는 것이 아이러니다. 인간이 접하는 방사능은 원자력발전소 등 원자력에 관한 곳에서 뿐만 아니라 자연 방사의 영향도 크기 때문이다. 방사능의 영향 등에 대해 보다 설명한다.

방사능과 인체의 상관성을 연구하는 미국 밴더빌트 의대의 존 보이스(John Boice) 교수는 "낮은 수치에 수백만 명의 사람 수를 곱하면 착시현상이 생긴다."고 지적했다. 방사능 수치를 표시하는 방법을 바꾸면 위험성이 더 커 보일 수 있다는 것이다. 100밀리시버트(mSv) 이하의 미량 방사능에 대한 연구 데이터조차 거의 없는데도 불구하고 일부 선동가들이 10밀리시버트 이하의 극미량으로 위험성을 과장하고 있다고 혹평했다.

사실 태양광선이나 우주선도 방사선이라 할 수 있다. 그러므로 인간이 지구에 사는 한 방사선의 영향으로부터 벗어날 수 없는데 일반적으로 인간이 우주선으로부터 받는 방사선량은 연간 30밀리렘 정도다. 시멘트나 벽돌 등에서도 방사선이 나오는데 이것은 지각을 이루고 있던 방사성물질이 시멘트 등에 섞여 있기 때문이다. 온천용으로 사용되는 라돈탕도 라돈을 많이 함유한 재료로 타일을 만들어 사우나실을 꾸미거나 우라늄원광을 이용한다.

지역에 따라 약간의 차이가 있지만 1년간 한 사람이 자연적으로 받는 방사선의 양은 200밀리렘 정도다. 우주선으로부터 30밀리렘, 대지 등으로부터 50밀리렘, 인체 내의 자연방사성물질로부터 120밀리렘 등이다. 인체 내에 있는 자연방사성물질은 공기 중의 라돈을 흡입할 때 약 100밀리렘이 나오고 나머지는 칼륨40 등 자연방사성 음식물에서 나온다.

인간이 받는 방사선 중에서 가장 큰 양이 X선으로 20.7퍼센트가 의료용에서 나온다. 일반적으로 X선 사진 한 장 찍을 때 100밀리렘의 방사선을 받는다. 반면에 원자력 발전시설로부터 받는 양은 0.1퍼센트 정도다.[40]

지금까지의 연구에 의하면 평생 10밀리시버트의 방사능에 노출되면 암 발생률이 1만 명당 5~6명 정도 높아진다. 이를 남북한 한국인 7,000만 명으로 계상하면 35,000~42,000명으로 결코 작은 숫자는 아니다. 그러나 일반적으로 나라에 따라 다소 다르기는 하지만 세계적으로 암 발생률이 1만 명 당 2000~2500명을 넘어선다고 알려져 있다. 방사능으로 암이 걸릴 확률은 다른 암 발생 요인에 비해 0.5퍼센트에도 못 미친다는 뜻이다.

그동안 알려진 바로는 후쿠시마 원전에서 약 400미터 떨어진 지역에서 검출된 방사능 양은 시간당 1밀리시버트에 달한다. 이 숫자 자체로는 4일 동안 지속적으로 노출되면 암 발생 가능성이 확연히 높아질 수 있는 수치다. 그러나 원전에서 멀리 떨어져 미량의 방사능만이 도달하는 지역에까지 동일한 기준을 적용한다는 것은 오히려 문제를 오도할 우려가 보다 많은 것은 사실이다.

원폭 생존자들은 많은 양의 방사능이 전신에 걸쳐 단번에 노출되었지만, 후쿠시마 인근 주민들은 높지 않은 양에 지속적으로 노출되었다는 차이가 있다. 또한 공기와 물이 방사능에 오염되었더라도 체내에 들어오는 양은 그리 많지 않다. 피폭 당시에 기준점으로부터 얼마나 떨어져 있었는지, 실내에 있었는지의 여부도 고려해야만 정확한 예측을 할 수 있다.

여하튼 일본에서의 방사능 영향도 그다지 크지 않을 것으로 생각되는 상황에서 한국에서의 방사능 영향은 더욱 작을 수밖에 없다. 방사능의 공포란 사실 섣부른 정보로 만들어졌음을 알 수 있다.

우리나라에서 검출되는 방사능 물질의 위해성에 대해서 위험이냐 안전이냐를 단언하여 말할 수 있는 사람은 없다고 해도 과언이 아니다. 특히 방사능에 대한 무작정 공포를 보이며 토해 내는 우려 섞인 질문들을 모두 말끔하게 설명할 수는 없다. 학자들은 무작정 방사능에 대해 의혹만 보내는 것도 옳은 방법은 아니라고 설명한다. 적어도 한국에서 치명적인 방사능이 검출되지 않는 한 방사능에 대한 공포를 확대 생산할 이유는 없다는 뜻이다.

그러나 이런 설명에도 불구하고 모든 사람들이 이해하려들지 않는 데 문제의 실상이 있다.[41]

미국의 경우 핵발전소 근처에 살고 있는 사람들이 방사능으로부터 큰 위험을 느끼지 않는 것은 발전소에서 방출되는 방사선의 양이 1mSv보다 작다는 것을 이해하기 때문이다. 이는 매년 담배 한 개피를 피우는 위험도와 같은 수준이다.[42]

한국에는 매우 특이한 자료가 있다. 고리 원전과 월성 원전이 있는 영남 지방은 지질의 차이로 인해 서울, 경기도, 강원도 등 소백산맥 이북지역에 비해서 지각 감마선량률이 매 시간당 30나노시버트 정도 낮다. 이 차이를 1년 8760시간으로 환산하면 매년 0.26시버트가 되어 고리 원전 지역 주민이 원전으로 인해 추가로 피폭하는 방사선량의 10배 안팎에 해당하는 방사선량을 서울 시민이 더 피폭당하고 있다는 것이다. 한마디로 원전 주변 주민이 정상운전 중인 원전으로 인해 추가로 피폭당하는 방사선량은 아무런 의미가 없다는 설명이다.[43]

방사능에 대한 매우 놀라운 자료는 핵폭이 실제로 떨어졌던 히로시마로부터 나왔다. 1945년 8월 히로시마에 떨어진 원자폭탄은 이 지역의 모든 식물을 고사시켰다. 피해상황에 관한 첫 보고서는 핵폭발 후

70년 동안 이 지역에서는 아무것도 자라지 못할 것으로 예측했다. 그런데 핵폭탄이 폭발하여 폐허가 된 도시는 몇 주도 지나지 않아 푸른 풀과 야생화로 뒤덮였다. 폭발의 열기가 땅속에 묻혀 있던 씨앗의 발화를 촉진시켰기 때문이다.

더구나 학자들을 놀라게 한 것은 그동안 히로시마에서는 생육이 어려웠던 토마토와 같은 식물들이 무성하게 자라기 시작했다는 점이다. 밀과 콩의 수확량도 높아졌는데 이는 마름병과 전염병의 원인이 된 균류와 해충이 화염과 원자핵의 방사열로 멸균되었기 때문이다.

물론 방사능의 부작용이 없었던 것은 아니다. 이 지역 일대의 식물들에 이상한 돌연변이가 일어나 모양이 뒤틀린 꽃들과 하얀 색으로 바뀐 잎, 돌연한 성장저해 등이 일어났다. 방사능이 장기적으로 유전에 미치는 영향은 거의 밝혀지지 않았지만, 다행스럽게도 돌연변이를 일으킨 변종들은 3~4년 안에 모두 죽었다.[44]

그러나 아이러니한 것은 히로시마와 나가사키에 진정한 핵폭탄이 투하되었는데도 현재 이들 도시는 과거와는 비교할 수 없을 정도로 번창하고 있다는 점이다. 일본 히로시마와 나가사키에 원자폭탄이 투하된 이후 40년간에 걸친 피해자 역학조사에서도 이상한 현상이 발견되었다.

원자폭탄 피해 지역의 생존자들 중 0.3시버트(Sv) 정도의 피폭자 그룹은 일반인의 피발암률이 높게 나타났으나, 0.1시버트 정도의 피폭자 그룹은 일반인보다 발암률이 오히려 낮고 기형아 자녀의 출산율도 낮게 나타났다. 뿐만 아니라 원폭 투하지점 3km 내에 있던 남자 그룹(

피폭량 0.05~1시버트)은 60세 이상의 사망률이 일반인보다 낮았으며 각종 질병에 대한 면역성이 높았다.

방사선이 유전적으로 장해를 줄 수 있다는데 많은 학자들이 동조한다. 인체 중에서 세포분열이 왕성한 세포들이 방사선 피해를 쉽게 입는다. 즉 분열세포는 방사선에 특히 약하다. 예를 들어 정자와 난자를 생산하는 생식세포는 방사선을 많이 쬐었을 때 불임이 되기 쉽고 분열하는 염색체에 이상을 일으켜 돌연변이 등 유전적인 영향을 준다. 그러므로 성장하는 아기나 어린이가 피폭되면 매우 위험하다고 알려진다. 방사선이 백혈병을 잘 일으킨다는 이유도 방사선이 골수의 조혈(造血) 기관 세포에 영향을 주기 때문이다.

방사선이 유전적 장해를 줄 수 있다는 최초의 연구는 1922년 미국의 유전학자 뮐러(Hermann Joseph Muller, 1890~1967)가 초파리에 X선을 여러 가지 세기로 조사하여 얻었다. 그는 방사선의 선량(線量)에 비례하여 돌연변이가 많이 발생하는 것을 발견했다. 뮐러의 법칙으로 알려진 이 실험에서 그는 방사선이 약하더라도 돌연변이가 발생할 수 있다고 강조했다. 뮐러는 이 연구로 1946년 노벨생리의학상을 수상했다.

자연계에서 발생하는 돌연변이는 대다수 생존에 불리한 상태로 나타나므로 곤욕이 아닐 수 없다. 일부 원자력을 반대하는 사람들이 끝까지 물고 늘어지는 것이 바로 이것이다. 그러나 모든 일에 장단점이 있듯이 원자력도 단점을 장점으로 활용할 수 있다. 이 문제는 방사능의 효용도로도 잘 알려져 의료용 치료는 물론 종자 개량 등을 비롯하여 여러 분야에서 활용된다.[45]

피폭자에게서 많이 나타나는 암은 백혈병이다. 방사능에 노출된 12만 명 중 219명이 백혈병으로 사망했다. 피폭 후 5년까지는 백혈병 사례가 증가하다가 이후로는 감소했다. 1천밀리시버트 이상에 노출된 그룹 중 86퍼센트가 방사능으로 인한 백혈병으로 사망했다. 그러나 100~500밀리시버트 그룹에서는 백혈병 사망자가 36퍼센트, 5~100밀리시버트 그룹에서는 5퍼센트에 불과했다.

결장, 유방, 간, 폐 등 신체기관에 악성종양이 발생한 경우는 더 적었다. 방사능에 노출된 10만 명 그룹 중 악성종양으로 사망한 사람은 7,851명이었는데, 그중 방사능이 암 발생의 직접적 원인으로 지목된 사람은 11퍼센트인 850명에 불과했다. 방사능에 의해서 암 발생률이 높아지긴 했지만 피폭량에 따라서 차이가 난 것이다. 방사능으로 인해 암이 생길 확률은 부위에 따라서도 다르다. 유방이나 갑상선은 방사능에 의한 암 발생률이 높지만 전립선은 별 영향을 받지 않았다.[46]

제2차 세계대전 당시 원자폭탄 제조에 참여했던 미국의 한포드(Hanford)연구소의 종사자 약 3만 명에 대한 32년간에 걸친 추적 조사에서도 비슷한 결과가 나왔다. 0.05~0.2시버트 정도 피폭된 종사자들의 경우 암이나 백혈병에 의한 사망률이 일반인의 암이나 백혈병에 의한 사망률보다 낮게 나타났다. 자연 방사선이 특히 많은 지역에 사는 사람들의 경우도 마찬가지였다. 일본 돗토리현의 미사사 온천은 라듐과 라돈이 많이 함유된 방사능 온천이다. 그런데 이 지역에 사는 주민들의 암 사망률은 일본 평균에 비해 1/2이 채 되지 않을 정도로 현저히 낮다.

독성 물질을 적절하게 소량으로 사용할 경우 인체에 유용한 효과를 내는 것을 '호르메시스(Hormesis) 이론'이라고 한다.[47] 일반적으로 호르메시스라는 말은 위험하지만 저준위인 물리 혹은 화학인자에 노출되면 생리적인 방어 메커니즘이 활발하게 가동되는 유기체의 일반적인 현상을 말한다. 다시 말하면 많은 양으로는 살상력이 있는 독약이지만 적은 양으로는 생명체의 활동을 활발하게 한다는 것이다. 구리, 카드뮴, 아연, 셀레늄 같은 많은 금속은 소량으로는 인체에 필수적이만 이들이 체내에서 농도가 높아지면 아주 유해한 즉 중금속중독을 일으킨다고 알려져 있다.

독약의 경우도 마찬가지다. 의학적으로 사용되는 디기탈리스는 소량으로 사용될 경우 심장활력제가 되나 다량을 사용하면 경련뿐만 아니라 죽음까지 가져온다. 라돈도 적당량 사용하면 피부를 자극하여 목욕 효과를 높일 수 있다. 라돈탕은 바로 방사선 호르메시스를 이용한 생활의 지혜라 볼 수 있다.

과학자들은 살아있는 생명체 세포들은 진화하는 동안 위험에 대처하기 위해 환경에 적응해 왔는데 이는 방사선에 대해서도 예외는 아니라고 설명한다. 즉 방사선 피해로부터 쉽게 회복되는 시스템을 가진 세포들은 방사선으로부터 피해를 받았더라도 복구할 능력이 있다는 것이다. 이 때문에 약한 방사선으로 손상된 인간의 세포가운데 90퍼센트 정도는 불과 몇 시간 안에 회복될 수 있다. 물론 이런 회복은 유전자의 손상을 의미하지 않는다.

소량의 방사선이 성장에 도움을 준다는 사실은 짚신벌레의 연구에서 두드러진다. 과학자들은 짚신벌레 배양기를 해면에서보다 우주선을 5배나 많이 받는 3800미터 고지의 산, 해면보다 3배인 1000미터, 해면과 같은 높이, 우주선의 영향이 매우 감소되는 지하에 설치한 후 이들의 성장을 비교했다. 이 결과 높은 산에 설치된 배양기에 둔 짚신벌레가 가장 잘 자랐고 지하에 둔 짚신벌레의 성장이 가장 늦었다. 그런데 지하에 두었던 짚신벌레를 해면의 높이로 옮기자 그들의 성장 속도는 해면에 두었던 다른 짚신벌레의 성장속도와 같았다.

소량의 자연방사선에 의한 암 발생이 증가한다는 자료들도 있지만 이에 대한 반론도 많다. 브라질, 인도, 중공의 일부 지역은 세계평균 지역보다 20배가량 많은 자연방사선을 받고 있지만 이들 지역에서 암 발생률이 다른 지역보다 높다는 보고는 없다.

중국 광동성은 다른 고장보다 자연 방사선이 많은 고준위 자연 방사선 지역이다. 이 지역에 사는 사람들도 기후와 생활 방식이 비슷한 인근 지역의 주민보다 암 사망률이 15% 정도 낮은 것으로 나타났다. 즉, 방사선을 많이 쬐면 인체에 해롭지만 적당량 이하의 소량만 쬐일 경우 오히려 인체에 이롭다는 결론이 나온 셈이다.

반면에 미국 덴버 등 7개 고지대에서의 암 사망률이 미국 동부해안 지방의 암 사망률보다 낮은데 이를 방사선 호르메시스 때문이라고 풀이하기도 한다.[48]

원자력에 대한 선·악은 인간이 어떻게 활용하느냐에 따라 다르다는 것을 알 수 있다.

각주

1) 『원자력의 기적』, 사이토 가이찌로 외, 한국원자력문화재단, 1994
2) 『원자력과 방사선 이야기』, 윤실, 전파과학사, 2010
3) 『원자력과 방사선 이야기』, 윤실, 전파과학사, 2010
4) 『원자력여행』, 한국수력원자력(주), 2009
5) 『원자로』, 장기진, 한국이공학사, 1979
6) 『21세기 한반도의 현실과 원자력 문제』, 박영무, 과학사상, 2003년(45호)
7) 『과학 우리 시대의 교양』, 이필렬 외, 세종서적, 2005
8) 『핵, 터놓고 얘기합시다』, 류창하, 김영사, 1992
9) 『과학 우리 시대의 교양』, 이필렬 외, 세종서적, 2005
10) 『핵, 터놓고 얘기합시다』, 류창하, 김영사, 1992
11) 『우리들을 위한 원자력 이야기』, 이용수, 도서출판 보고, 1990
12) 「방사능 공포, 정확한 정보로 물리치자」, 임동욱, 사이언스타임스, 2011.4.
13) 『우리들을 위한 원자력 이야기』, 이용수, 도서출판 보고, 1990
14) 「후쿠시마에 기대하는 호르메시스효과」, 이성규, 사이언스타임스, 2011.3
15) 『현대문명의 빛과 그늘 원자력』, 이용수, 한국원자력문화재단, 1996
16) 『방사능을 생각한다』, 모리나가 하루히코, 전파과학사, 1993
17) 『영화로 과학읽기』, 이필렬 외, 지식의 날개, 2006
18) 『원자력은 아니다』, 헬렌 갈디코트, 양문, 2007
19) 『수퍼 영웅의 과학』, 로이스 그레시, 한승, 2004
20) 『원자력과 핵은 다른 건가요?』, 이순영, 한세, 1995
21) 『원자력은 아니다』, 헬렌 갈디코트, 양문, 2007
22) 『영화로 과학읽기』, 이필렬 외, 지식의 날개, 2006
23) 「체르노빌 원전사고 10년의 회고」, 이재기, 가우리블러그정보센터(박선호), 2005.1.25
24) 「체르노빌에 드리운 어두운 그림자」, 리처드스톤, 내셔널지오그래픽, 2006
25) 『핵, 터놓고 얘기합시다』, 류창하, 김영사, 1992
26) 「원자력 환경 안정성에 관한 갈등과 대책의 재조명」, 이재기, 과학사상, 2003년(45호)
27) 「인간 역사상 최대의 핵 재난」, 김성호, 과학과 기술, 2006년 4월
28) 「체르노빌의 유산」, 존 다이슨, 리더스다이제스트, 2006년 4월
29) 「체르노빌에 드리운 어두운 그림자」, 리처드스톤, 내셔널지오그래픽, 2006
30) 「체르노빌 원전사고 10년의 회고」, 이재기, 가우리블러그정보센터(박선호), 2005.1.25

31) 「원자력 환경 안정성에 관한 갈등과 대책의 재조명」, 이재기, 과학사상, 2003년(45호)
32) 「원자력은 아니다」, 헬렌 갈디코트, 양문, 2007
33) 「체르노빌의 유산」, 존 다이슨, 리더스다이제스트, 2006년 4월
34) 「지진해일 22만명 목숨 앗아가」, 김성균, 「과학동아」, 2005년 2월
35) 「6400명 사망 고베 대지진의 170배 충격」, 박방주, 중앙일보, 2011.03.12
36) 「日원전 1호기 대지진 16시간만에 멜트다운」, 김종현, 연합뉴스, 2011.05.15
37) 「교과서에서 배우지 못한 과학이야기」, 로버트M.헤이즌, 고려원미디어, 1996
   「영화로 과학읽기」, 이필렬 외, 지식의 날개, 2006
38) 「위험한 이야기」, 히로세 다카시, 푸른산, 1990
39) 「[동일본 대지진 한달] 원자로 폐쇄 결정했지만…바다·대기 오염 불안 계속」, 조형민, 경향신문, 2011.04.11
40) 「우리들을 위한 원자력 이야기」, 이용수, 도서출판 보고, 1990
41) 「미량의 방사능도 암 일으킬 수 있을까」, 임동욱, 사이언스타임스, 2011.4.
42) 「물리적 사고 길들이기」, 케이스 로케트, 에드텍, 1996
43) 「원자력 환경 안정성에 관한 갈등과 대책의 재조명」, 이재기, 과학사상, 2003년(45호)
44) 「상식속의 놀라운 세계」, 두산동아, 1996
45) 「원자력과 방사선 이야기」, 윤실, 전파과학사, 2010
46) 「우리들을 위한 원자력 이야기」, 이용수, 도서출판 보고, 1990
47) 「후쿠시마에 기대하는 호르메시스 효과」, 이성규, 사이언스타임스, 2011.03.25
48) 「우리들을 위한 원자력 이야기」, 이용수, 도서출판 보고, 1990

4

지진과 한국 원전

1 지진과 쓰나미
2 한국 원전의 지진 영향

1
지진과 쓰나미

최근 20년 동안 수천 명에서 수만 명의 생명을 앗아간 대규모 지진은 아시아 지역에서 집중적으로 일어나고 있다.

1990년 1월 이란 북부 지역에서 발생한 지진으로 4만여 명이 사망한 것을 비롯해, 1990년 7월 필리핀 루손 섬에서 2500여 명, 1992년 인도네시아 플로레스 섬에서 3000여 명, 1995년 일본 고베에서 6000여 명, 2003년 이란 남동부에서 리히터 6.5의 지진 강타로 2만 6000여 명이 사망했다.

2008년 유비가 221년에 세운 촉나라로 잘 알려진 중국 사천성(四川省)에서 리히터 규모 8.0이라는 엄청난 규모의 강지진이 발생하여 공식적 통계가 사망자 6만8천712명, 실종자 1만7천921명, 부상자 25만 여 명이다.

이 지역은 해양지각판인 호주-인도판이 대륙판인 유라시아 판을 밑으로 파고들면서 주름져서 밀고 올라오는 경계면으로 원래 지진이 잦은 지역이다. 인도 판이 유라시아 판의 중국 남쪽과 히말라야 산맥을 잇는 지역에서 경계면을 이루면서 잦은 지진을 유발하는데 〈한국

지질자원연구원)의 이희일 박사는 이들 강진은 그동안 축적된 지구 내부의 에너지가 인도 판과 유라시아 판의 경계면을 뚫고 분출되면서 발생한 것이라고 설명한다. 태평양판이 연간 8센티미터 정도 유라시아 판을 밀고 있는 것으로 추정되는데 인도 판의 움직임은 아직 정확히 측정되지 않았다고 말한다.

2011년 3월 일어난 일본의 방사능 노출 사건은 리히터지진계 9.0의 강진에 의해 촉발되었다. 그러므로 일본과 인접한 한국인 대다수가 우려하는 것은 한국에도 일본과 같은 강진이 일어나 현재 경상도 동해안을 비롯한 한국에 설치, 가동되고 있는 21기의 원자력발전소가 이와 같은 피해를 받지 않을까 하는 점이다.

후쿠시마(福島) 원진사고는 국제원자력사고등급(INES) 기준 최고등급인 7등급으로 격상되었으므로 일본과 지근거리에 있는 한국인들로서는 초미의 관심사가 되는 것은 당연한 일이 아닐 수 없다. 특히 원자력이 우리들의 실생활에 가장 큰 영향을 주는 전기의 35퍼센트나 공급하고 있는 데다 원자력에서 나오는 방사능이 워낙 국민들에게 부정적으로 각인되어있어 보다 촉각을 곤두세운다.

지진과 쓰나미의 기초에 대해 먼저 설명하고 한국의 지진기록과 원자력발전소 등을 연계하여 알아본다.

지진의 종류에는 단층지진, 화산지진, 함락지진, 인공지진 등이 있는데, 미국 서해안의 샌프란시스코에서 동남으로 길게 뻗어있는 산안드레아스단층 지진은 단층지진의 대표적인 예이다.

1906년 이곳의 지진에서는 단층면의 양쪽 지층이 수평으로 7m나 이동한 것이 확인되었다. 지진은 확인되나 단층이 발견되지 않는 경우도 많은데 지하 깊은 곳에서 단층이 발생하면 지표로 오면서 단층이 소멸되기 때문이다. 대양저 산맥(해령)에는 해령의 연장방향과 수직방향으로 변환단층이 발달되어있는데 이곳에서도 단층양쪽의 해양지각이 서로 반대방향으로 움직여 지진을 일으킨다. 산안드레아스단층도 변환단층으로 알려져 있다.

한국은 매년 3cm씩, 일본은 0.7~0.8cm, 호주는 6cm, 북미 대륙은 2~3cm씩 태평양 중앙을 향해 움직이고 있다. 일본이 태평양 쪽으로 움직이는 것보다 한국이 일본으로 움직이는 거리가 다소 많으므로 미래의 어느 날 일본과 한국이 맞붙게 된다고 설명하는 이유다. 일본은 여러 지각판이 서로 밀고 당기는 바람에 평소에는 많이 이동하지 않는데 이번 후쿠시마 대지진으로 무려 2.4m나 태평양 쪽으로 움직였다.

또한 한국도 대지진의 영향으로 순식간에 한반도가 동쪽으로 3cm 이동했고 울릉도와 독도는 5cm 옮겨갔다고 알려진다. 이의 여파로 GPS 장치를 재조정해야 했다는 것은 잘 알려진 사실이다.[1]

피해가 가장 큰 천발 지진

세계적으로 가장 지진이 많이 일어나는 위험 지역은 두 군데이다. 첫 번째 지역은 환태평양지대이다. 이 지역은 캄차카, 알래스카, 북아메리카의 연안을 통과하여 남아메리카에 뻗어 있고, 거기서 오스트레일리아 쪽으로 방향을 돌려

인도네시아, 중국 연안을 통과하여 일본에 이르고 캄차카에서 끝난다. 현재 지진으로 방출되는 에너지의 80퍼센트가 이 지역 내의 진앙에서 나오는 것으로 알려진다.

두 번째 지역은 지중해 지진대이다. 이 지역은 포르투갈과 스페인에서 이탈리아를 거쳐 발칸 반도, 그리스, 터키, 코카서스, 소아시아와 러시아의 중앙 아시아공화국을 거쳐서 바이칼 지방에 이른다. 그 후 태평양 연안에서 환태평양 지진대와 합류한다.

이 밖에 북극해·대서양·남극해 및 인도양 서부에 있는 대양저 산맥과 동아프리카의 열곡(裂谷)을 따라 일어나는 지진 활동대가 있다. 화산 분포와 주요 지진의 분포는 환태평양 지역과 대양저 산맥에 일치한다.[2]

베니오프(Hugo Benioff, 1899~1968)는 해구를 따라서 천발지진, 해구 옆의 대륙 쪽에는 중발지진, 더 먼 곳에서는 심발지진이 일어난다는 사실을 발견하였다. 해구는 판구조론에 의하면 해양판이 대륙판 밑으로 들어가는 수렴지역으로 이 때 판과 판이 부딪치면서 지진이 발생한다. 이곳에서의 지진을 베니오프 대 지진이라 한다.

일본은 천발지진이 발생하는 해구 위에 있는 지역이라 규모가 큰 지진이 자주 발생한다. 또한 지진은 진원의 깊이에 따라 세 가지로 구분하는데 0~70km의 천발지진, 70~300km의 중발지진, 300km 이상의 심발지진으로 구분한다. 지진피해는 진원의 깊이가 적은 천발지진이 가장 큰데 2011년 3월에 발생한 일본의 지진은 해저면 아래

24.4km에서 발생하여 그 피해가 어느 것보다 컸다.

활화산 주위에도 소규모의 지진이 많이 발생한다. 마그마가 움직이거나 가스가 분출될 때 지각이 움직여 지진이 발생하는데 이런 지진을 화산지진이라 한다. 대양저산맥에는 그 중심부에 V자 모양의 열곡이 존재하는데, 이곳에서도 마그마의 분출로 인한 많은 지진이 발생한다. 함락지진은 땅속의 큰 빈공간이 무너질 때 생기며, 인공지진은 핵폭탄실험 등의 인공적인 폭발물이 폭발할 때 생긴다.

지진을 일으키며 에너지가 처음 방출된 곳을 진원이라 하며, 진원에서 연직으로 지표면과 만나는 점을 진앙이라 한다. 진원지에서 지진이 발생하면 그 점을 중심으로 암석 내에 저장되어 있던 탄성에너지의 일부가 탄성파로 모든 방향으로 전달되는데, 이것이 지진파이다.

지진파의 종류에는 지구 내부를 깊숙이 통과해가는 실체파인 P파와 S파가 있으며, 지구표면 가까이의 바깥층을 따라 전파해가는 표면파로 러브파(L파)와 레일리파(R파)가 있다. 또 큰 규모의 지진이 발생한 후에는 마치 종이 울리고 난 후처럼 수일 내지는 수 주일에 걸쳐 지구 전체가 진동하는, 지구의 자유진동(自由振動)이 관측된다.

P파는 음파처럼 어떤 매질을 통과할 때 파의 진행방향과 진동방향이 같은 종파이며 가장 먼저 도착하므로 Primary wave(P파)라 하며 압축과 팽창을 거듭해서 부피변화를 일으킨다. 종파는 고체, 액체, 기체의 모든 매질을 통과한다. S파는 파의 진행방향에 수직방향으로 진동하는 횡파로 두 번째로 도착하므로 Secondary wave(S파)라 하며 매질의 모양변화를 가져온다. S파는 고체만 통과할 수 있다.

표면파는 지표면의 움직임을 가져온다. 레일리파는 해양의 너울처럼 땅을 출렁거리게 하며 러브파는 파의 진행방향에 대하여 지표면의 입자들이 수직으로 좌우진동을 하게하여 건물에 막대한 구조적 변화를 줘서 가장 많은 지진피해를 입힌다. 레일리파가 도달하면 땅이 위아래로 진동하며 흔들리고 러브파가 오면 땅이 갈라지기도 한다.[3]

인류를 괴롭힌 쓰나미

일본의 지진에 대한 공포와 대비책은 전 세계 어느 나라보다 유별나다. 그만큼 지진이 자주 일어나기 때문에 지진 대비에 관한 한 일본을 따를 수 있는 나라가 없다고 자부했을 정도다. 그런데 2011년 3월 지진의 희생자 대부분이 철저하게 준비했다고 여긴 쓰나미에 의했다는데 더욱 큰 충격을 주었다.

역사에 기록된 최초의 쓰나미는 기원전 479년 에게 해 북부에서 발생했으며 그 이후에는 지진이 가장 일어나기 쉬운 지역인 태평양에서 쓰나미가 많이 일어났다. 많은 역사가들은 기원전 1500년 에게 해의 산토리니 화산섬의 폭발로 쓰나미가 발생해 지중해 동부와 크레타 섬을 광범위하게 황폐화시켰다고 믿고 있다.

2004년 12월 인도네시아 수마트라 인근에서 발생한 리히터 규모 9.1의 여파인 쓰나미는 사상 최악으로 파고가 최고 20미터였다. 이 쓰나미로 무려 22만 명에 달하는 인명 피해가 발생해 1923년 14만3천 명의 인명을 앗아간 리히터규모 8.3의 일본 관동 대지진을 뛰어 넘는 대형 참사를 유발했다. 인명 피해만 해도 인도네시아에서 약 8만 명,

스리랑카 5만1천명, 인도 1만2천 명, 태국 5천 명 등 사망자 15만 명, 실종자 7만 명 등 무려 22만 명의 희생자가 났다. 미국에서도 지난 1946년 4월 알래스카 알류샨 열도축에 있는 유니맥섬에서 진도 7.8 규모의 지진이 발생해 태평양전역에 쓰나미를 일으켜 하와이에서 159명이 사망하기도 했다.

역사적으로 가장 많은 쓰나미 희생자를 낸 나라는 일본이다. 일본은 684년 이후 쓰나미로 인해 모두 6만 6천 명이 숨진 것으로 기록됐다. 최악의 쓰나미는 1896년 일본 혼슈를 강타해 2만7천 명 정도의 희생자를 낸 지진해일이다. 당시 많은 해안 주민들이 공휴일을 즐기려고 거리에 나와 있었으나 다음날 어부들이 집에 돌아와서 발견한 것은 몇 킬로미터 걸쳐 무너진 집들과 널려진 시체들이었다.

2011년 3월 지진 규모 9.0이라는 가공할 지진과 쓰나미가 일본을 강타하면서 미증유의 피해를 일으킨 상황을 김성균 교수의 글로 좀 더 설명한다.

보통 해양판이 대륙판에 비해 무겁기 때문에 아래쪽에 놓여 있다. 이처럼 두 개의 밀도가 다른 지판이 양쪽에서 서로 다가가는 방향으로 횡압력을 받으면 지층이 위로 솟아올라 휘어진다. 세계에서 가장 높은 히말라야산맥과 티베트 고원은 오랜 기간에 걸쳐 이런 작용으로 만들어진 것이다.

이런 횡압력을 받을 때, 지각판은 단순히 위로 휘어지는 것이 아니라 경우에 따라 지층이 순간적으로 끊어지는 단층운동이 발생하기도 한다. 단층운동을 지진이라고 할 수 있다. 일반적으로 지구 표면에서 지구내부로 들어갈수록 온도가 높아지며, 아주 느리지만 온도가 높은 지구내부에서 바깥쪽으로 열대류가 일어나는 것으로 알려져 있다. 따라서 열대류가 올라오는 경계에서는 서로 반대방향으로 움직이는 인장력이 작용하며 이럴 경우 상반이 아래로 미끄러지는 형태인 정단층이 생성된다.

반면에 상승한 열대류가 식어서 하강하는 곳에서는 두 지층이 서로 충돌하는 횡압력이 작용한다. 그 결과 하반이 상반 밑으로 들어가거나 상반이 하반 위로 올라가는 역단층이 생성된다. 인도네시아 지진에 의한 쓰나미를 일으킨 주범은 바로 역단층운동으로 인해 발생한 것이다.

쓰나미는 단층운동의 형태가 역단층 또는 정단층일 때 발생한다. 일본을 강타한 쓰나미는 단층운동에 의해 해저의 지층이 순간적으로 솟아올라 바로 위의 바닷물을 강하게 쳐들어 큰 파도가 만들어져 이 파도가 해안 쪽으로 전파되는 것이다.[4]

바다에서 발생하는 수면파인 쓰나미가 해안을 휩쓸면 파고가 30미터에 달하는 경우도 있다. 어떤 경우에는 여러 개의 큰 파도가 수 분 또는 그 이상의 간격을 두고 밀려오기 때문에 밀물이나 썰물과 비슷해 보인다. 쓰나미는 마치 연못에 돌맹이를 던졌을 때 생기는 잔물결과 같다. 그러나 깊이가 5,000미터 이상인 심해에서는 쓰나미의 속도가 시속 800킬로미터 이상이며 해심이 20미터 정도인 연안에서도 시속 50킬로미터에 이른다. 쓰나미가 해안에 다가올 때 파고가 30미터에 이르는 것은 속도가 느려지면서 바닷물이 쌓여 파고가 높아지기 때문이다. 이것이 파도처럼 보이는 쓰나미에 의해 엄청난 피해를 입는 이유다.

쓰나미의 첫 신호는 대체로 해안에서 바닷물이 급격하게 썰물처럼 빠져나간다. 매우 빠른 속도로 바닷물이 빠져나갔다가 5~30분 뒤에 큰 파도가 되어 밀려온다.

이러한 내용을 잘 몰라서 큰 피해를 입는데 1755년 11월 포르투갈의 리스본에서 일어난 쓰나미가 이런 예이다. 처음에 바닷물이 급격히 빠져나가자 호기심을 가진 사람들이 바닥이 드러난 만에 있다가 불과 수분 후에 연속적으로 밀려온 파고에 많은 사람들이 희생되었다. 1964년 알래스카를 강타한 쓰나미의 경우 처음에 4미터 높이의 파도가 밀려온 뒤 작은 파도가 3번 더 밀려왔다. 그 뒤 사람들은 쓰나미가 물러갔다고 여기고 연안으로 내려갔는데 그때 6미터 이상의 큰 파도가 밀려와 사람들을 휩쓸었다.

바닷물이 넘치는 해일이 모두 지진성은 아니다. 폭풍 해일은 열대성 저기압이나 태풍 등으로 인해 기압이 내려가 수면이 상승하기도 한다.

한반도에서 일어난 해일 중 최초의 기록은 1088년으로 『증헌문헌비고』에 기록되어 있으며 『조선왕조실록』에는 44회의 해일이 기록되어 있다. 최근에 우리나라에서 일어난 쓰나미의 피해는 1983년과 1993년에 일본에서 일어난 지진에 의한 것으로 파고가 최고 2미터 정도인

비교적 약한 것이다. 물론 인명피해는 거의 없었지만 선박이나 어구, 건물 등에 상당한 피해를 입혔다.[5]

참고적으로 지금까지 인류가 측정한 가장 강한 지진은 1960년 칠레 발디비아 대지진으로서 리히터 규모 9.5였다. 2위는 1964년 미국 알래스카 지진으로 리히터 규모 9.2, 3위는 2004년 인도네시아 수마트라 지진으로 규모 9.1이다.

쉽지 않은 지진 예측

한순간에 수십 만 명의 목숨을 앗아가는 강력한 지진과 해일의 피해를 줄이는 방법은 사전에 지진을 예측하여 대피하도록 만드는 것이다. 그러므로 각국에서 지진을 예측하기 위해 총력을 기울이고 있지만 학자들은 엄밀한 의미에서 지진을 예측한다는 것은 거의 불가능하다고 말한다.

지진학자들이 예측이 거의 불가능하다고까지 말하는 이유는 대지진은 최고 600~700킬로미터 지하에서 발생하는 데다 지하에서 수십 년에서 수천 년에 이르는 장기간에 걸쳐서 준비된 것이라고 추정하기 때문이다. 이토록 오랜 기간에 에너지가 한 곳으로 모인 후 한순간에 지진이 일어나므로 언제 지진이 일어난다고 예측한다는 것이 불가능하다는 뜻이다.

지진의 빈도가 많은 국가에서는 지진을 예측하기 위해 지진에 관련된 모든 현상을 최대한으로 정확하게 기록한다. 그러나 언제 지진이 일어날 지 사전 예측이 거의 불가능하므로 지진이 일어날 우려가 있는 지역을 장기간에 걸쳐서 지진현상을 계속 관측한다는 것이 간단한 작업은 아니다. 물론 막대한 경비가 소요되는 점도 걸림돌이다.

물론 학자들에 따라 단기간의 지진 예측은 다소 가능하다고 설명한다. 대지진이 임박했다는 최소한의 단서는 제시되고 있기 때문이다. 과학자들은 지진이 일어나기에 앞서 다음과 같은 현상이 일어난다고 추측한다.

진앙 지역의 지표면의 경사가 찌그러지고 소규모 지진이 증가하며 단층 부근의 물리적 특성 등이 변하며 퀴리점(curie 점, 온도 상승에 의하여 강자성체나 강유전체가 그 성질을 소실하는 임계 온도)의 이동 등이다. 또한 지하수 속에 들어 있는 라돈 함유량의 변화도 지진의 전조가 될 수 있고 지진이 일어나기 전에 방사능이 높아지기도 한다.

학자들에 따라서는 최첨단 장비보다는 생물의 습성을 이용하는 것이 지진 예측에 관한 한 보다 효율적이라고 주장한다. 일본의 어류학자인 스에히로 교수는 지진의 접근을 감지하는 심해어(深海漁)의 행동을 연구하여 지진을 예측하자고 주장했다.

예를 들어 1923년 여름 벨기에인 아마추어 어류연구가가 하야마 해안에서 심해에서만 사는 '히게'라는 물고기가 떠오르는 것을 발견했다. 그리고 이틀 후 관동대지진이 일어났다. 1933년에 한 어부가 스에히로 교수에게 자신이 잡은 심해 뱀장어를 가져왔는데 이 뱀장어는 보통 수천 미터의 깊은 바다 속에 사는 고기로 그 날 산리크 만 바다에 대지진이 일어났다. 1963년 11월 11일 니이지마 주민이 길이 6

미터나 되는 심해어를 잡았는데 이틀 후에 지진이 니이지마 지역에 일어났다. 스에히로 교수는 갑자기 심해어가 잡히면 곧바로 신고해 달라고 전 세계 언론에 호소했다.

지진예보관은 심해어뿐만 아니라 또 있다. 일본에서는 지진이 일어나는 지방의 주민에게 흰색물고기를 사육하라고 권한다. 이 물고기는 지진이 일어나기 몇 시간 전부터 우왕좌왕하기 때문이다. 메기도 기후에 민감하여 폭풍이 오기 전에 수면에 떠오른다고 한다. 미꾸라지도 날씨의 변화에 민감하다. 물고기는 부낭(헤엄칠 때 위로 떠오르는 힘을 돕는 기구)을 가지고 있고 이것이 몸의 비중을 주위의 물의 비중과 같게 해서 자유로이 헤엄칠 수 있게 만든다. 이 부낭이 기압의 변화를 민감하게 포착하여 날씨를 예지한다는 설명이다.

개, 고양이, 하이에나, 호랑이, 코끼리, 사자 등도 지진이 가까이 오면 불안한 행동을 보인다. 뱀과 도마뱀도 지진의 징조가 있으면 굴에서 나와 도망친다는 이야기도 있다. 개미는 비가 오려 하면 열심히 개미집의 입구를 막고 파리나 말벌은 날씨가 나빠지기 전에 방에 날아들려고 한다. 참새가 무리를 지어 모래 놀이를 하면 비가 오고 마른 나뭇가지에 몸을 숨기는 경우에도 비가 온다고 한다.

이와 같은 동물의 능력은 2004년 12월 인도네시아의 지진에서도 유감없이 발휘되었다. 스리랑카 남동부에 위치한 얄라 국립공원에서도 해일 피해 당시 해안에서 3킬로미터 떨어진 내륙까지 바닷물이 밀려와 외국인 관광객 40명 등 200여 명이 숨졌다. 집이 떠내려가고 자동차가 뒤집혀 나무에 걸릴 정도로 해일의 위력은 엄청났다.

그러나 야생동물 피해 사례는 한 건도 발견되지 않았다는 것이 사람들을 놀라게 했다. 국립공원 안에서 근무하는 한 종업원은 "여러 구의 시신을 발견했지만 동물의 사체는 하나도 보지 못했다"며 "동물들은 해를 입지 않은 것이 분명하다. 토끼 한 마리도 죽지 않았다"면서 "동물들은 '6감'이 있어 재난을 미리 알 수 있는 것 같다"고 말했다.

우리 주변에 있는 동물 중에 지진을 예측하는 능력을 지니고 있다는 실례는 매우 많다. 학자들은 방울뱀이 1000분의 1도의 온도변화도 느끼며 바퀴벌레는 원자 크기의 진동도 감지하는 것은 물론 메기는 1 킬로미터 떨어진 곳에서 1.5V 전류 흐름까지 알아낼 수 있다고 인정한다. 동물들이 지진에 대해서 민감한 이유를 지구 내부에서 나오는 소리 즉 지진이 발생하기 전에 나오는 초음파를 동물이 지각하는 것으로 추정한다.

지진파는 종파와 횡파의 두 종류가 있다. 종파는 공기 속이나 물속으로도 퍼져 나가지만 횡파는 땅 속으로만 퍼져 나간다. 지진의 전조가 되는 신호는 진동수가 다른 종파와 횡파가 일정 비율로 섞인 것에서 나오는 신호로 추정하는데 동물들은 인간에게는 들리지 않을 정도로 진동수가 낮은 음을 들을 수 있다. 일부 동물들은 인간의 귀로 들을 수 있는 한계인 16헤르츠보다 더 낮은 12헤르츠, 때에 따라서는 8헤르츠의 소리를 들을 수 있다. 동물들이 이들 능력으로 지진을 사전에 예측할 수 있다고 리츠네스키는 적었다.

해파리가 폭풍우가 오기 전에 미리 연안부의 안전한 곳으로 서둘러 피신하는 것도 이런 이유다. 해파리는 예민한 귀로 폭풍우가 일어나기 전에 발생하는 초음파를 포착함으로써 태풍의 도래여부를 사전에 알 수 있다. 폭풍우가 일어나기 최소한 10시간 내지 15시간 전에 수중에서 초음파가 발생하는데 이를 해파리가 포착하는 것이다.

해파리의 귀는 가느다란 막대기 모양으로 되어 있고 그 끝에 둥근 구슬이 달려 있다. 이 구슬 속에 액체가 들어 있고 액체 속에는 하나의 돌이 떠 있다. 이 작은 돌이 신경의 말단에 접촉해 있는데 수중의 초음파는 구슬에 의해 포착되어 구슬 속의 액체를 흔든다. 이 진동이 돌에 전해지고 이것이 신경을 자극하여 해파리의 뇌에 전달되어 해파리는 행동을 취한다.[6]

이러한 점들이 학자들을 매우 고무시키고 있다. 심해어가 지진을 예측하는 것이 초음파를 지각하는 능력에 의한 것이라 한다면 지진에 앞서 나타나는 이 초음파를 포착하는 생물학적 장치를 만들 수 있기 때문이다.[7] 실제로 해파리의 귀를 모방하여 폭풍우를 자동적으로 예지하는 전자장치도 개발되어 있다.

물론 현재 세계에서 지진 예측에 가장 많은 예산을 투입하는 일본은 동물들의 예감을 믿기보다는 과학적인 연구로 지진을 정밀하게 예측하는 것이 최선이라고 설명한다. 그들은 지각 내부의 미세한 변화를 연구하면 대지진을 예측할 수 있다고 한다.

미국의 경우도 지진에 관한 한 자유롭지 못한데 현재 레이저를 이용한 장치를 지진이 많이 발생하는 지역에 설치하고 있다. 이 장치의 핵심이라고 볼 수 있는 바늘 역할을 하는 것은 길이 5킬로미터의 레이저 광선으로 1천 분의 1밀리미터라도 지면이 어긋나면 레이저 광선의 바늘은 원래 위치에서 크게 움직인다. 근간 지진 예측은 과거보다 획기적으로 개발될 수 있다는 추정도 가능케 한다.

2004년 12월 26일 인도네시아에서 발생한 지진이 엄청난 재앙을 불러왔지만 환경주의자들을 기쁘게 하는 결과도 나타났다. 몰디브는 나라 전체가 해발 2미터 미만이어서 다른 나라보다 더 큰 피해를 입어야 했는데도 불구하고 예상과는 전혀 다른 결과가 나타났기 때문이다. 피해가 전혀 없지는 않았지만 다른 국가와는 비교가 되지 않을 정도로 미미했다.

그것은 나라 전체를 싸고 있는 산호초를 보호 관리하기 위해 정책적인 노력을 했기 때문으로 그 엄청난 해일의 파괴력도 촘촘한 산호 앞에서는 위력을 잃었다는 것이다. 환경론자들은 이 사건이 지구인들에게 하나의 대안을 제시해주고 있다고 주장했다. 생명력이 살아 있는 생태계 앞에서는 자연 재해도 힘을 발휘하지 못하며 자연생태계를 보존하는 것이 왜 중요한가를 보여주었다고 정기상은 적었다.

인간의 작품도 지진의 요인

근래 지진이 발생하는 요인에 대해 새로운 주장이 제기되었다. 지진의 요인이 지각의 힘 때문이라는 것은 잘 알려져 있지만 빙하의 감소도 지진 발생 증가의 원인이 된다는 것이다.

나사(NASA)의 소버 박사와 미국지질조사국(USGS)의 몰니어 박사는 인공위성과 GPS, 컴퓨터 모델을 이용해 빙하의 감소와 지각의 움직임을 연구했는데 빙하 감소가 지각에 작용하는 하중을 줄여주며, 따라서 지각판은 보다 자유롭게 움직일 수 있다고 주장했다.

활성지진대 상부의 빙하는 지각을 안정하게 유지하는 데 기여한다. 그러나 빙하가 녹으면서 지각에 작용하는 하중이 줄어 하부의 응력을 해소하기 위한 지진 발생이 증가한다는 것이다.[8]

빙하가 감소하면 전 세계적으로 기후 변동이 일어나 생태계에 큰 영향을 미친다는 것은 예전부터 알려져 있지만 지진 증가의 원인을 제공한다는 것이 또 하나 추가된 셈이다.

한편 미국 켈리포니아 대학과 일본 방재과학기술연구소의 연구 결과, 달과 지구 사이에 작용하는 인력이 어떠한 종류의 플레이트(암판) 경계형 지진 발생의 방아쇠 역할을 할 가능성이 높은 것으로 나타났다. 연구진은 지곡의 미소한 변형이 축적되어 지진이 발생할 수 있는 상태로, 인력이 '하나의 중요한 원인'이 될 수 있다고 말했다.

달의 인력 효과가 단층의 미끄러짐을 도와주는 방향으로 발생하는 경우에는 그 반대의 경우에 비해 지진이 많이 발생하는 것이 통계적으로 확인되었으며, '달의 인력 효과는 지곡의 변형에 대한 힘의 1000분의 1 정도지만, 지진 발생의 중요한 원인으로 작용하는 것 같다'는 것이다. 지진의 발생 요인이 또 하나 추가되었다.[9]

학자들은 인간의 작품이 지진에 영향을 줄 지 모른다고 우려한다. 즉 대형 댐이 지진이 증가되는 요인의 하나라고 추정한다. 이집트의 나일 강 상류에 건설된 아스완댐은 건설로 인한 이익 못지않게 많은 환경적 피해를 낳고 있다는 것은 잘 알려진 사실이다.

유명한 이집트의 스핑크스와 피라미드가 아스완댐에 저장된 물에 의한 습기의 증가로 급속도로 퇴화되고 있으므로 세계적인 유산에 대한 대책을 세워야 한다는 것은 근래에 나온 주장이 아니다. 그런데 학자들이 정작 우려하는 것은 댐의 물이 주변의 건조한 땅으로 스며들어 나일 강 유역의 지진 가능성을 증가시켰다고 추정한다.

한국인들이 관심을 갖는 것도 중국의 삼협댐이다. 현대 과학으로 건설된 '세계 7대 불가사의'에 들어가는 구조물로 알려진 삼협댐은 규모가 엄청나게 거대하지만 정작 학자들을 우려케 하는 것은 이집트의 아스완댐의 예와 같이 지진 발생을 촉진시킬지도 모르기 때문이다. 한국이 다소 지진대에서 안전하다고는 하지만 삼협댐이 준공된 후에 어떤 영향을 미칠지 모른다는 것이다.

지질학자인 범효(范曉) 박사도 댐이 지진을 유발한다는 가설은 아직 섣부른 감이 있지만 상호 연관성이 있다고 설명했다.

당초 삼협댐 건설초기부터 우려하던 사실로 사천성 대지진의 진앙지에서 700km 떨어진 세계 최대 규모의 삼협댐이 사천성 지진을 유발했을지도 모른다는 것이다. 삼협댐의 건설로 인한 과다한 저수량과 수압의 영향으로 지표층에 변화를 가져와 인근 지역에 지진을 유발했다는 전문가들의 가설이다. 어떤 경우로든 지진은 골머리 아픈 자

연재해임은 틀림없다.[10]

  삼협댐은 지진의 우려도 크지만 주변국에 또 다른 우려를 자아내고 있는데 바로 서해의 환경오염이다. 여기에다 중국은 '세계의 공장'이라 불릴 정도로 산업화·도시화를 급속히 진행하고 있는데 개발이 주로 중국 동부 연안(우리의 서해 쪽)에 집중되어 있어 서해는 엄청난 오염물질을 감당해야 한다.

  학자들은 삼협댐이 최종 완공되면 서해로 흘러드는 양자강의 물이 10% 정도 줄어들 것이라고 전망한다. 〈국립수산과학원〉이 최근 내놓은 연구 결과는 벌써 이런 가능성이 현실화하고 있음을 시사하고 있다. 삼협댐 1단계 완공 전인 2002년 8월과 완공 후인 작년 8월 동중국해 환경은 상당히 달라졌다는 조사 결과이다.

  염분 농도는 28.015‰(퍼밀 ; 1000분의 1)에서 29.145‰, 평균 해수 온도는 27.35도에서 27.85도로 올라갔다. 〈한국해양연구원〉의 최동림 박사는 "부유물질이나 영양염류가 줄어들면 식물성·동물성 플랑크톤의 개체 수가 감소해 어류도 줄어드는 등 먹이사슬에 영향을 미치게 된다"며 "해양 생태계 전반의 평형이 깨지면서 어종의 변화나 감소 등을 초래할 수 있다"고 말했다. 비교적 지진에 관한 한 안전한 한국이지만 지진은 앞으로 계속 큰 화두로 등장할 것으로 보인다.

지진 발생시의 대책

우선 지진이 있다고 성급하게 건물 밖으로 뛰어나가는 것은 매우 위험한 행동이다. 진동으로 인해 유리창과 간판 등이 떨어져 2차 피해를 입을 가능성이 높기 때문이다. 크게 흔들리는 시간은 길어야 1~2분 정도다.

실내에서는 책상 아래와 같이 머리를 보호할 수 있는 곳으로 피하는 것이 최선이다. 문을 열어놓아 출구를 미리 확보하는 것도 중요한데 철근콘크리트 구조의 아파트는 지진으로 문이 뒤틀려 개폐가 불가능해질 수 있기 때문이다. 많은 사람이 모이는 백화점이나 극장 등은 혼란으로 인한 피해 가능성이 크며 가능한 한 엘리베이터 사용을 제어한다.

실외에서는 넓은 곳으로 대피하거나 빌딩가에 있을 때에는 상황에 따라 건물 안에 들어가는 것이 보다 안전할 수도 있다. 블록 담이나 자판기, 대문기둥 등은 멀리하는 것이 좋다. 땅이 크게 흔들리고 몸을 지탱할 수 없어지면 무엇인가 기대고 싶어지는 심리가 작용하지만 바로 이런 생각이 가장 위험하다.

화재 가능성도 큰 문제이다. 지진 발생 시에는 소방차에 의한 화재진압이 쉽지 않으므로 결국 개개인의 노력으로 피해를 최소화해야 한다. 지진 발생 시 사용 중인 가스레인지나 난로 등의 불은 바로 끄고 발화됐다면 1~2분 내에 소화해야 하는 것도 필수이다. 운전 시에는 갓길에 주차한 뒤 창문은 닫고 키를 꽂아 둔 채로 신속히 대피하는 것이 요령이다.[11]

2 한국 원전의 지진 영향

세계적인 한국의 지진기록

근래 강력한 지진이 한국과 인근인 일본, 중국 등 동아시아에서 일어나자 한국의 미래는 어떤지 궁금해진다. 특히 일본이 강진으로 절대 안전한 시설이라던 원자력발전소에서 방사능이 누출되어 세계를 경악하게 만들었으므로 원전 21기(영광원전 6기, 월성원전 4기, 울진 원전 6기, 고리원전 5기(신고리 원전 1호기 포함))를 가동하면서 국내 총 발전량 중 약 35퍼센트나 공급하는 우리나라는 안전지대인지 의구심이 생긴다.

한국에서 강력한 지진이 일어날지 아닐지는 어느 누구도 확실하게 이야기할 수 없다지만 놀라운 것은 한국의 지진에 대한 천문 기록은 가히 세계적이다.

역사에 기록된 한반도의 지진은 서기 2년 고구려 유리왕 21년에 있었던 지진을 시작으로 총 1,897회에 달한다. 『삼국사기』와 『증보문헌비고』에 지진관측기록이 있는데 기원 1세기에는 총 15건, 2세기와 3세기에는 23건, 4세기에서 6세기에는 22건, 삼국이 통일되는 7세기에는 22건으로 늘었고 8세기에는 26건으로 100년간 최고의 기록을 보였으며 9세기에는 14건으로 다소 줄어 모두 122건의 기록이 남아 있다.

고려시대에는 지진으로 땅이 꺼지거나 갈라지는 현상들을 보다 자세히 관찰하고 기록했다. 1025년 4월에 경상도 대구를 중심으로 큰 지진이 있었는데 『고려사』에서는 '4월 신미일에 영남도의 광평, 하빈 등 10개현에서 지진이 있었고 경주, 상주, 청주, 안동, 밀성 등 넓은 지역에서 또 다시 지진이 일어났다.'고 적었다. 지진에 의한 피해도 상세히 적어 1001년의 지진으로 '장연현에서 논이 3결이나 침강되어 못을 이루었는데 그 깊이는 헤아릴 수 없었다'라고 적었다. 1191년 8월에 있었던 지진으로 덕수현에서 땅이 침강되어 그 깊이가 30자나 되었다고 적혀 있다.

『고려사』에는 고려의 전 기간에 모두 176건의 지진 기록이 전해지고 있으며 유사지진 또는 지진이라고 간접적으로 판정될 수 있는 경우에 대한 기록이 42건이다. 특히 개성지진이라고 불리는 비교적 큰 지진이 1260년 6월 개성에서 일어났는데 '큰 지진이 일어나 담장과 집이 무너지고 허물어졌다. 개성이 가장 심하다'라는 기록이 있고 1385년 7월에 발생한 지진은 '군마가 달리는 소리와 같았고 담장과 집이 무너졌으며 사람들이 모두 나와 피했다'라는 기록이 있다. 이 지진은 3일간이나 계속하여 발생했다.

조선시대에는 보다 세밀한 관찰 기록이 돋보이는데 이것은 16세기에 지진이 자주 일어났던 것에도 기인한다. 『조선왕조실록』의 1501년부터 1600년까지에 지진이 652번, 유사지진이 19번이 기록되었는데 이것은 고려 전 기간에 지진이 176번, 유사지진이 42번 있었다는 것에 비추어 매우 많은 숫자이다.

특히 16세기 지진 가운데서도 1511~1520년 사이에 124번, 1561~1570년 사이에 136번 있었으므로 이 두 기간에 전체 회수의 40퍼센트가 집중되었다. 조선시대의 지진 측정은 '창문이 흔들렸다', '집이 약간 흔들렸다', '흔들렸다', '크게 흔들렸다' 등 여러 단계로 구분하여 지진의 세기와 피해 정도를 일정하게 판단할 수 있다. 16세기 지진의 세기에 대한 표현은 무려 40가지로 14~15세기의 10가지에 비해 세밀하게 관측하였다.

이와 같은 지진관측 기록은 계속적인 측정과 풍부성에서 세계적으로 자랑할 만하다. 역사적인 지진 관측 자료들을 분석하면 기원 1세기부터 조선시기까지 약 500년의 지진 강화기와 약 200년의 지진 약화기가 되풀이되었다는 것을 알 수 있다.

서울대학교 이기화 교수는 그중 가장 강력한 지진으로 『조선왕조실록』에 기록된 인조 21년(1643년) 7월 24일 울산 근처에서 일어난 지진을 꼽는데 이때의 진도를 '10'으로 추정한다. 이 당시 지진은 서울과 전라도에서도 느꼈으며 대구, 안동, 영덕, 김해 등지에서는 연대(烟臺)와 성첩(城堞)이 무너지기도 했으며 울산에서는 땅이 갈라지고 물이 용솟음쳤다고 기록되어 있다. 조선시대에 건물에 상당한 피해를 줄 수 있는 '진도 8' 이상의 지진만도 40회에 이른다.

한반도에서 가장 인명 피해가 컸던 지진은 통일신라시대인 779년 경주에서 발생한 지진으로 집들이 무너져 100여 명이 사망했는데 이때의 강도를 '진도 9'로 추정한다.

지진이 바다 인근에서 발생하면 쓰나미도 일어나는 것이 당연하다고 보는 학자들의 예상은 틀리지 않아 한반도에서 쓰나미 기록도 발견된다. 숙종실록에는 쓰나미(지진해일)가 강원도 지방을 강타한 기록이 상세하게 전해져 내려온다. 숙종 7년(1681) 5월 11일 『조선왕조실록』에 기록된 내용은 다음과 같다.

> 강원도에서 지진이 일어났는데, 소리가 우레 같았고 담이 무너졌으며, 기와가 날아가 떨어졌다. 양양에서는 바닷물이 요동쳤는데, 마치 소리가 물이 끓는 것 같았고, 설악산의 신흥사 및 계조굴의 거대한 바위는 모두 붕괴됐다. (중략) 이후 강릉, 양양, 삼척 등 고을에서 거의 10여 차례나 지동(地動)하였는데, 이때 (조선) 8도에서 모두 지진이 일어났다.

이런 기록을 볼 때 한반도가 지진의 안전지대는 아니며 규모 5.0 이상의 지진이 언제든지 일어날 수 있음을 시사한다. 그러나 학자들은 한반도에서 규모 7.0이 넘는 대규모 지진이 일어날 확률은 거의 없다고 추정한다. 지질학적 구조가 절묘하게 배치되어 한반도를 보호해주고 있기 때문이라는 설명이다.

지진의 크기를 나타내는 척도로 절대적 개념의 '규모'와 상대적 개념의 '진도'는 서로 다르다. 규모란 지진 자체의 크기를 측정하는 단위로 1935년 이 개념을 처음 도입한 미국의 지질학자 리히터(C. Richter)의 이름을 따서 '리히터 스케일(Richter scale)'이라고도 한다.

지진규모는 지진파로 인해 발생한 총에너지의 크기로 계측관측에 의하여 계산된 객관적 지수이며, 지진계에 기록된 지진파의 진폭, 주기, 진앙 등을 계산해 산출되는데 M5.0이라고 표현할 때 M은 Magnitude를 의미하고 수치는 소수 1자리까지 나타낸다.

진도(Seismic intensity)는 특정장소에서 감지되는 진동의 세기를 말한다. 즉, 하나의 지진은 규모는 같으나 진도는 장소에 따라 달라질 수 있다. 진도는 어느 한 점에서 인체에 미치는 감각이나 자연계와 구조물 등에 미친 피해 상황에 의하여 지진의 세기를 표시하는 것으로 진원이나 진앙과 멀리 떨어져 있는 지역은 진도가 낮게 나타난다.

즉, 진도는 진앙으로부터의 거리, 지표의 성질, 구조물의 특성 등에 큰 영향을 받기 때문에 실제 지진의 크기를 정확하게 나타내는 수단은 되지 못하고 지진계의 기록을 얻을 수 없는 경우나 역사 문헌에 기록된 지진의 크기를 결정하는 데 이용된다. 또한 진도는 각 나라의 사회적 여건과 구조물의 차이점을 고려 설정하므로 세계적으로 통일되어 있지 않으며 나라마다 실정에 맞는 척도를 채택하고 있다.

일본에서는 JMA 진도 계급(Japanese Meterological Agency Scale), 미국에서는 MM 진도 계급(Modified Mercalli Scale: I-XII), 유럽에서는 로시-포렐 진도 계급(I-X), 그리고 동유럽에서 구소련을 중심으로 발달한 MSK 진도 계급 등이 있는데 한국은 2000년까지 일본의 JMA 진도 계급을 사용하다가 2001년부터 미국의 MM진도 계급을 사용한다.

지진이 왕권의 미래를 점치는 조짐이라고 보았기 때문에 중국은 지진이 발생하는 것에 누구보다도 촉각을 곤두 세웠다. 그러므로 중국의 지진 측정기술은 세계 어느 나라보다 발전했다. 뛰어난 수학자이자 천문학자인 동시에 지리학자인 장형(張衡, 78~139)은 후한 시대에 이미 세계 최초의 지진계를 만들었다. 장형이 개발한 지진계는 『후한서』에 자세히 적혀 있다.

'양가 원년(132)에 장형이 '지진을 측정하는 기구'를 발명했다. 이것은 정제된 청동으로 만들어졌는데, 술병을 닮았으며 직경이 2미터이다. 돔과 같은 뚜껑이 달려 있고 바깥 표면에는 고대의 인장 장식이 있으며, 산과 거북과 새와 동물이 그려져 있다. 용기 밖에는 여덟 마리의 용의 머리가 달려 있는데, 각각의 용은 청동 구슬을 입에 물고 있고, 바닥에는 용에 대응하여 여덟 마리의 두꺼비가 입을 벌리고 있어 용이 떨어뜨린 구슬을 받으려는 모습이다.(중략)
지진이 발생하면 용기의 용이 흔들려 구슬을 입에서 떨어뜨리면 아래에 있는 두꺼비가 잡게 된다. 이때 소리가 나면서 사람의 시선을 끈다. (중략)
어느 날, 사람이 느낄 정도의 진동이 없었음에도 불구하고 용 한 마리가 구슬을 떨어뜨렸다. 많은 사람들이 지진에 의해서 떨어뜨린 것이라는 정황이 없었으므로 이상하게 생각하였는데 며칠 후 농서(감숙) 지방에서 실제로 지진이 있었음을 알려왔다. 이 일이 있은 후 모든 사람들은 그 신비한 기구의 능력에 감복했다. 이후 지진이 일어난 방향을 기록하는 것은 천문국의 의무가 되었다.'

사실상 구슬이 떨어지는 것으로 지진을 기록하는 원리는 알렉산드리아의 헤론이 장형보다 빨리 발견했다. 그리스시대의 공학자이자 발명가로 유명한 헤론은 60년경에 활동한 사람으로 거리를 측정하는 노정계(hodometer)에 자신의 아이디어를 결합시켰다고 추정한다. 그러나 장형의 지진계는 지진의 방향까지 알 수 있는 등 보다 정교하고 복합적인 아이디어를 삽입하였으므로 근래의 과학사학자들은 실질적으로 지진계를 세계 최초로 만든 사람은 장형이라고 인정한다.

장형 이후로 지진계는 계속 사용되었는데 학자들은 6세기에 개발된 중국의 진자식 지진계가 서양으로 건너가서 13세기에 페르시아의 유명한 천문대인 마라게에서 사용되었다고 한다. 더구나 근대적 지진계는 1703년 드 라 오트푀유가 고안했으므로 중국의 지진계는 유럽보다 무려 17세기나 앞서 지진계를 개발했다고 조셉 니덤은 지적했다.[12]

지진계의 원리는 간단하다. 지지대를 하나 놓고 거기에 무거운 추를 매달아 놓는다. 이 장치에 지진파가 도달하면 무거운 추는 관성 때문에 원래 있던 위치에 그대로 남아 있지만 지지대와 지표면은 지진파 때문에 흔들린다. 무거운 추 끝에 펜을 붙여 놓고 펜 끝이 닿는 종이를 원통 모양에 감아 놓은 뒤 원통을 일정한 속도로 회전시켜 흔들리는 모양을 기록한다. 영화에서 많이 보는 장면이다.

정밀한 지진계는 진자가 움직일 때 발생하는 전자기 유도에 의해 전류가 통과하는 검류계(檢流計)의 거울에서 반사되는 광선을 이용한다. 지진계는 지진의 예보뿐 아니라 P파와 S파를 이용하여 지구 내부의 구조를 연구하는 데 가장 중요한 장치로 활용된다.[13]

필자가 중국의 지진기록과 지진계에 대해 상세히 설명하는 것은 한국이 중국에 비해 훨씬 많은 지진 기록이 있는 것으로 보아 어떤 형태로든 지진을 측정하는 지진계가 있었을 것으로 믿기 때문이다. 기록이 없다는 것이 아쉬울 따름이다.

한국의 원전은 안전할까

한국에서도 많은 지진기록이 있음에도 그동안 한국은 비교적 지진에 대해 안전하다고 알려진 것은 일본과 같은 강진은 발생하지 않았기 때문이다. 그러나 근래 한국인들에게 지진 소식은 생소하지 않다.

한반도에서 지진관측이 시작된 이래 20세기 이후의 규모 5.0이상의 지진이 4번 기록됐는데 1936년에 일어난 지리산 쌍계사에서는 사찰의 천장이 내려앉고 돌담이 무너졌으며 1978년 홍성의 지진으로 성벽의 축대가 무너지는 등 지진피해가 발생했다.

2000년대에 다소 규모가 큰 지진이 2차례나 기록되었는데 모두 바다에서 일어났다. 2003년 3월 백령도 인근에서 발생한 규모 5.0의 지진과 2004년 5월 울산에서 일어난 지진이다.

2004년 5월 29일 오후 7시 14분, 경북 울진군 동쪽 80km해상(위도 36.8도 경도 130.2도)에는 1905년 인천에 지진계가 처음으로 설치된 이래 최대 강진인 리히터 규모로 5.2의 지진이 발생했다. 규모 5.2의 지진은 우리나라에서 일어나는 지진의 대부분이라고 볼 수 있는 규모 3.0인 지진보다 에너지가 무려 1000배 정도 크기이다. 엄밀히 말해 '진도

5.2'란 거의 모든 사람들이 지진을 느끼고 잠을 깨는 정도이지만 한국에서 진도 5.2란 놀라운 강도임은 틀림없다.

  한반도 동쪽에 위치한 일본열도는 4개의 지각판이 만나는 위치에 놓여 있다. 즉 서쪽의 유라시아 판, 동쪽의 태평양판, 북쪽의 북미판, 남쪽의 필리핀 판이 그것이다. 이들 판이 부딪칠 때 발생하는 에너지의 대부분이 지진이나 화산으로 해소되기 때문에 결과적으로 일본열도가 한반도의 지진보호막이라고 설명된다.

  세계적으로 가장 지진이 많이 일어나는 위험 지역은 환태평양지대와 지중해 지진대이다. 이 중에서도 격렬한 지진이 가장 자주 일어나는 곳은 일본이며 이와 어깨를 나란히 할 수 있는 나라는 칠레이다. 과학자들의 계산에 따르면 칠레의 수도 산티아고에 대지진이 일어날 확률은 90퍼센트에 달한다고 한다. 그 이유는 칠레가 환태평양 지진대 위에 있기 때문이다. 전 세계에서 일어나는 대지진의 40퍼센트가 이 광대한 지진대에서 발생하고 있다.

  학자들이 한반도에 관심을 갖는 것은 한반도는 세계에서 가장 위험한 지진지대인 일본과 인접해 있으면서도 지진에 있어서는 다소 안정지역에 속하기 때문이다. 한반도가 들어있는 유라시아 판은 동쪽으로 이동하고 있는데 특히 인도-호주판의 북상은 동아시아를 더욱 동쪽으로 밀고 있다. 그런데 유라시아 판의 동쪽 끝에는 오히려 서쪽으로 이동하는 태평양 판이 버티고 있다. 따라서 유라시아 판이 받는 힘들은 어디에선가 해소돼야 한다. 그 대표적인 지점이 산동반도에서

만주를 가로질러 연해주에 이르는 탄루 단층계로 1976년 무려 20여 만 명이 넘는 사망자를 낸 중국 당산 대지진이 바로 탄루 단층계에서 일어난 것이다.

중국과 일본에서 일어나는 지진이 주목되는 것은 외부에서 유라시아 판에 가하는 힘이 일본이나 중국에서 해소되므로 그 가운데 놓인 한반도 지각은 비교적 안정적으로 유지될 수 있다고 보기 때문이다. 한반도는 태풍으로 치면 핵 부분이므로 오히려 태풍에 안전한 형태라는 설명이다.

그런데도 한반도에서 지진이 일어나는 것은 유라시아 판을 변형시키는 힘을 일본이나 중국에서 100퍼센트 해소할 수가 없기 때문이다. 한반도 지각에 축적된 변형에너지가 약한 단층대를 깨면서 지진으로 분출되는 것으로 엄밀한 의미에서 삼국시대부터 1900회에 가까운 지진기록이 있다는 것은 한반도에도 수많은 활성단층(지각 변동의 기록이 있는 단층)이 존재한다는 것을 의미한다.

학자들은 한반도 내에서 대표적인 지진의 활성단층으로 경남 진해시에서 경북 영덕군으로 이어지는 양산단층을 지목한다. 양산단층 위에는 신라의 고도 경주가 놓여 있어 삼국시대 경주에서 '진도8' 이상의 강진이 10여 차례나 기록된 것도 이 때문이다. 한반도에서 발생한 지진 중에서 최대 규모로 추측되는 1643년 지진은 울산에서 경주로 이어지는 울산단층에서 일어난 것으로 추정한다.

리히터 규모 7.0로 내진설계 상향조정

한국인들이 원자력발전소에 대해 우려를 표명하는 것은 원래 원자력발전소는 활성단층이 없는 안정한 지각 위에 건설되어야 하는데 우리나라의 경우 오히려 단층들이 모인 지역에 원자력발전소가 건설돼 있기 때문이다. 그러나 지진에 관한 한 한국에 건설된 원자력발전소는 안전하다고 발전소 측은 설명한다.

우선 사상 최악의 원자력사고를 일으킨 체르노빌과 일본, 한국의 원자력발전소는 구조부터 다르다. 체르노빌 원전은 우라늄의 핵분열 속도를 제어하는 감속재로 물과 달리 흑연을 사용하는 '흑연감속 비등수형 원자로'다. 감속재는 고속중성자를 흡수해 열중성자로 바꿔 핵분열 속도를 적절히 낮추기 위해 필요한데 흑연 감속로는 설계상 큰 '보이드 계수'를 가진다.

물을 냉각재와 감속재로 겸하는 원자로에서는 냉각재로서 물이 끓을 때 기포가 생기고 이에 따라 감속재로서의 역할과 노심의 출력 정도가 달라진다. 이 반응의 변화율을 보이드 계수라고 말한다. 예를 들면 온도가 올라가서 냉각수가 많이 끓어 기포량이 증가하여 노심의 반응도가 감소했을 경우 '음의 보이드 효과'라고 말한다. 보통 원자로 운전시 보이드 계수는 항상 음의 값을 취해야 한다.

체르노빌의 사고는 터빈발전기가 정지할 때 관성에 의해 계속 돌아가는 원리를 이용해 정전시 발전소 비상전력 공급이 가능한지를 실험하던 도중에 일어났다. 더구나 체르노빌형 원자로는 격납고 같은 다중방호설비가 갖춰져 있지 않았을 뿐더러 안전 규칙마저 지키지 않아 감속재로 사용하는 흑연이 고온에서 수증기와 반응하면서 화재가 발생해 폭발했다.

반면에 후쿠시마 원전은 비등수형원자로(BWR), 한국은 월성 원전(중수로를 사용)을 제외하고 모두 가압경수로형(PWR)이다. 두 방식의 공통점은 핵연료로 물을 가열한다는 것과 냉각재, 감속재를 경수로 사용하고 연료로 우라늄 235가 2% 들어 있는 저농축우라늄을 사용한다는 점이다.

일본의 비등경수로는 원자로에서 발생한 증기가 직접 터빈, 발전기를 구동시켜 전기를 생산하는 구조이다. 즉 비등수형은 핵연료가 들어 있는 원자로 속의 물이 핵분열 에너지를 흡수하여 바로 수증기로 된 다음 터빈실로 전해져 터빈과 발전기를 돌린다.[14]

이와 같이 비등경수로를 채택하는 것은 냉각재가 직접 비등해 증기가 되므로 높은 압력을 유지할 필요가 없다는 장점이 있기 때문이다. 그런데 비등수형 원자로 내 증기압이 갑자기 올라가면 물이 증기로 변하는 양이 줄어든다. 이렇게 되면 음의 보이드 효과와 정반대 원리에 따라 원자로의 출력이 상승하면서 노심 용융 등 방사성이 노출될 우려성이 있다. 즉 비등수형은 증기발생기가 따로 없고 원자로 안에서 직접 증기를 만들며 원자로 계통과 터빈 계통이 분리돼 있지 않아 일단 사고가 발생하면 방사성 물질의 유출 가능성이 높아지는 것이다.

반면에 가압경수로는 비등경수로보다 원자로 계통의 전반적 압력이 높지만 원자로 계통과 터빈 계통이 분리돼 있고 증기발생기가 따로 있다. 특히 가압경수로는 원자로에 물이 가득 차있어서 연료봉의 온도가 천천히 상승하며, 제어봉이 원자로 위쪽에 설치되어 있어 전력공급이 중단되어도 중력에 의해 동작한다.

이것은 일본과 같은 치명적인 사고 즉 지진이나 해일 등 천재지변이 일어날 경우 즉 전원이 공급되지 않을 경우 큰 장점을 가지고 있다. 비상사태에도 원자로심 냉각 기능이 유지되기 때문이다. 한국의 원전에는 전기가 없어도 작동하는 터빈구동 보조급수 펌프가 있으므로 원자로 냉각수가 자연대류의 원리에 의해 자연 순환되기 때문이다.[15]

한마디로 우리나라의 원자로는 원자로의 긴급 정지장치 등 자동시스템으로 되어 있고, 감속재로 물을 사용하기 때문에 폭발할 위험이 전혀 없으며 또한 다중방호설비가 갖춰져 체르노빌에서와 같은 사고는 절대로 일어날 수 없으므로 국민들은 안심해도 된다는 것이다.

지진의 여파를 감안하면 한국의 경우 더욱 안전하다고 한다. 원전을 관리하는 교육과학기술부는 국내에서 발생되는 지진의 규모가 리히터 3 이상인 경우는 연간평균 10건에 그치고 있다며 지진이 잦은 지역도 평양-군산-경주를 잇는 L자 형태를 취하고 있어 원전이 위치한 고리, 영광, 울진, 월성은 상대적으로 지진발생 빈도가 낮다고 밝혔다. 지질학자들도 한반도가 태평양 판과 유라시아 판이 만나는 판의 경계에서 내륙 쪽으로 들어가 있어 상대적으로 안전하다고 설명한다.

또한 기상청이 지진 감시를 위해 계기지진 관측을 시작한 1978년 이후 2002년까지 모두 580회의 지진이 발생해 연평균 22회의 발생

빈도를 보였지만 이 중에서 실내에서 흔들림을 감지할 수 있는 규모 3.0 이상의 지진은 일본 1200회에 비해선 매우 적은 연평균 9회 가량이라고 설명했다.[16]

더구나 국내 원전의 내진설계 기준인 0.2g의 수치는 리히터 규모로 6.5의 강진에도 견딜 수 있도록 설계되었다. 0.2g이라는 수치는 2004년 5월 29일에 발생한 울진지진의 30배 이상의 규모가 바로 밑에서 발생해도 안전한 수치다. 특히 미국의 경우는 원전 설계 기준값이 평균 0.183g으로 우리보다도 낮다. 우리나라와 지진활동이 유사하다고 평가되는 미국 중동부 지역에 위치한 모든 원전들은 국내와 비슷한 0.2g이다.

리히터규모 6이란 수치는 국내에서 발생한 지진의 대부분을 차지했던 리히터 규모 3.0에 비해서 무려 27,000배 이상의 강진에도 안정하다는 뜻인데 리히터 규모 6.5는 이것보다도 15배나 높은 강진에도 견딜 수 있다는 뜻이다.

우리나라에서 설정한 규모 6.5의 지진이란 해당 원전의 '바로 밑'에서 발생해도 냉각수 등의 유출이 전혀 없는 안전 상태를 의미한다. 지반 가속도는 진앙으로부터 거리의 제곱에 반비례해서 줄어드는 만큼, 이번 일본 강진과 비슷한 8~9 규모의 지진이라도 '직격탄'만 맞지 않는다면 원전 자체에 균열이 생기는 등의 심각한 훼손 가능성은 극히 낮다는 얘기다.

특히 일본의 원전 사고는 지진으로 전력 공급이 끊겨 냉각시스템이 작동하지 않자 방사능 증기가 새어 나왔지만 한국 원전의 경우 냉각장치가 작동을 멈춰도 '자연 대류' 방식으로 긴급 상황에 대처할 수 있는 등 원전 시스템이 다르므로 과도한 걱정이 능사만은 아니라는 설명이다.[17]

그래도 안심하지 못하겠다는 사람은 원전이 아무리 안전하게 설계가 됐다고 하더라도 100% 안전한 원전은 없다는 인식이 팽배해 있기 때문이다.

국민의 우려에 대한 정부의 조치도 재빠르다. 전국의 모든 원전에 대해 5년간 1조440억원을 들여 지금까지 예상하지 못한 자연재해도 견딜 수 있도록 안전설비를 보강하기로 했다. 고리 1호기 부근 해안 방벽은 쓰나미에 취약한 위치에 있다는 지적을 감안하여 해안 방벽 끝을 해수면에서 10m 높이까지 높인다는 것이다.

전문가들은 우리 동해안에서 최대 1m 높이의 쓰나미는 78~86년을 주기로 재현될 가능성이 있지만, 10m 높이의 쓰나미는 발생 가능성이 거의 없다고 본다. 또한 쓰나미가 방벽을 넘는다고 하더라도 방수문과 각종 장비의 방수 처리로 막을 수 있도록 보강하기로 했다. 비상발전기마저 고장 나는 경우에 대비해 원전마다 차량에 싣고 다니는 이동형 비상발전기와 축전기도 설치된다.[18]

참고적으로 한국은 2011년 3월의 일본 지진을 참고하여 차후 건설되는 원자력발전소의 경우 내진설계로 리히터 규모 7.0으로 상향조정했다.

고리원전 1호기 재가동

한국의 원자력발전소가 일본과 다르므로 다소 안전하다고 설명하면 곧바로 국수주의자 또는 원전 찬성론자라고 몰아대기 십상이지만 한국의 원전에 다소라도 피해를 주는 지진이 발생할 확률은 1만년에 한 번 꼴이라는 통계까지 부정할 성질은 아니다. 물론 일부 지질학자들은 위와 같은 설명에도 불구하고 한반도 지진활동과 활성단층이 밀접하게 연관된 것으로 추정되므로 지질학적 관점에서 볼 때 양산단층과 울산단층 등이 밀집돼 있는 경상도 동해안보다는 다른 곳에 원전을 짓는 것이 바람직하다고 추천한다.[19]

한편 정부는 2011년 4월 12일 전원 공급 차단기의 부품(스프링) 결함으로 가동이 중단되었던 고리원전 1호기(설비용량 58만7천kW급, 가압경수로형)에 대해 일부 반대 진영에서 영구 폐쇄를 주장했음에도 불구하고 24일간 정밀점검을 통해 문제가 발생하지 않았으므로 재가동을 결정했다.

현재 상업운전 중인 고리원자력 발전소는 1978년 4월에 가동을 시작한 한국 최초의 핵발전소이다. 현재 나이 33살로 인간의 나이로 보면 장년기이지만 설계 당시 운전 수명이 30년이므로 설계상으로 보면 이미 노쇠할 대로 노쇠한 상태이다. 설계에 따르면 2008년에 가동이 중단되고 폐쇄 수순에 들어가야 했으나, 2007년 한국원자력안전기술원의 안전성 심사 결과에 따라 2008년 이후 10년 간 연장 운영이 결정됐었다.

고리 1호기는 국내 최초의 원자력발전소로 여러 가지 기록이 있다. 2011년 1월 국내 원전 사상 처음으로 5회 연속 한 주기 무고장 안전운전(OCTF)을 달성했다. 한 주기 무고장 안전운전은 핵연료 교체에서부터 다음 연료교체까지 발전정지 없이 연속 운전하는 것을 의미한다. 또한 1978년부터 상업운전을 한 이후 현재까지 국내 원전 최다인 10회 무고장 안전 운전을 기록했다.[20]

이와 같은 고리 1호의 업적에도 불구하고 후쿠시마원전 사고의 여파로 원전에 대한 불안감이 증폭되자 이의 가동 재개를 반대한 것이다.

그러나 원자력발전소의 수명 연장은 새로운 일이 아니다. 1965년 상업운전을 시작한 영국의 던제니스A-2호기(29만kW)는 지금까지 운용중이며 미국의 로버티기나-1호기(50만 kW)도 1969년부터 상업운전을 시작해 오늘에 이르고 있다. 미국은 현재 운영하고 있는 104기 원자력발전소 가운데 44기에 대해 20년을 추가 운영할 수 있는 허가를 내주었다.

일반적으로 세계의 많은 나라들이 처음에는 원자력발전소의 수명을 30~40년으로 상한선을 정했지만 안전성과 경제성이 확보된 원전의 경우 특별한 정치적 이유가 아니라면 60년 정도 계속운전을 허가하고 있다.

물론 영구 정지된 원전도 적지 않다. 그러나 이들 중 상당수는 연구로, 군사용 원자로 등 소규모 비상업용 원자로다. 여기에 독일·스웨덴 등 정책적 이유로 일부 원전을 영구 정지한 경우를 제외하면 원전 자체의 문제 때문에 영구 정지한 사례는 없다.[21]

TIP

경제적인 면도 고리 1호기의 재가동에 고려했다. 한국수력원자력은 2,800여억 원을 들여 보수하면 고리 1호기를 계속 운전할 수 있지만 폐로(廢爐)시키는 데는 최대 15년간 3,500억 원이 들고 100만kW 원전을 새로 건설하려면 2조5000원이 필요하다.[22]

이뿐이 아니다. 에너지경제연구원은 고리와 월성 원자력 발전소의 노후된 원전 2기의 가동을 중단하는 대신 이를 신재생 에너지로 대체하면 연간 2조 원 가량의 추가비용이 발생한다는 조사 결과를 내놓았다. 이는 결국 전기료 인상으로 이어져 가계 부담으로 돌아오게 될 것이다.[23]

각주

1) 「태평양은 세계 지각판의 블랙홀」, 박방주, 중앙일보, 2011.04.01
2) 『영화로 과학읽기』, 이필렬 외, 지식의 날개, 2006
3) 『영화로 과학읽기』, 이필렬 외, 지식의 날개, 2006
4) 「지진해일 22만명 목숨 앗아가」, 김성균, 『과학동아』 2005년 2월
5) 『영화로 과학읽기』, 이필렬 외, 지식의 날개, 2006
6) 『재미있는 생체공학 이야기』, 도비오까 겐, 안암문화사, 1992
7) 『생물들의 신비한 초능력』, 리츠네스키, 청아출판사, 1999
8) 「빙하 줄면 지진 증가」, 하주화, sciencenews.co.kr, 2004.08.06
9) 「달에 의한 인력은 지진 발생의 방아쇠 역할」, 과학향기 에피소드, 2004.11.08
10) 「댐 건설이 中 쓰촨대지진 유발했다?」, 권영석, 연합뉴스, 2009.05.10
11) 「지진·낙진 발생, '이렇게 대피하세요'」, 배경환, 아시아경제, 2011.03.16
12) 『중국의 과학과 문명』, 조셉 니덤, 까치, 2000
13) 『영화로 과학읽기』, 이필렬 외, 지식의 날개, 2006
14) 『과학 우리 시대의 교양』, 이필렬 외, 세종서적, 2005
15) 「방사선 차단 최후 보루 격납고 손상…체르노빌 재앙 올 수도」, 이해성, 한국경제, 2011.03.16
「우리나라 원전의 원자로는 안전한 것인가?」, 에너지플라넷, 한국원자력문화재단, 2011.08.02
「원전에 전기가 공급되지 않는다면 위험하지 않을까?!」, 에너지플라넷, 한국원자력문화재단, 2011.08.09
16) 「아시아 잇단 대지진 왜?」, 김희영, 스포츠서울, 2004.12.27
17) 「한반도는 지진의 안전지대인가」, 강석기, 『과학동아』 2004년 7월
「한국 원전이 주목받는 이유」, 박미진, 사이언스타임스, 2011.03.25
18) 「"原電들, 설계보다 10배 강한 지진 견디게" 5년간 1조원 투입… 고리 1호기는 재가동」, 이영완, 조선일보, 2011.05.13
19) 「국내 원전은 지진에 안전한가」, 사이언스타임스, 2011.03.13
20) 「고리 1호기 6년 만에 고장, 수명연장 '도마'」, 조정호, 연합뉴스, 2011.04.13
21) 「고리 1호기 수명연장의 꿈」, 박용, 원자력문화, 2007년 2월
「미국, 원전 운영기한 60년까지 승인」, 이경용, 2006.12.01.
22) 「"原電들, 설계보다 10배 강한 지진 견디게" 5년간 1조원 투입… 고리 1호기는 재가동」, 이영완, 조선일보, 2011.05.13
23) 「원자력 에너지의 현실적인 대안」, 전현욱, 경북일보, 2011.04.25

방사능이 바꾼 세상

5

1 방사능이 만든 괴물
2 세상을 바꾼 방사능

1 방사능이 만든 괴물

스리마일과 체르노빌 원전 사고가 미증유의 후유증을 남겼지만 이들 원전은 한국과는 다소 멀리 떨어져 있어 심각하게 생각하지는 않는다. 반면에 한국과 인근인 일본의 후쿠시마 원전에서 방출된 방사능은 이와는 차원을 달리한다.

세계 각지에서 후쿠시마 원전의 여파로 소량이지만 방사능이 발견되었다는 발표가 있자 가히 방사능 공포라는 단어가 딱 어울릴 정도로 한국을 충격으로 몰아넣었다 해도 과언이 아니다. 특히 황사를 포함한 방사선비가 내린다고 하자 많은 학교가 휴교를 하고 야외 행사들을 줄줄이 취소했으며 일본에서 수입되는 일부 농산물의 수입을 금지하기도 했다.

방사능이 남다른 것은 치사량 이상의 방사능을 받더라도 인체가 느끼지 못한다는 점이다. 세균에 대해서는 면역 체계가 가동하여 자신을 지킬 수 있지만 방사능에 대해서는 그렇지 못하다. X선과 감마선이 생물체에 닿으면 방사선 강도에 따라 고속전자가 발생한다. 이 고속전자들은 생물 체내를 느리게 달리면서 그 비적에 따라 전자와 이온을 만들기도 하고 분자를 깨뜨리기도 한다.

손상된 분자 등은 대체로 재결합해서 원상으로 돌아가지만 때로는 세포내의 생명을 지키는 중요부분 근처에 그것을 파괴하려는 독소를 발생시킨다. 독소에 의해 해를 받는 것은 단백질이나 핵산과 같은 생물체를 만드는 중요한 구성요소로 그중에서도 특히 세포내의 DNA가 손상받기도 한다. 일반적으로 DNA는 한쪽이 손상을 받더라도 그 손상을 주위의 영양을 섭취해서 회복하는 능력이 있지만 양측부분이 동시에 손상을 받으면 회복되지 않을 수도 있다.

그러므로 일단 약해진 방사선에 의한 전자발생보다도 국소적으로 고밀도를 갖는 전자발생이 더욱 유해하다고 인식한다. 이 때문에 전체 전자 발생량이 같은 경우라도 국소적 고밀도의 전자운을 만드는 중성자와 알파선이 감마선과 X선보다 10배 또는 그 이상으로 위험하다고 설명하기도 한다.

문제는 방사선 피폭에 의해 순간적인 독소가 생기고 이것이 생체분자를 어떻게 손상시키고 그 영향으로 인해 눈에 보이고 느낄 수 있는 병으로까지 나타나기까지의 구체적인 내용을 아직까지 상세하게 파악하지 못한 상태라는 점이다. 일부 세포분열 능력의 저하 등으로 몇 가지 방사선 병이 생기는 것은 사실이다.

역설적으로 인간의 단백질은 방사선의 노출에 예민하게 반응하지 않는다. 방사능을 조사하면 세포분열이 일어나기 어렵다는 것은 잘 알려져 있다. 체내에도 빠른 세포분열이 일어나고 있는 곳이 있는데 특히 소장(小腸)의 상피조직은 항상 새로운 세포로 싸여 있고 오래된 세포는 점차적으로 새로운 세포로 바뀐다. 이렇게 새로운 세포가 표면에서 만들어지지 않으면 자연히 죽은 상피세포가 사라지므로 장 내면이 벗겨져 출혈된다. 따라서 장상피조직의 수명은 대체로 장사(腸死)가 일어나는 시간이 된다.

일부 장기들은 치사량의 50배 정도에서 기능에 영향이 오는데 뇌가 다른 부분보다 비교적 강하다는 특성이 있다. 뇌종양의 치료에 대량의 X선을 조사할 수 있는 이유다. 더구나 암은 세포 분열할 때 지휘체계가 잘 가동되지 않으므로 방사선을 암세포에 잘 조사하면 그 세포증식을 멈추게 하고 재생하지 못하도록 할 수 있다. 많은 질병에 방사능 치료가 활용되는 이유다.[1]

그러므로 방사능을 무조건 경원할 것은 아니다. 사실 뢴트겐의 X선이 그 무엇보다도 인간에게 잘 알려진 것은 인간의 질병에서부터 수많은 분야에서 탁월한 도움을 주었기 때문이다. 더불어 방사능이 각 분야에 활용됨으로 인해 현대 생활이 보다 안전하고 윤택해졌다는데도 많은 사람들이 동조한다. 이는 태어난 지 100여년에 지나지 않는 방사능에 의해 현대 문명이 크게 변화했다는 것을 뜻한다.

방사능의 선악을 논하는 것은 매우 어렵다. 한마디로 방사능은 '지킬박사와 하이드' 처럼 양면성이 있기 때문이다. 특히 방사능에 대한 논란은 극과 극을 달리하므로 양면을 함께 다루는 것도 간단하지 않다. 그러므로 이곳에서는 방사능에 대한 논쟁을 다루는 것이 아니라 방사능에 따르는 여러 가지 정보를 가능한 한 객관적으로 풀어 독자의 이해를 돕는데 주안점을 둔다.

후쿠시마가 누출한 방사능

한국에서 방사능 신드롬이 일어날 정도로 불안감이 촉발된 것은 2011년 4월초, 한국원자력기술원이 한국 각지에서 방사능 농도를 측정하여 발표했기 때문이다. 이에 따르면 제주도에서 빗물을 채취한 결과 요오드131, 세슘137, 세슘134가 각각 2.02, 0.538, 0.333Bq/ℓ 농도로 검출됐으며 특히 군산에서 요오드의 농도가 가장 높아 3.12Bq/ℓ이었다.[2]

방사성 물질은 그 종류가 다양해 1천7백여 종이나 된다. 비교적 인체에 영향이 적은 것부터 해로운 것까지 여러 물질이 존재하는데 그중 20종은 인체에 특히 위험하다. 그 가운데서도 요오드와 세슘, 스트론튬이 가장 큰 영향을 미치는데 이들은 투과력이 강력한 감마선을 내어 발암성이 높다고 알려진다.[3]

요오드131은 반감기가 8일로 매우 높은 휘발성이 있는데 인간과 동물이 이것에 노출되어 폐를 통해서 흡입되면 폐포(alveoli) 면이나 기낭(air sacks, 날아다니는 곤충의 체중을 가볍게 하기 위해 공기를 비축하는 큰 주머니)에 흡수되어 혈류로 들어간다. 인간의 혈류로 들어간 요오드131은 목의 갑상선에 의해 잘 흡수된다.

세슘137은 칼륨의 유사물로 자연 상태에서는 존재하지 않고, 핵실험 등에 의해 생기는데 90%가 근육에 저장되어 근육세포를 파괴한다. 나머지는 뼈와 간, 기타 기관에 달라붙는다. 많은 양이 인체의 정상 세포에 침투되면 각종 암에 걸리는 등 치명적인 피해를 입는다고 알려진다. 세슘의 반감기는 30년 정도로 길다.

스트론튬90은 칼슘 유사물로 신체 내에서 칼슘의 흉내를 내며 반감기가 28년이다. 원자력발전소에서 방출되는 스트론튬90은 목초에 농축되어 소와 염소의 우유, 여성의 가슴에 큰 영향을 끼쳐 폐암을 유발할 수 있다고 알려진다. 또한 스트론튬90에 감염된 모유나 우유를 먹을 경우 위장관으로 들어가 흡수되고 혈류 안으로 운반되어 치아와 뼈에 붙어 뼈암이나 백혈병을 유발할 수 있다고도 한다.[4]

이에 덧붙여 부채질한 곳이 독일기상청으로 〈한국원자력기술원〉의 발표에 즈음하여 방사성 물질이 한반도를 덮을 것이라는 예측이었다. 한국에서 기피하는 방사능이 검출되었다는 말과 한국에 보다 많은 방사능이 몰려올 것이라는 예측을 듣고 한국이 온통 방사능으로 포장된다고 불안감을 노출시킨 것이다.

일본 후쿠시마 제1 원전 주변에서 다양한 방사성 물질이 검출되었다는 소식도 들려왔다. 요오드와 세슘 외에 텔루륨, 루테늄, 바륨, 란타늄, 세륨, 코발트, 지르코늄 등 10종류가 검출되었다. 급기야 원전 부지 내 토양에서는 핵무기 원료로 익숙한 플루토늄까지 검출되었다는 보도였다. 플루토늄의 발견은 많은 사람들을 놀라게 했는데 반감기가 2만4천년이나 되기 때문이다. 한마디로 일단 누출되면 이를 제어할 방법이 없으므로 '악마의 재'로 불린다.

그러나 과학자들은 이들 방사능 수치에도 불구하고 크게 불안할 이유는 없으며 '안전하다'고 판단했다. 특히 한국과학기술한림원은 국내에서 검출된 방사성 요오드의 양은 일상적으로 접하는 자연 방사선 수준으로, 인체에 질병을 야기할 가능성이 없다고 발표했다. 확인된 요오드의 수억 배 이상을 실제로 갑상선기능항진증 치료에 사용하고 있지만, 부작용조차 매우 드물다고 설명했다.

한국을 대표하는 과학자들만 가입할 수 있을 정도로 까다로운 한국과학기술한림원이 이와 같이 발표한 것은 상당히 구체적인 증거를 확보했기 때문이다. 실제로 제주도에서 발견된 2.02Bq/ℓ는 빗물을 하루에 2ℓ씩 1년 동안 마셔도 0.0307mSv 정도의 방사선 피폭이 예상될 만큼 적은 양이다. 또한 군산의 3.12Bq/ℓ은 병원에서 X레이를 찍을 때 받는 양의 1/300에 지나지 않는다. 한마디로 방사능에 대한 한국인들의 우려가 얼마나 과장되었는지를 알 수 있다.[5]

일본에서 생산되는 일부 식품들이 수입 금지되었으나 일본 수입식품 일부에서 확인된 0.08~0.6Bq/kg의 방사성 세슘과 요오드는 국내 식품위생법상 식품 방사선 기준인 세슘(Cs134 + Cs137) 370Bq/kg, 요오드(I131) 300Bq/kg과 비교해 수천 분의 1 수준에 불과하다. 미국에서는 세슘의 경우 5Bq/kg, 요오드 3Bq/kg 이하의 양이면 아예 검출되지 않은 것으로 간주한다. 한국에서 검출되었다는 방사능 농도를 볼 때 미국에서는 신경 쓰지도 않는 농도라는 뜻이다.[6]

이 문제에 관한 한 한국원자력의학원의 이승숙은 단호하게 말한다.

'일본 후쿠시마 원전 사고로 인해 한국에서 검출되고 있는 방사성 물질의 양은 아주 미량이다. 지금보다 1억 배 이상이라면 치료가 필요한 수준이다.'[7]

1억 분의 1이라는 말은 간단히 말해 10만 분의 1 보다도 1000배를 의미한다. 전문가들이 한 목소리로 "최근 국내에서 퍼지는 방사능 불안 심리는 오해와 불신에 따른 것으로, 과학적 근거가 없다"고 지적하는 이유는 이들 방사능이 일상생활의 범위를 넘지 않기 때문이다.

특히 독일기상청은 곧바로 자신들의 예측이 틀렸다고 공식적으로 발표했다. 독일기상청의 토마스 휴만은 후쿠시마가 편서풍 지형에 위치해 있어서 방사성 물질이 남동쪽으로 전파되어 한국으로 전파는 불가능하다고 말했다.[8]

그럼에도 불구하고 방사능의 공포는 전방위적으로 확산되었다. 많은 한국인이 우려하는 것 중의 하나는 후쿠시마 원전에서 방사능에 오염된 물 1만여 톤이 바다로 흘러들어갔는데 이것이 한반도로 흘러 들어오지 않는가이다. 이 질문에 대해서도 학자들의 주장은 우려할 성질이 아니라고 설명한다.

서울대 조양기 교수는 방사능 오염 유출수는 한국 방향이 아닌 동쪽, 태평양으로 조류를 따라 흘러갈 것이라고 전망했다. 조교수는 사고 해역 부근에 쿠루시오라는 빠른 해류가 존재하므로 방사능 오염수가 이 쿠루시오를 따라 동쪽, 즉 태평양 쪽으로 흘러간다는 설명이다. 쿠루시오 해류는 속도가 최대 초속 1미터 이상이고 평균적으로 초속 50cm의 매우 빠른 속도이다. 특히 해류가 예측을 벗어나서 다른 방향으로 움직일 가능성도 배제할 수는 없으나 해류는 바람보다는 훨씬 안정적인 흐름을 보이므로 쿠루시오의 흐름이 갑자기 반대

방향으로 흐르는 것은 거의 불가능하다고 말했다.

그래도 장기적으로 방사능 오염수가 우리나라로 흘러올 가능성에 대한 우려가 있지만 이 문제도 조교수는 명쾌하다.

'바닷물은 계속 흘러서 태평양 전체를 한 바퀴 도는데 이렇게 돌다보면 우리나라 부근에 올 수도 있다. 하지만 우리나라까지 오는 데 상당히 많은 시간이 걸리며 그 과정 중에 오염수가 희석되는 등 농도가 크게 낮아질 것이다.'

특히 원전에서 소량 발견되었다는 플루토늄은 상당히 무거운 물질로 일본 앞바다로 영향이 제한되고 한국은 피해가 없을 것이라고 말했다.[9]

인간은 일반적으로 연간 2.0mSv(200밀리렘)의 자연 방사선을 받는다. 물론 자연 방사선의 경우도 많이 노출되면 위험하므로 규제한다. 유럽과 미국에서는 승무원의 비행시간을 1년에 8백 시간 이내로 규제하는데 비행기로 유럽을 왕복하면 0.07mSv의 방사선을 받기 때문이다.

다시 숫자를 검증하는 의미에서 인공 방사선 피폭량을 분석한다. 한 번 X선 촬영을 할 때 받는 방사선량은 약 0.1mSv이다. 컴퓨터단층촬영(CT)을 한 번 했을 때 몸에 쪼이는 방사선량은 6.9mSv이다. 이는 방사성 물질에 오염된 우유 1ℓ를 마셨을 때의 여덟 배, 오염된 시금치 1kg을 먹었을 때의 세 배에 이른다. 따라서 후쿠시마 원전에서 누출된 방사능보다는 CT 촬영에 더 민감해야 하는 것이 타당하다.

일반적으로 방사선 1천mSv 이상을 온몸에 쬐면 구토가 일어나고, 7천mSv를 쬐면 죽는다고 알려진다. 참고로 원전 종사자는 연간

20mSv 이상 방사선을 받지 않도록 주의하고 있다.[10]

한국이 일본의 방사능에 특별히 우려할 사항은 아니라는 설명에도 불구하고 가장 염려하는 것은 방사능의 양이 아무리 적더라도 방사능이 정말로 암이나 기타 질병을 유발하지 않을까 하는 걱정 때문이다. 그동안 암의 주요원인으로 방사능이 자주 지목되어 방사능에 대한 공포가 더욱더 커지고 있다.

앞에서 설명했지만 방사능에 의한 유전적 영향이 어떠한가는 초미의 관심사이다. 방사선이 무엇보다 곤혹스러운 것은 일단 피폭된 후에는 이를 없었던 것처럼 되돌리는 것이 불가능하기 때문이다.

1922년 마라는 하늘소에 여러 가지 세기의 X선을 조사해서 돌연변이가 일어나는 비율은 직접 선량에 비례한다는 '마라의 법칙'을 도출했다. 그 비례성은 천연의 돌연변이율에 150배까지 이른다고 알려진다. 특히 암 발생률, 특히 백혈병 발생률 등은 방사선량 비례관계가 상당히 유사했다.

마라 이후 인간이 방사능에 어느 정도 영향을 받는가에 대한 연구를 위해 영국에서 쥐 100만 마리를 사용하여 유전에 대한 연구를 집중적으로 수행했는데 역시 마라의 법칙에 따른다는 것을 확인했다. 특히 같은 선량을 급히 단시간에 준 것과 장시간에 나누어 준 경우와 비교하면 확실히 단시간에 집중적으로 피폭되었을 때 위험하다는 것이 알려졌다.

놀라운 것은 이러한 연구 결과에도 불구하고 히로시마와 나가사키의 경우 커다란 유전적 장애가 발견되지 않았다는 점이다. 히로시마와 나가사키에 원자폭탄이 투여된 지 65년이나 경과했고 적어도 2세대 이상이 지났는데 치명적인 유전적 이상은 나타나지 않았다. 마라의 법칙에 의하면 방사선에 피폭되어 DNA가 1개 손상되더라도 유한한 확률로 유전 장애가 일어나야 하는 것이 기본이다.

그러나 현재까지 큰 영향이 나타나지 않는 것에 대한 의견은 구구하다. 일부 학자들은 방사선에 피폭되었다 하더라도 유전이라는 것이 하나의 세포 단위가 아니라 인간이 가진 100조에 달하는 세포에 전체적인 영향을 미칠지도 모른다고 생각한다. 이 문제에 대한 정확한 답이 현재까지 나타나지는 않았지만 인간이 오묘한 동물이라 가장 치명적인 피폭을 경험한 히로시마와 나가사키에서 아직까지 확실한 영향이 나타나지 않았다는 것은 그동안 방사능에 대한 우려를 다소 저감시킨 것은 사실이다.[11]

유전에 관한 올바르고 충분한 통계 데이터를 얻는 것이 간단하지 않은데다 유전은 다음 세대에 나타나므로 더욱 정확한 평가를 얻는 것이 어렵지만 아직 인간에 관한 한 방사능이 유전적인 면에서 큰 저해를 가져오지는 않았다. 그러나 피폭된 당사자는 암은 물론 치명적인 질병을 유발할 수 있으므로 아무리 작은 양의 방사능에 대해서도 주의를 기울여야 하며 '안전하다'고 단언할 수 있는 방사능 수치란 없다는 의견도 있다.

그래도 많은 학자들이 방사능이라면 무조건 과민반응을 보이는 것은 능사가 아니라고 지적한다.

방사능이 만든 괴담

원자력발전소는 원래 방사능을 모태로 하여 가동되며 한 번 사고가 날 경우 많은 사람들이 피해를 입는다는 개연성은 항상 존재한다. 그러므로 원자력을 총체적으로 반대하는 사람들의 주장을 완전히 도외시할 수는 없다. 원자력 자체를 지구상에서 영원히 사라지게 하는 것이 자신의 임무라고 생각하는 사람들이 많은 것도 사실이다.

문제는 방사능보다 더 무서운 방사능 공포와 더불어 뜬금없는 방사능 괴담이 기승을 부린다는 점이다. 잘 알려진 사실이지만 후쿠시마 원전 사고가 일어나자마자 인터넷에 '체르노빌 방사능을 맞아 돌연변이를 일으킨 괴물' 사진이 등장했다. 길이 4미터짜리 메기는 물론 뱀만큼 굵고 긴 지렁이, 송아지만 한 끔찍한 쥐 등이다.

그러나 이들 괴물의 진상을 보면 인터넷에 올리는 사람들의 과장하거나 포장하는 능력이 그야말로 놀랍다. 괴물 쥐는 중국 미술대학원생이 졸업 작품으로 만든 모형인데 엉뚱하게 '체르노빌 쥐'로 포장된 것이다. 방사능 지렁이도 마찬가지로 체르노빌이 아니라 원래부터 호주와 남미에 서식하는 자이언트 지렁이로 보통 1미터 길이며 최대 3미터까지 자란다고 한다.

물론 장난이라지만 아무리 장난이라 해도 도가 지나쳤다는 비난은 당연하다. 동물의 돌연변이는 일부 염색체에 이상이 생길 수 있지만 모든 조직이 골고루 3~4배씩 커지는 경우는 발생학적으로 불가능하다.

서울대 이준호 교수는 방사능에 의한 괴물이 나타나려면 체르노빌이 아니라 원폭이 투하된 일본 히로시마와 나가사키에서 일어나야 했다고 잘라서 말한다. 아직까지 히로시마에서 키 5미터의 인간이나 나가사키에서 코끼리만 한 쥐가 발견되지 않았다는 것이 그 증거라고 반문했다.

4미터짜리 메기의 진실도 알고 보면 코미디다. 중앙내수면연구소의 이완옥 박사는 체르노빌 주변의 드네프르강에 대형 웰스메기가 서식하는데 이들 크기가 대형으로 2~3미터는 보통이라고 설명한다. 사실 대형 메기는 세계 각지에서 발견되는데 2010년 한국에서도 1미터가 넘는 토종메기 3마리가 발견됐다. 그런데 이 박사는 대형메기의 등장을 매우 역설적으로 설명했다.

'최고 포식자인 메기가 남획되지 않고 50년 이상 자라면 당연히 몸집이 쑥쑥 커진다. 체르노빌 메기 동영상에 함께 등장하는 잉어를 눈여겨보라. 보통 잉어보다 2~3배 큰 대어(大魚)로 이는 25년간 체르노빌 일대에 인간 출입이 금지되면서 물고기에겐 최고의 서식 환경이 제공된 덕분이다. 돌연변이라기보다 정상적 발육이다. 다시 말하자면 체르노빌 메기는 방사능 피해자가 아니라 오히려 방사능 공포의 수혜자로 보는 게 훨씬 과학적이다.'

언론인 이철호는 이 문제에 관한 한 누가, 무슨 의도로 이런 괴담을 퍼뜨리느냐고 질문했다. 방사능이 유출되었다는 보도가 나오자마자 뜬금없는 동영상으로 온 세상이 뒤집어질 듯이 광풍이 일었는데 그 후유증이 그 어느 때보다도 크다. 찰스 매케이는 『대중의 미망과 광기』에서 '군중은 한 번 씩 집단적으로 미쳤다가 엄청난 비용을 치른 뒤에야 자각을 되찾는다'고 했는데 바로 방사능 사태가 꼭 닮았다고 지적했다. 그러나 이들 포장된 정보의 가장 큰 문제점은 어떠한 전문가의 이야기도 씨알조차 먹히지 않게 만드는 분위기로 변질되기 때문이다.[12]

작품이 만드는 방사능 세계

방사능의 해악이 일반 사람들에게 쉽게 받아들여지는 것에는 과학적인 지식보다는 만화를 비롯한 SF 작품들의 역할이 보다 크다.

방사능의 결과를 단순하면서도 극적으로 보여준 만화는 수많은 TV시리즈물과 영화로도 번안된 『헐크』이다.

감마 폭탄을 발명한 브루스 배너 박사는 한 간첩의 음모로 그 폭탄을 처음 시험하면서 감마선에 피폭되었는데 외형적으로는 전혀 피해를 입지 않은 것처럼 보인다.

그런데 흥분하거나 화가 나면 본래의 모습인 약 175센티미터 키에 몸무게 58킬로그램에서 몸 색깔에 따라 키가 198~213센티미터, 몸무게 408~471킬로그램의 초인적인 힘에 난폭한 성격의 거대한 괴물로 변신한다. 그는 90~100톤의 무게도 들어 올릴 수 있다. 처음에는 회색으로 변신했는데 나중에는 초록색으로도 변신한다. 로이스 그레시는 헐크가 초록색으로 변한 것은 원래 인쇄의 실수였는데 나중에

만화가인 커비가 줄거리에 채택하여 헐크는 색깔이 달라질 때마다 성격이 달라졌다고 설명했다.

제2차 세계대전이 끝나자마자 원자폭탄은 만화책을 비롯하여 모든 SF물에서 각종 악한이나 범죄자, 소위 불량국가들이 가장 많이 사용한 위협수단이었다. 히로시마와 나가사키에 떨어진 원자폭탄이 만들어낸 끔찍한 파괴현장 사진들이 교과서에 실렸고 원자폭탄 실험에 대한 이야기들이 거의 매일 언론 매체에 보도됐으므로 일반인들은 자연스럽게 방사능의 해악을 많이 느꼈다.

더욱이 원자력에 종사했던 전문가들조차 원자폭탄이 세상을 황폐화시키고 파괴시킬 것이라는 우려가 기우가 아니라는 주장도 원폭의 위험성을 높이는데 일조했다. 실제로 TNT가 폭발할 때 온도가 수천 도까지밖에 올라가지 않지만 원자폭탄이 만드는 버섯구름의 온도는 수백만 도이므로 공포심을 주기에는 충분했다.

과학자들이 강력한 방사선이 동물 조직에 어떤 영향을 미칠지 확신하지 못하는 순간에 이미 수많은 영화와 만화에서 방사선에 피폭된 괴물들을 창조해내자 방사능은 괴물을 만드는 장본인이라는 인식이 매우 깊이 부각되었다.

그 중에서도 헐크, 닌자거북이는 원자폭탄 방사선이 낳은 가장 끔찍한 부산물로 그 명성을 날렸는데 그 중에서도 압권은 헐크이다. 헐크가 사람들에게 큰 인기를 끈 것은 선한 사람과 괴물이라는 두 모습을 한 몸에 지니고 있었기 때문이다. 한 몸에 들어 있는 두 가지 인격이라는 개념은 진부했지만 방사선의 영향은 지대했다.

헐크에 버금갈 정도로 유명해진 만화의 주인공은 '스파이더맨'이다. 책을 좋아하는 겁쟁이 피터 파커는 방사선 시연을 보여주는 과학 전시장에서 우연히 방사선에 쪼인 거미에게 물린다. 집으로 돌아오는 길에 피터는 그 거미에 물려 자신이 거미의 능력을 얻게 되었다는 것을 알아차린다. 거미의 힘과 속도, 민첩성, 달라붙는 능력 등을 갖게 된 것이다.

「스파이더맨」이 공전의 흥행에 성공할 수 있었던 것은 다른 슈퍼영웅처럼 처음부터 완벽한 것이 아니라 계속 실수를 저지르면서 교훈을 배워가기 때문이다. 그는 경찰이 도와달라는 요청도 무시하고 조무래기 악당이 달아나도록 방치한다. 악당들을 저지하는 일은 자신의 일이 아니고 경찰이 할 일이라는 것이다. 물론 사건은 기묘하게 꼬여 조무래기 악당이 피터의 삼촌 벤을 살해한다. 범인을 잡았을 때 자신이 일찍 경찰의 도움 요청을 무시하지 않았다면 삼촌이 살해되지 않았을 것이라고 깨달으면서 책임을 토대로 하는 인생을 살아간다.

「판타스틱 4」는 인류구원을 목적으로 우주폭풍 연구에 나섰다가 예정보다 일찍 불어온 폭풍 속의 강력한 방사능 에너지에 노출되어 유전자 변이를 일으킨 초능력자 4명의 이야기다. 리차드는 자신의 몸을 마음대로 확장시킬 수 있는 고무인간, 벤은 가공할 힘과 암석과 같은 단단한 근육을 지닌 스톤인간, 수는 몸을 보이지 않게 할뿐 아니라 보호막을 만들 수 있는 투명인간, 쟈니는 온몸을 활활 불태울 수 있는 파이어맨으로 변해 악의 화신 닥터 둠과 한판 승부를 벌인다는 내용이다.

현실적으로 초능력자 4명이 태어날 수는 없지만 만화가로서는 이들 초능력자를 등장시키는 방법으로 강력한 방사능을 접목시키기만 하면 되므로 방사능이 고맙지 않을 수 없다. 이들 내용은 현실 속의 참이 아니라 작품 속의 아이디어이므로 작가의 상상력을 평가하는 잣대로만 활용해야 한다는 뜻이다.[13]

SF물에서 방사능에 의한 여파는 인간의 변형에만 등장하는 것은 아니다. 거미나 개미가 방사능에 의해 거대화되어 지구를 초토화시키는 것도 다반사이며 돌연변이 인간이나 괴물이 탄생하는 요인으로 방사능을 도입하면 독자들도 큰 거부반응 없이 넘어 간다. 사실상 SF 영화에서 방사능으로 돌연변이 인간이 되거나 괴물이 되지 않는 캐릭터가 안 나오면 재미없다고 이야기할 정도이다.

감마선은 빛과 마찬가지로 일종의 전자기 복사선이다. 우주에는 많은 종류의 전자기파가 있는데 그 중에 인간의 눈에 보이는 것은 극히 일부에 지나지 않는다. 그런데 헐크의 원주인공 브루스 배너 박사는 감마선에 정통으로 노출되어 가이거 계수기가 요란스럽게 뚜뚜뚜 소리를 낼 정도로 몸에 방사능을 많이 가지게 되었다고 한다.

감마선에 심하게 노출되면 가이거 계수기가 소리를 내는 것은 사실이다. 중요한 것은 감마선을 맞았다고 해서 사람을 변신시키는 것은 아니라 화상, 암, 사망의 원인이 된다. 만약 브루스 배너의 몸에서 가이거 계수기가 뚜뚜뚜 소리가 날 정도로 피폭되었다면 그는 1,000렘 이상의 방사선에 노출되었다는 것을 뜻하는데 일반적으로 800렘 이상이면 피폭자는 고통스러워하다가 며칠 내에 사망한다. 브루스 배너야 특별한 체질이라지만 인간인 이상 초록색인간이 되기는커녕 며칠 안에 사망해야 옳다.

아무리 강한 방사선이라 할지라도 살아 있는 세포를 변형시키지 않는다. 특히 방사선이 특정한 호르몬 샘에 과잉 반응을 유도해 인체에 돌연변이를 일으키는 것도 아니다. 하전입자들은 인체 조직을 통과할 때 원자와 분자에서 전자를 빼앗아 감으로서 그 원자와 분자가 제 기능을 못하도록 막는다.

반면에 강한 방사선은 대체로 한 가지 일에는 위력을 발휘하는데 인간을 변형시키는 것이 아니라 죽이는 것이다. 만화나 SF 영화에서 다반사로 일어나는 일(살아 있는 사람이 변형되는 등)이 실제 상황에서는 불가능한 일임을 인식하는 것도 원자력을 이해하는데 매우 도움이 된다고 로이스 그로시는 적었다.[14]

참고적으로 일본에서 원자폭탄의 피해자로 보상하는 기준에는 원폭 피해 중 직접 방사선을 쬔 사람과 원폭 투하 후 사체 처리자, 원호에 종사하였던 작업자, 그리고 이상과 같은 사람들의 태아까지를 포함한다. 그러나 방사선이 피폭될 당시 존재하지 않았고 피폭 후 임신되어 출생한 아기는 보상대상에 포함시키지 않는다.[15]

2
세상을 바꾼 방사능

다른 많은 유용한 물질과 마찬가지로 방사능은 장점에 못지않을 정도로 단점이 있는데 그것은 방사능이 남용될 경우 인간은 물론 각종 생명체에게 치명적인 결과가 올 수 있다는 점은 이미 설명했다. 방사능의 발견으로부터 파생된 연구결과 중에서 가장 잘 알려진 핵 처리 기술은 원자폭탄이라는 가공할 무기를 만들었고 심각한 후유증을 불러 일으켰다.

그러나 원자력은 원자력발전소라는 문명의 이기도 발명했고 이들 때문에 수많은 혜택을 받은 것도 사실이다. 그럼에도 불구하고 원자력에 대해 많은 사람들이 과민 반응을 보이는 것은 원자력이 가진 원천적인 부작용 때문이라는 것을 지적했다. 역으로 설명한다면 많은 사람들이 거부반응을 보이고 심각한 후유증을 불러일으키는데도 불구하고 이들이 지구상에서 사라지지 않는 것은 단점을 상쇄시킬 수 있는 그 무엇이 있기 때문이다.

20세기는 과학 기술의 발전을 향해 달리는 질풍노도의 시기였다. 이것이 가능했던 것은 20세기로 들어오기 직전에 이루어진 두 가지의 획기적인 과학적 발견 때문이다. 바로 X선과 방사능의 발견이다. 이는 X선과 방사능이 인간과 접목되어 수많은 긍정적인 결과를 얻게 만들었다는 것을 의미한다.

이들이 인간을 위해 사용되고 있는 분야는 수없이 많다. 이곳에서는 이를 방사선의 조사 이용, 추적자 이용, 특수 목적으로 나누어 설명한다. 이들 중 농산물 이용은 따로 분리하여 설명한다.

방사선의 조사 이용

병원에서 X선 촬영을 한 번도 해보지 않은 사람은 거의 없을 것이다. X선은 극히 짧은 파장의 전자기 복사선으로 물체를 뚫고 지나가는 성질이 있으므로 골절이나 부상자의 몸에 박힌 파편이나 유리 조각, 또는 어린아이가 우연히 삼킨 물건을 찾아낼 때 사용되는 것을 앞에서 설명했다.

비행기에 실린 짐을 조사하는 데도 이용되며 테러범이 휴대하고 있을지 모를 불법 무기를 색출하여 여행객들이 안전한 여행을 할 수 있게 하는 것도 X선이 있기에 가능하다.[16]

2008년 2월 한국을 깜짝 놀라게 하는 보도가 있었다. 한국의 국가 상징으로 나라의 중요 문서에 사용하는 도장인 국새를 정밀 검사한 결과 내부 깊숙한 곳까지 금이 간 사실을 발견했다. 국새는 대통령이 국가원수로서 행하는 헌법공포문, 훈·포장증, 5급 이상 공무원의 임명장, 중요 외교문서 등에 날인되는데 연간 16,000번 정도 사용된다.

국새에 금이 간 것을 발견한 것은 비파괴 검사를 통해서이다. 물체를 파괴하지 않고 내부의 결함을 검사하는 방법 전부를 비파괴검사라고 하는데 사람 몸속을 들여다보는 X선 촬영도 일종의 비파괴검사이다. 그러나 국새는 금, 은, 구리, 아연, 주석의 합금으로 만들어졌기 때문에 일반적인 X선 촬영으로는 내부를 살필 수 없다. 사실 X선의 약점은 승객 가방 안에 숨겨진 얇은 막의 플라스틱 폭발물을 감지하는 것도 거의 불가능하다.

이 경우 X선 대신에 중성자를 사용한다. 중성자는 X선과는 반대의 성질이 있어 무거운 물질도 투과한다. 반면에 중성자 비파괴검사는 비행기, 우주선 부품 등 안전이 매우 중요하지만 속을 뜯어볼 수 없는 물체에 주로 사용된다.

중성자의 성능을 보다 업그레이드 시킨 것은 검색 대상 물질의 종류를 파악할 수 있다. 중성자가 원자핵에 흡수되면 그 원자핵의 고유 성질을 나타내는 감마선이 원자핵에서 방출된다. 이 감마선의 세기와 강도를 측정하면 검사되는 물질 내에 존재하는 특정한 원소의 양과 종류를 추정할 수 있다. 중성자 검색 개념은 이러한 원리를 기반으로 하여 주로 폭발물에 많이 존재하는 탄소, 질소, 산소를 감지한다.[17]

그러나 방사선은 이와 같은 검색뿐만 아니라 산업 현장에서도 훌륭한 역할을 한다는데 그 중요성이 있다. 어떤 기계 부품 내부에 균열이 있다면 육안으로 알아낼 방법이 없지만 방사선의 투시력은 이때 진가를 발휘한다. 비행기의 부품, 몸체의 검사, 선박 제조, 대형 건물이나 대형 기계장치의 결함을 찾아내는데 약방의 감초처럼 사용되고 있다. 한마디로 이런 방사선 활용법이 개발되지 않았다면 사고를 미연에 방지하지 못해 수많은 사고가 일어났을 것이다. 과거에는 비파괴 검사에 X선이 주로 사용되었으나 강한 투과력을 얻기 위해 감마선을 주로 사용하는데 이는 다음과 같은 많은 장점이 있기 때문이다.

① 방사선동위원소를 사용하는 감마선의 에너지선택 용이
② 전원이 필요 없으므로 야외에서도 사용가능
③ 장치의 소형화로 운반 및 사용편리
④ 경제성[18]

방사성동위원소들의 화학적 성질을 연구하고 이를 이용하는 분야를 '방사선화학(radiation chemistry)'이라 한다. 이 분야는 날이 갈수록 발전하여 산업적으로 전자빔을 조사하는 방법도 많이 사용된다. 플라스틱으로 된 튜브를 가열하면 쪼그라들어 반경이 줄어들기 십상이다. 폴리에틸렌에 전자 빔을 쬐면 폴리머의 구조가 변하는데 이 특성에 의해 처리된 플라스틱 튜브가 바로 이렇게 변형되는 튜브다. 전자빔에 조사된 폴리에틸렌은 이외에도 여러 가지 성질이 좋아지는데 예를 들면 전선의 피복으로 사용하면 월등히 좋은 절연 효과를 나타낸다.[19]

방사선을 조사하여 거의 3배나 강한 콘크리트를 만들 수 있다. 강하고 탄성이 좋은 화학섬유, 비닐, 합성고무 등을 생산하기도 한다. 강화 플라스틱은 송유관, 송수관, 담수화공장이나 정유공장의 배관 등에 이용된다.[20]

방사선 조사로 근래 많이 활용되는 분야는 화장품 분야다. 화장품을 생산하기 위해서는 복합적인 기술이 필요하다. 생화학, 약리학, 화장품 제형학, 유화화학 등 아주 다양하고 복잡한 학문적 틀에서 만들어지는 것이 화장품 산업의 매력이다. 그러나 피부에 도포하는 것인만큼 가장 신경 쓰는 분야가 안전성인데 그동안 사용된 방부제는 여러 가지 문제점이 많다. 화장품은 사용기간이 길고 다양한 영양물질이 포함되어 미생물의 번식이 매우 용이하므로 방부제가 첨가되어야만 제품의 수명을 보장할 수 있다. 그러나 이런 방부제는 피부에 자극성을 동반하여 알레르기의 주요 요인이 되기도 한다.

방부제의 대안으로 등장한 것이 방사선이다. 에센스, 스킨에서 녹차폴리페놀을 첨가하고 방사선을 조사한 결과 황색포도쌍구균, 대장균 등이 완전히 사멸되었고 일정기간 저장해도 화장품의 물성변화가 발견되지 않았다. 또한 인간의 멜라노마 색소 세포의 억제활성도도 높였다. 한마디로 화장품의 생리활성에 도움을 주어 항균과 미백 기능의 시너지를 얻는 것이다.[21]

X선이 가장 많이 활용되는 곳은 의학 분야이다. X선은 입체적인 인체가 평면으로 찍히기 때문에 병든 부분이 겹쳐져 나타나 정확한 위치를 알아낼 수 없는 단점이 있다. 이 문제를 해결한 것이 CT(X선 단층촬영기)-스캐너이다. CT 역시 X선을 이용하지만 평면적인 X선 촬영과 달리 360도로 회전하면서 인체를 단면으로 나눠 촬영하기 때문에 몸 속을 입체적으로 알 수 있다. 복부와 가슴, 체내의 여러 조직을 관찰하는 데 사용되는데 투사부분의 흡수계수를 정확히 파악한 후 단면

도를 만들면 병변과 정상 조직의 차이가 근소하더라도 곧바로 확인이 가능하다.

CT-스캐너는 곧바로 천사의 선물이라는 말을 들으며 전 세계에 보급되었고 병원의 신뢰성은 CT-스캐너가 확보되었느냐 안 되었느냐로 평가될 정도였다. CT-스캐너를 발명한 코맥(Alan MacLeod Cormack, 1924~1998)과 하운스필드(Godfrey Newbold Hounsfield, 1919~2004)는 1979년에 노벨 생리·의학상을 받았다.

그러나 CT-스캐너도 여전히 X선을 사용하기 때문에 인체가 방사선에 노출된다. 또한 CT-스캐너는 인체의 해부학적 구조만 보여줄 뿐 내부조직의 기능적인 상태나 생리학적인 상태를 보여줄 수 없었다. 이 문제점을 해결하여 인체의 내부 모습을 해부하지 않고도 조사할 수 있게 된 것이 핵자기공명(NMR)법이다.[22]

의학에서 NMR-CT(nucelar magnetic resonance-computed tomography)의 역할은 더욱 두드러지는데 인체를 강한 정자기장 안에 두고 수소 원자의 공명 주파수와 같은 주파수의 전자파를 순간적으로 건다. 그 직후에 인체 속의 수소 원자의 핵자기 공명에 의해 방사되는 전자파를 측정하여 그것으로부터 인체의 어떤 단면상의 수소 원자 분포를 이용해 그 단면의 단층화면을 만들어 낼 수 있다. NMR을 개선한 쿠르트 뷔트리히(Kurt Wuthrich, 1938~)는 2002년 노벨화학상을 수상했다. 최근 세계적인 주목을 받았던 광우병의 원인이 프리온이란 단백질이라는 것을 밝혀낸 것도 NMR기법에 의한 것이다.[23]

NMR이 획기적인 기자재임은 틀림없지만 인체와 같은 복잡한 고분자를 측정하기에는 아직도 분해능이 불충분했다. 이 단점을 개선한 것이 유명한 MRI(자기공명화상장치, Magnetic Resonance Imaging) 장치이다. MRI-CT가 등장하자 인체에의 활용은 가히 폭발적이었다. 곧바로 뇌와 척수 질환을 비롯하여 심장 및 혈관질환, 폐, 간 등 장기는 물론 부인과 및 비뇨기계의 종양, 유방질환, 관절질환 등도 진단할 수 있어 암의 조기 발견이 쉬워진 이유이기도 하다. MRI-CT가 개발되자 노벨상의 영예를 누가 획득하느냐가 관심사였는데 예상대로 2003년에 미국의 폴 로터버(Paul C. Lauterbur)와 피터 맨스필드(Peter Mansfield)가 노벨상을 공동 수상했다.

그러나 MRI-CT는 CT-스캐너로 볼 수 없는 뇌나 척수 같은 신경계의 질병을 진단하는데 탁월한 성능을 보이지만 촬영시간이 길어 폐나 위처럼 움직이는 장기를 찍는 것이 어려운 등 단점이 있다. 그러므로 의사들은 환자의 병명에 따라 방사능을 사용하는 CT-스캐너를 선별적으로 사용한다.

아이러니컬하게도 방사능은 백혈병을 포함한 암 종양의 치료에도 이용된다. 방사선으로 종양이 크고 침습이 되어 수술이 어렵거나 수술로 제거하지 못한 국한 부위를 치료(local/regional control)하는 수단으로 암환자의 거의 60퍼센트가 방사선치료를 받고 있다고 알려진다.[24] 또한 출혈을 멎게 하거나 통증을 경감시켜 고통을 감소시키기도 한다.

후쿠시마 원전 사고가 일어나자 일본에 요오드를 보내주고 중국 사람들은 요오드를 사재기 했다는 이야기가 있다. 이는 방사능 자체를 인체의 질병에 직접 활용하는 특이한 예이다. 희한하게도 사람이 요오드를 먹으면 이것은 항상 갑상선에 가서 모이고 갑상선에 가득 차면 밖으로 배출하는 특징이 있다. 그러므로 약간의 방사선이 나오는 방사능 요오드를 먹으면 갑상선에 고여 계속 방사선을 내면서 암세포를 죽인다.

그런데 방사능에 피폭되었을 때 즉 암이 걸리지 않았더라도 요오드를 먹는 것은 갑상선에 요오드가 꽉차면 방사능 물질이 들어가도 밖으로 나가기 때문이다. 방사능의 효과를 정확히 파악하면 오히려 방사능이 인간의 방사능 감염으로부터도 방어할 수 있는 길이 생긴다고 설명하는 이유다.

추적자로 이용

1938년 미국의 의학자 조지프 해밀턴(Joseph Gilbert Hamilton, 1907~1957)은 방사선을 낼 수 있는 원소를 이용하면 그것의 이동경로를 추적하여 인체 내에서 일어나는 화학변화(신진대사) 과정을 조사하거나 병을 진단할 수 있다고 확신했다. 그래서 그는 반감기가 8일인 요오드131과 가이거 계수관을 이용하여 요오드가 이동하는 경로와 화학변화를 연구하고 갑상선 암을 치료할 수 있는 토대를 쌓았다. 이것은 비행기에 싣는 짐의 짐표라든가 작은 송신기를 부착해둔 동물이나 새의 이동을 뒤쫓는 추적 장치와 비슷하기 때문에 '동위원소 추적자(isoptopic tracer)' 또는 추적자라 부른다.

해밀턴은 방사성동위원소를 추적자로 사용하는 진단과 치료 등 의학적 연구에 큰 기여를 했으나 방사성물질을 계속해서 많이 취급한 탓으로 혈액암인 백혈병으로 49세의 나이로 사망했다.

인체로부터 채취한 혈액 기타 분비물 등을 직접 조사하여 질병을 진단하는 경우도 있다. 가령 신생아의 혈액에 함유된 갑상선 자극호르몬의 양을 요오드125를 이용해 구레딘증을 발견해 낼 수 있으며 인슐린, 성장호르몬, 부신피질호르몬, 활체호르몬의 이상 여부도 조사할 수 있다. 또 간암에서 나오는 알파페토프로테인이나 대장암에서 나오는 분비물 등을 조사하여 암을 진단하기도 한다.[25]

미국 의학자 조지 휘플(George Whipple, 1878~1976)은 반감기가 45일인 철의 동위원소(철59)를 이용하여 혈액에 대한 새로운 사실들을 밝혔다. 철59가 포함된 음식을 섭취하면 적혈구의 헤모글로빈 성분으로 참여하므로 이를 추적하여 적혈구의 생성 과정, 이동 경로, 적혈구의 수명, 빈혈과 간과의 관계 등 혈액에 대한 수많은 사실을 발견했다. 그의 이런 선구적인 연구는 1934년 노벨생리의학상으로 보상받았다. 이후 비슷한 연구가 급속히 진전되어 '방사선의학'이라는 새로운 의학 분야를 탄생시켰다.[26]

인체 구석구석에 어떤 질병들이 있는지를 찾아낸다는 것은 그리 쉬운 일이 아니다. 인체의 질병진단에 가장 먼저 이용되기 시작한 것은 앞에 설명한 X선이다. 뢴트겐이 발견한 X선은 인체를 투과할 경우 장기 또는 조직의 밀도에 따라 흡수 또는 흩어지는 정도가 다르기 때문에 이 성질을 이용하여 질병의 증상을 알아낼 수 있다.

그러나 최근 X선 기기가 업그레이되어 허파나 뼈의 촬영만이 아니라 황산바륨 등 조영제(造影劑)를 체내에 넣은 다음 여기에 방사선을 투과시켜 체내의 생리현상을 직접 눈으로 확인하기도 한다. 바륨은 X선을 흡수하는 성질이 있기 때문에 황산바륨으로 채워진 소화기관은 하얗게 나타난다. 그러면 검게 보이는 다른 조직과 확연히 구별되므로 의사는 하얀 부분의 영상을 조사하여 암 조직이나 기타 염증이 생긴 부분을 찾아낼 수 있다. 이를 조영제라고 부르는 것은 X선 촬영에서 그늘을 만들기 때문이다. 조영제는 검사가 끝난 후 곧바로 체외로 배출되어 인체에 부작용을 미치지 않는다.

암은 현대인들에게 초미의 관심사이므로 보다 설명한다.[27]
암을 발견하는 방법은 여러 가지이다. 불소18과 같은 물질을 인체에 주사하면 이 물질은 암 조직이 있는 곳에 많이 모이는 성질이 있으므로 이를 파악하면 암이 생긴 부위를 정확하게 파악할 수 있다.
또한 암세포는 증식이 매우 빠르기 때문에 정상 조직에 비해 100배 정도 많은 포도당을 필요로 한다는 점을 이용하기도 한다. 즉 뇌암이나 심장근육암 등을 제외한 일반 암을 진단할 때 암이 포도당을 많이 소모한다는 사실을 이용하는 것이다. 포도당에 방사성동위원소를 물리적으로 붙여 주사한 후 암이 발생한 곳에 다른 정상 조직에 비해 많은 방사성동위원소가 모이는 것을 촬영하여 암 여부를 확인한다. 이 기능을 가진 기기가 '양전자방출단층촬영장치(PET)'이다.
반면에 뇌암의 경우 이런 방법을 사용하기 어렵다. 뇌는 평상시에도 일반 조직에 비해 엄청나게 많은 포도당을 사용하기 때문이다. 즉 포도당에 방사성동위원소를 붙이는 방법으로는 암인지 뇌 조직인지 구분하기 어렵다. 이때는 뇌암 세포가 좋아하는 아미노산에 방사성동위원소를 붙인다.

갑상선 암의 진단도 방사성동위원소를 사용한다. 갑상선 호르몬의 주사용은 요오드다. 이 때문에 몸 안에 요오드가 있으면 갑상선은 방사능이 있든 없든 마구 끌어간다. 그러므로 방사선을 내뿜는 요오드 방사성동위원소를 주사하는 방법을 사용한다. 탈륨은 협심증이나 심근경색 진단에 사용한다. 이 원소는 심장 수축과 이완에 사용되는 칼륨처럼 행세하기 때문에 주사하면 대부분 심장에 모인다. 이를 주사한 뒤 촬영하면 심장의 혈관이 좁아졌는지 막혔는지 알 수 있다.

암에 방사성 치료를 주로 사용하는 것은 방사선이 DNA의 사슬을 끊어 세포를 죽일 수 있기 때문이다. 암 환자들이 항암제 투여와 함께 방사선 치료를 받는 것은 이 때문이다. 방사동위원소를 키토산과 섞어 간암 치료에 사용하기도 한다. 주사 당시에는 액체 상태이지만 몸 속에 들어가면 끈적끈적한 점액 상태로 변하면서 방사선을 내뿜는다. 즉 암 덩어리 속에 머물면서 방사선으로 암 세포를 죽이도록 설계된 것이다.

질병에 따라 방사선을 사용하는 방법이 다르므로 질병을 치료하는 기기도 다르다. 방사선으로 암을 치료하는 기기는 '양성자 가속기', '사이버나이프', '중입자가속기' 등이 사용된다. 사이버나이프는 돋보기로 햇빛을 한 곳에 모아 종이를 태우는 것과 원리가 비슷하다. 방사선을 여러 방향에서 암세포를 조준해 약하게 쏘지만 암 세포 입장에서 보면 햇빛이 모이듯 엄청난 양의 방사선을 맞는 셈이다. 중입자가속기는 가장 최근에 등장한 치료기이다. 탄소나 네온 등 무거운 원자의 핵을 빛의 속도에 가깝게 가속한 뒤 암 세포를 조준해 쏘아 암세포를 죽이는 기기다. 이 기기의 장점은 방사선이 암세포에 도달해서야 가장 높게 방출되도록 조절된다. 이 때문에 방사선 폭탄이라고 한다.[28]

추적자는 공사 현장이나 산업체에서도 큰 활약을 한다.

제방에 작은 구멍이나 실금이 생겨 물이 새는 것도 방사성동위원소로 찾을 수 있다. 방법은 간단하다. 방사성동위원소를 저수지나 댐의 물에 푼다. 그러면 잉크가 물에 풀려 골고루 섞이듯 방사성동위원소도 댐 가득한 물 곳곳으로 퍼져 나간다. 아무리 물이 많아도 방사성동위원소의 경우 농도가 낮아질 뿐 방사성동위원소가 줄어들지 않는다는 것이 핵심이다.

댐 관리자들이 물이 고인 댐 반대편 둑의 표면을 방사선스캐너로 스캔하면서 구멍을 찾는데 물에 푼 방사성동위원소가 내뿜는 방사선이 스캐너에 잡히면 그 지점이 바로 물이 새는 곳이다. 이런 방법을 사용하여 인도네시아의 엔간카르댐, 중국의 나우후댐의 누수를 조기에 발견해 큰 화를 사전에 막을 수 있었다. 방사선 스캐너는 아주 민감해 10억분의 1그램만 있어도 즉시 발견할 수 있다.

이와 같이 추적자의 기능을 이용할 수 있는 곳은 많다. 송유관이 낡아 균열이 생긴 곳이나 절도범이 일부러 뚫어놓은 구멍까지 방사성동위원소를 이용하면 곧바로 파악할 수 있다. 지하 가스배관 탐지라든가, 천연가스를 비롯한 극히 작은 누설만 있어도 큰 화를 불러 일으키는 화학공장 등 대형플랜트에서도 이런 추적자는 큰 힘을 발휘한다.

댐이나 송유관, 화학플랜트 등에서 새는 곳을 찾아내는 데 사용하는 방사성동위원소들은 반감기가 아주 짧은 것을 사용한다. 방사성동위원소인 이리듐131의 반감기는 8일, 브롬82는 1.5일, 금198은 2.7일에 지나지 않는다.

농산물에 이용

방사능이 가장 많이 활용되는 분야는 놀랍게도 인체의 건강에 직결되는 농작물의 품종개량, 재배, 식품보존 등이다. 일반적으로 돌연변이는 거의 생존에 불리한 형질로 태어난다. 그래서 대부분 당대(當代)에 사라지고 만다. 그러나 수많은 돌연변이 중에는 과학자들을 흥분하게 만드는 것이 많이 나타나는데 특히 농산물에서 그러하다.[29]

21세기 농산물에서 방사선 조사 기술의 활용은 크게 두 가지로 나뉜다.

첫째는 식량 자원의 안정적 보존과 유통이다. 식량 자원 손실의 주 원인은 미생물에 의한 부패나 해충에 의해 발생한다. 우리가 생산하는 모든 식품들은 생산부터 유통하는 단계에 서 30% 가량 상하거나 변질될 정도다. 학자들은 이렇게 버려지는 식량 자원의 5퍼센트만 줄여도 지구의 식량문제를 해결할 수 있다고 설명한다.

방사선 조사 기술을 이용하면 이러한 미생물이나 해충을 제거하여 식량자원의 손실을 줄일 수 있다는 점이 장점이다. 감자, 고구마, 양파, 마늘 등 농산물은 저장 중에 싹이나 품질이 저하되어 식품으로 사용할 수 없는 경우가 종종 발생한다. 이러한 농산물에 방사선을 쪼이면 싹이 나는 것을 방지하며 다음 해 농산물이 나올 때까지 보관이 가능하다.

둘째는 식품의 안정성과 건전성 확보다. 최근의 식중독이나 식품 관련 질병은 집단 급식이나 외식 산업의 확대에 따라 잡종화, 대형화되는 추세에 있으며 환경오염 물질이나 각종 식품첨가제로부터 전이된 화학독성 물질에 의한 질병 발생의 위험성이 심각한 수준에 이르고 있다. 이에 대한 대책으로 활용되는 것이 방사선 조사 기술이다. 학자들은 방사선 조사가 현재의 어떤 식품 위생화 처리 방법보다도 효과적이고 미생물학, 독성학, 유전학, 영양학적 안정성이 확보된 유용한 기술로 인식한다.[30]

농산물에 방사선을 사용하는 또 다른 목적은 식품의 맛과 영양성분에는 영향을 주지 않고 유해 미생물에 대해 선택적으로 강력한 살균효과를 얻도록 하는 것이다. 특히 방사선 살균은 제품을 완전히 포장한 후에 살균을 할 수 있으므로 보존이나 유통에서 제품의 안전성을 확보할 수 있으며 방부제나 보존료를 첨가하지 않아도 되는 장점이 있다.

방사선에 의한 식품저장 연구는 1885년 뢴트겐이 X선을 발견한 다음해에 시도되었을 정도로 매우 빨리 시작되었다. 밍크 박사는 세균에 미치는 X선의 효과에 대한 연구를 하면서 식품 저장에 눈을 돌렸는데 그 효과가 입증되면서 재빨리 보급되기 시작했다.

방사선에 조사된 식품의 유해성 여부에 대한 논쟁이 아직도 일부 국가에서 일고 있으나 세계보건기구(WHO)를 비롯한 여러 국제기구도 '방사선을 쪼인 식품은 안전하다'고 공표하고, '가능하면 방사선을 쪼인 신선 또는 냉동된 닭고기를 선택해야 한다'고 제안하고 있다.[31]

한국원자력연구원부설정읍방사선과학연구소의 변명우 박사는 '식품에 방사선을 조사한다고 해서 방사선이 식품이 남아 있거나 식품이 몸에 해롭게 변하는 것은 아니다'라고 단언해서 말한다.[32]

미국의 경우 일반 식품은 물론 가장 청결해야 할 국립학교의 점심 급식 프로그램에 방사선을 조사한 햄버거 등을 공급한다. 이럴 경우 급식으로 인한 식중독도 줄일 수 있다는 설명으로 이는 각국에서 방사선 조사식품이 안전한 식품으로 인정받고 있다는 것을 의미한다.

농산물 품종 개발에도 방사선은 큰 역할을 한다. 수확이 많고 병충에 잘 견디며 재배기간이 짧고 추위에도 잘 견디는 품종을 만드는 것이다.

아주까리의 경우 통상 270일 정도 재배해야 씨를 수확할 수 있는데 방사선을 조사한 종자는 120일 만에 다 자란다. 박하 향을 생산하기 위해 재배하는 경우 곰팡이 병으로 장기간 재배가 불가능한데 중성자를 이용한 돌연변이 품종은 곰팡이 병에 잘 저항하며 자란다. 추위와 병충해에 강하면서 생산량이 많은 밀, 더 맛있고 생산량이 많은 땅콩, 커다란 꽃이 피는 달리아, 더욱 진한 붉은색 꽃을 피우는 장미, 가시가 없는 장미 등도 방사선의 효과 때문이다.[33]

우주에서의 방사선 효과는 학자들을 놀라게 하는 분야이기도 하다. 방사선에 의한 유전자 연구에 의하면 유전자 변형이 궁극적으로 인간은 물론 생태계에 결정적으로 해가 될 것이라는 예상과는 달리 긍정적인 결과가 계속 도출되기 때문이다. 우주에 다녀온 씨앗들은 놀랍게도 유전자 형질이 크게 변해 있었는데 20퍼센트 정도는 열매가 많이 맺히고 병균에 대한 저항력이 커지는 등 인간에게 유익한 방향으로 자랐다.

우주 육종은 러시아의 우주정거장 '미르'에서 길게는 1년씩 생활해야 했던 구소련 우주인들이 가져 가야할 식량의 무게를 줄이고자 고민했던 데서 비롯됐다. 1960~1970년대 우주인들은 씨앗을 우주 공간으로 가져가 직접 재배하여 먹을 수만 있다면 정기적인 식량 배달에 드는 비용을 절감할 수 있을 것이라고 예상하고 밀·양파 등을 시험적으로 재배해 보았다. 극한 환경에서 식물이 자라기 어려울 것이라는 예상을 깨고 식물의 성장속도는 지구보다 빨랐으며 놀랍게도 녹두 등 콩류는 단백질 함량까지 높아지는 뜻밖의 결과가 나왔다.

아직까지 지상 200~400킬로미터의 무중력 우주 공간을 다녀온 씨앗의 유전자가 변하는 원인에 대해서는 밝혀지지 않았지만 무중력 상태와 우주 방사선 등 지구에는 없는 특수한 환경이 돌연변이를 유발한다고 추정하고 있다.

세계에서 가장 많은 인구로 식량 공급에 가장 신경을 쓰고 있는 중국도 1987년부터 본격적으로 위성에 씨앗을 실어 올려 보내기 시작했다. 지금까지 우주를 다녀온 종자만 벼·밀·유채·피망·오이·토마토·

파·수박 등 800여 종에 달하며 황기, 영지버섯 등 약재로 쓸 수 있는 식물의 씨앗도 우주를 향했다.

우주에 다녀온 벼는 평균 약 20퍼센트, 밀은 9퍼센트씩 생산량 증가를 보였다고 발표되었다. 특히 토마토와 오이는 수확량이 늘어난 것뿐 아니라 맛도 좋고 오래 두어도 썩지 않는다는 특성을 보였고, 피망은 크기가 커졌을 뿐만 아니라, 비타민C 함량까지 10~25퍼센트 증가했다. 놀라운 것은 메벼가 찰벼로 변하고 벼의 생장 기간이 평균 12일 줄었으며 '붉은곰팡이병'에 취약하던 밀의 저항력이 급격히 높아졌다는 설명이다. 더욱 학자들을 고무시키는 것은 이 같은 돌연변이가 한 세대에서 끝나는 것이 아니라 다음 세대로 이어진다는 점이다.[34]

한국 최초의 우주인인 이소연도 국제우주정거장으로 갈 때 무·벼·콩·유채 등 11가지 씨앗을 가지고 올라갔다. 우주 방사선에 씨앗을 노출시켜 새로운 품종을 만들어보자는 의도다. 이에 앞서 한국원자력연구원부설 정읍방사선과학연구소는 2006년 중국 우주선에 일곱 가지 씨앗을 실어 우주에 올리기도 했다.[35]

우주 식량도 방사선 기술이 필수다. 국제우주정거장에는 우주인들이 상주하는데 이들은 방사선으로 완전히 멸균한 우주 식량을 먹는다. 방사선 식품조사기술은 대표적인 비가열 살균처리 방법으로 가열 및 건조 처리를 할 수 없는 식품의 살균에 매우 효과적인 기술이다. 또한 살균처리 후 재포장에 따른 2차 오염을 방지할 수 있고, 제품의 성분 파괴를 최소화하며, 냉장·냉동상태에서도 살균이 가능하며 방부제나 보존료를 첨가하지 않아도 되는 장점이 있다.

이소연이 우주에 체류하는 동안 먹은 한국 식단도 방사선이 주역이다. 김치는 한국의 대표적인 발효식품이지만 발효식품의 특성상 장기간 보관이 어렵고, 우주식품으로 사용되기 위해서는 김치에 존재하는 미생물을 제어하는 것이 필수적이다. 김치는 방사선 식품공학 융합기술로 개발된 '원터치 캔' 형태에 멸균상태로 담긴다. 캔 내부에는 김치로부터 발생되는 김치 국물을 흡수할 수 있는 식품용 특수패드를 함께 포장해 국물이 우주환경으로 비산하는 것을 방지하고 안전하게 섭취가 가능하도록 설계되었다.[36]

반면에 한국에서는 여러 가지 식품에 방사선 살균이 허가되고 있으나 '방사선은 위험하다'라는 인식 때문에 실제로는 아직까지 널리 사용되지 않고 있다. 방사선을 조사한 식품이 인체에 해가 되기 때문이라지만 가정에서 매일 사용하는 전자레인지도 사실은 같은 전자파임을 알면 놀랄 것이다. 그런데도 아무런 거부 반응 없이 식품을 데워 먹는다.[37]

한국의 건축물들은 대부분 목재와 종이류 등 유기물이 주이므로 이들 유기문화재는 미생물이나 해충 등 생물학적 요인에 의해 큰 손상을 입는다. 목재의 주성분인 셀룰로오스를 분해하는 부후균이나 권연벌레는 물론 흰개미 등이 목조 건축물의 많은 부분을 잠식한다. 그동안 이런 문화재의 생물피해 방제는 훈증처리 방법이 사용되었다. 하지만 대표적인 훈증처리에 사용되었던 메틸브로마이드(methyl bromide)가 강한 독성으로 1986년 선언된 몬트리올의정서에 따라 2005년부터 단계적으로 사용이 금지됐다. 이에 대한 여러 훈증 대체 기술 중에서 가장 효과적인 기술이 바로 방사선이다. 이러한 방사선은 훈증과는 달리 처리 후 아무런 독성 물질을 잔존시키지 않으며 보존 대상인 문화재의 구성 성분에도 영향을 미치지 않기 때문이다.

방사선의 가장 큰 특징은 높은 투과력과 강한 에너지에 있다. 방사선의 높은 에너지는 살아 있는 생물체 내의 염색체를 부분적으로 절단하여 미생물이나 곤충류를 사멸시킬 수 있으며 투과력이 높기 때문에 내부에 있는 충균에 적용할 수 있다.[38]

2001년 9·11 뉴욕 테러 사건이후 탄저균 우편물이 세계를 공포에 몰아넣었을 때 대안이 방사선이다. 이 당시 의문시되는 우편물은 모두 입자 빔을 쐼으로써 탄저균을 죽일 수 있었다.[39]

감마선은 수 센티미터 두께의 콘크리트를 뚫고 들어가고 목재의 경우 35센티미터 깊이까지도 들어갈 수 있으므로 벌레나 곰팡이를 죽일 수 있다. 그러므로 감마선을 사용할 경우 컨테이너 한 개만큼의 목재를 한꺼번에 처리할 수도 있으며 소요 시간도 몇 시간밖에 되지 않는다. 화재로 전소한 남대문에서 해체된 목재의 경우도 며칠이면 모두 처리할 수 있는 속도다.

학자들은 해충을 죽이는 것으로 만족하지 않고 보다 근원적인 해결책을 제시했다. 원리는 간단하다. 해충의 번데기에 방사선을 쏘여 수컷들이 불임되게 하는 것이다. 그런 다음 들판에 풀어 놓으면 야생 암컷들과 아무리 교미해도 알이나 새끼를 낳지 못하는데 이런 과정이 몇 대를 걸쳐 일어나면 그 해충의 씨가 마르게 된다는 것이다. 이를 '방사선해충불임술'이라 한다.

실제로 목화다래나방은 목화에 큰 피해를 주는 해충이지만 오늘날 목화 경작지에서는 방사선 해충불임술로 이들을 퇴치하여 크게 생산량을 높였다. 사과나무와 같은 과수(果樹)들은 잎말이나방의 피해가 심한데 이 역시 해충불임술로 퇴치된다.[40]

미국 플로리다 앞바다에 있는 큐라스 섬에서 나선구더기파리가 기승을 부리자 방사선으로 완전히 박멸했다. 일본 큐우슈와 대만 사이에 있는 류우큐 제도에서는 오이와 수박에 피해를 주던 과실파리를 잡기 위해 이 방법을 동원했다. 남부 유럽의 과수원들도 지중해과수파리 때문에 골머리를 썩였는데 방사선을 사용하여 이들을 퇴치했다.[41]

식물에 이용되는 비료의 효용 성능을 조사하기 위해 방사성동위원소를 표지(標識) 화합물로 만들어 비료와 함께 농작물에 주면 비료의 어떤 성분이 식물의 어느 부분에 어떻게 작용하는지를 알 수 있다.[42]

계란이나 우유, 콩, 밀가루, 땅콩 등을 먹으면 알레르기를 일으키는 사람이 상당수다. 성인의 경우 2%, 어린이는 8% 정도가 식품 알레르기가 있는 것으로 추산될 정도다. 계란의 경우 오브알부민이라는 물질이 알레르기를 일으키는데 거기에 방사선을 쪼이면 그 구조가 바뀐다. 즉 방사선을 조사한 오브알부민을 먹으면 알레르기를 일으키지 않으면서 면역반응이 나타나는 것이다. 놀라운 것은 그 후 계속하여 계란을 먹어도 알레르기가 나타나지 않는다. 그러므로 아예 우유나

계란 등 주요 식품에 방사선을 조사하여 알레르기 물질의 구조를 바꾸기도 하기도 한다.[43]

프랑스의 아크누클레아르(ARC-Nucleart) 연구소에서는 이집트의 위대한 파라오 람세스 2세 미라의 생물학적 멸균을 위해 방사선을 사용했고 2010년에는 러시아와 프랑스가 공동으로 시베리아에서 발견된 새끼 매머드에게도 방사선 기술을 이용하여 보존처리했다.[44] 방사선의 효용도가 얼마나 높은 지 알 수 있다.

특수 목적에 이용

방사선을 활용하여 산업 용도로 이용할 수 있는 것을 마술이라고 부르기도 한다. 학자들은 방사선이 만드는 '마술'을 이용하여 다방면의 산업에 활용되도록 총력을 기울이는데 이는 방사선이 남다른 효과를 보이기 때문이다. 방사선 마술의 실예를 보자.

과학자들과 보석상들의 바람은 무색 다이아몬드를 유색 다이아몬드로 만들어보자는 것인데 근래 그 꿈이 실제로 이루어졌다. 비법은 방사선이다. 방사선을 무색 다이아몬드에 쪼여주면 색이 변한다. 다이아몬드가 노랑, 초록, 파랑 등 갖가지 색으로 옷을 갈아입는 것이다. 방사선을 쪼이면 광물의 색도 바꾼다는 것을 파악한 과학자들은 여러 가지 광물에도 실험했는데 학자들의 기대는 틀리지 않았다. 백수정은 자수정으로, 무색 토파즈는 청색으로, 진주는 은청색과 은갈색. 은흑색 등으로 바꾼다.

방사선으로 각종 유물의 제작 연도를 파악하는 탄소연대측정법은 구문이 되었을 정도로 고고학 분야 등에서 필수적이다. 방사선으로 미술품 복원에도 이용하고 있다. 많이 훼손된 유화를 겉으로 보면 어떤 물감을 사용했는지, 어떻게 붓칠을 했는지 알 수 없다. 그러나 X선 촬영을 해보면 그 속에 밑그림을 어떻게 그렸고 터치는 어떠했는지 두께는 어느 정도로 칠했는지 또는 숨겨진 서명을 확인할 수 있다.[45]

이를 이용하면 위작 여부도 가려낼 수 있다. 한 예로 19세기의 프랑스 화가 까미유 꼬로가 그린 풍경화는 밑에 보다 먼저 그렸던 꼬로의 초상화가 있다는 것이 X선 투과로 밝혀졌다. 이 그림이 가짜라면 진짜 그림 위에다 그림을 그리지 않았을 것이 상식이다. 원작자가 자신의 초상화를 지우고 새로운 그림을 그렸다는 것은 캔버스를 새로 구입하는 경비를 절약하기 위해 그림을 그렸다고 추정할 수 있다. X선은 미술전문가들에게 그야말로 절대적인 무기를 쥐어준 것이다.[46]

학교나 사무실은 물론 호텔, 영화관 등의 천장에 있는 화재감식기 즉 연기감지장치도 방사성동위원소를 이용한 것이다. 여기에는 반감기가 긴 아메리슘이 주로 사용되는데 아메리슘에서 나오는 방사선이 공기 중에서 이온으로 작용하여 (+)단자와 (-) 단자에 전류를 흐르게 한다. 여기에 연기가 들어오면 흐르는 전류의 양이 감소되므로 이것을 느낀 장치가 경보를 울린다. 연기감지기에 함유되어 있는 방사능은 1개당 10마이크로큐리 이하로 인체에 피해를 주지 않는다.[47]

X선 투과력은 지구를 이해하는데도 중요하게 활용된다. 해저에 쌓

여 있는 퇴적물 분석은 현재 바다에서 일어나고 있는 과정은 물론 과거의 바다에서 어떤 일이 있었는지를 알 수 있게 해 준다. 해양에서 채취된 퇴적물 시료들을 X선으로 촬영하면 퇴적물의 퇴적구조를 확인할 수 있다. 이를 분석하면 퇴적물들이 쌓였을 당시의 퇴적 조건과 과정들을 상세하게 파악할 수 있다.[48]

우주선의 특수 동력원, 심장박동기 등 특수용도에 사용하는 동위원소전지도 방사능이 기본이다. 원리는 플루토늄238, 스트론튬90 등에서 방출되는 붕괴열을 열전대(Thermo Couple)에 의해 전기에너지로 전환시키는 것이다. 한마디로 방사선이 차폐물에 흡수되면 작지만 열이 생긴다. 이 미미한 열을 전기로 변환시키는 것인데 플루토늄과 스트론튬은 1만 큐리로 약 3와트의 전기를 얻을 수 있다.[49]

한국에서도 '이동식동위원소전지(Mobile Nuclear Battery)산업 연구기반조성 및 제품실용화 기술개발' 프로젝트의 일환으로 소형핵전지를 개발하고 있다. 소형핵전지는 방사성 물질이 자가 방출하는 베타선원(Beta Source)을 이용해 전력을 생산하는 반영구적 미래 전지로, 기존의 태양전지 제조기술에 방사성 동위원소 응용기술을 융합한 대표적인 융합기술이다. 소형핵전지의 동력원으로 사용되는 동위원소는 인체에 해가 없는 작은 에너지용량의 소재를 사용하기 때문에 폭발의 위험이 있는 리튬계 전지보다 더 안전하다.

각주

1) 『방사능을 생각한다』, 모리나가 하루히코, 전파과학사, 1993
2) 「제주 '방사성 비'...전국 요오드·세슘 최고치」, 박소정, YTN, 2011.04.07
   「한국 원전이 주목받는 이유」, 박미진, 사이언스타임스, 2011.03.25
3) 「고삐 풀린 방사능, 공포의 진실은 무엇인가」, 김형자, 시사저널, 2011.04
4) 『원자력은 아니다』, 헬렌 갈디코트, 양문, 2007
5) 「제주 '방사능 비'...요오드·세슘 검출」, 신호경, 사이언스타임스, 2011.04.07
6) 「과기한림원 "방사능 불안은 오해 때문"」, 신호경, 사이언스타임스, 2011.04.02
   「후쿠시마 원전사고에서 배워야 할 교훈」, 임동욱, 사이언스타임스, 2011.04.05
   「방사능 공포, 정확한 정보로 물리치자」, 임동욱, 사이언스타임스, 2011.04.07
7) 「미량의 방사성물질에 노출되어도 해롭지 않다는 말이 사실인가요?」, 한국원자력문화재단, 2011.03.30
8) 「독일 "한반도에 방사능? 잘못됐다, 미안하다"」, 온종림, 뉴데일리, 2011.04.07
9) 「방사능 오염수, 한국엔 피해 거의 없다」, 온종림, 뉴데일리, 2011.04.06
10) 「고삐 풀린 방사능, 공포의 진실은 무엇인가」, 김형자, 시사저널, 2011.04
11) 『방사능을 생각한다』, 모리나가 하루히코, 전파과학사, 1993
12) 「[이철호의 시시각각] 체르노빌 메기가 기가 막혀」, 이철호, 중앙일보, 2011.04.14
13) 「영화 속에서 만나는 원자력 이야기」, 최정운, 행복한 E, 2008. 7·8월
14) 『수퍼 영웅의 과학』, 로이스 그레시, 한승, 2004
15) 『우리들을 위한 원자력 이야기』, 이용수, 도서출판 보고, 1990
16) 『20세기 대사건들』, 리더스다이제스트, 1985
17) 「대한민국 국새, 첨단 원자력기술로 검증한다」, 최정운, 행복한 E, 2008. 3·4월
    「테러, 꼼짝 마」, 심철무, 행복한 E, 2007. 9·10월
18) 『원자력과 핵은 다른 건가요?』, 이순영, 한세, 1995
19) 『과학, 그 위대한 호기심』, 서울대학교 자연대 교수 외, 궁리, 2002
20) 「암 진단기술의 일등공신, 원자력의학의 모든것」, 박방주, 원자력문화
21) 「방사선과 화장품 산업의 발전」, 안봉진, 원자력문화, 2011. 7·8월
22) 「에드워드 퍼셀」, 뉴턴, 2004년 1월호
23) 「NMR 현상의 발견에서 응용까지」, 박범순, 과학과 기술, 2004년 11월
24) 「방사선 치료 물리학」, 서태석, 가우리블러그정보센터, 2004.12.11
25) 『우리들을 위한 원자력 이야기』, 이용수, 도서출판 보고, 1990
26) 『원자력과 방사선 이야기』, 윤실, 전파과학사, 2010
27) 「항암제, 환자 맞춤형치료제 연구 활발」, 김도연, 불교신문, 2010.07.03
28) 「암 진단기술의 일등공신, 원자력의학의 모든것」, 박방주, 원자력문화

29) 『원자력과 방사선 이야기』, 윤실, 전파과학사, 2010
31) 『21세기 식품산업의 새롭고 유익한 방사선 조사 기술』, 변명우, 원자력문화
『원자력과 핵은 다른 건가요?』, 이순영, 한세, 1995
31) 『21세기 식품산업의 새롭고 유익한 방사선 조사 기술』, 변명우, 원자력문화
『현대문명의 빛과 그늘 원자력』, 이용수, 한국원자력문화재단, 1996
32) 『백수정을 자수정으로 방사선의 색채 마술』, 박방주, 중앙일보, 2007.5.25
33) 『원자력과 방사선 이야기』, 윤실, 전파과학사, 2010
34) 『우주 육종으로 먹걸이 해결하는 중국』, 김신영, 사이언스타임스, 2005.2.18.
35) 『우리생활에 꼭 필요한 자연방사선, 인공방사선』, 박방주, 원자력문화
『대형사고 막아내는 안전 파수꾼, 방사성동위원소 추적자기술』, 박방주, 원자력문화, 2010. 7·8월
36) 『우주인 이소연이 먹은 우주식품, 어떻게 만들어졌을까?』, 이지은, 정읍방사선과학연구소, 2010.08.03
37) 『우리 생활을 이롭게 하는 행복에너지』, 변명우, 행복한 E, 2007. 9·10월
38) 『방사선 기술과의 만남』, 이주운, 원자력문화, 2011. 3·4월
39) 『과학, 그 위대한 호기심』, 서울대학교 자연대 교수 외, 궁리, 2002
40) 『원자력과 방사선 이야기』, 윤실, 전파과학사, 2010
41) 『세균, 해충 게 섰거라』, 박방주, 원자력문화, 2010. 11·12월
42) 『20세기 대사건들』, 리더스다이제스트, 1985
43) 『백수정을 자수정으로 방사선의 색채 마술』, 박방주, 중앙일보, 2007.5.25
44) 『방사선 기술과의 만남』, 이주운, 원자력문화, 2011. 3·4월
45) 『우리생활에 꼭 필요한 자연방사선, 인공방사선』, 박방주, 원자력문화
『대형사고 막아내는 안전 파수꾼, 방사성동위원소 추적자기술』, 박방주, 원자력문화, 2010. 7·8월
46) 『20세기 대사건들』, 리더스다이제스트, 1985
47) 『우리들을 위한 원자력 이야기』, 이용수, 도서출판 보고, 1990
48) 『노벨상과 함께 하는 지구 환경의 이해』, 김경력, 자유아카데미, 2008
49) 『현대문명의 빛과 그늘 원자력』, 이용수, 한국원자력문화재단, 1996

6

에너지 문제가 해결된다

1 맹물로 달린다
2 제2, 제3의 태양을 만든다
3 우주 태양발전소가 기다린다
4 방사능도 처리 가능

1
맹물로 달린다

맹물 자동차라는 말을 들어보았을 것이다. 이 이름은 자동차를 몰고 가다가 연료가 떨어지면 물을 채우면 된다는 의미에서 붙은 것이다. 물은 수소와 산소로 되어 있다. 수소를 이용할 경우 공해 문제는 원천적으로 사라진다고 볼 수 있으므로 이를 '꿈의 에너지'라고도 부른다.

이를 인공 광합성 연구라 하는데 이것이 성공하면 석유 대신 물을 분해해 만든 수소를 연료로 쓰는 비행기가 하늘을 날고, 각 가정에선 작은 페트병(500㎖) 하나의 물로 하루치 에너지를 만들어 쓰는 시대가 열린다니 구미가 당기지 않을 수 없다.

그러나 맹물 자동차, 즉 수소자동차가 많은 장점이 있음에도 실용화가 되지 않는 것은 맹물로부터 수소를 얻는 것이 매우 어렵기 때문이다. 일반적으로 수소를 얻는 방법은 전기분해와 3,000도 이상의 고열을 이용하는 방법이 있는데 현재로서 상온·상압 상태에서 이와 같은 고온을 얻을 수 있는 방법이 없다.

원칙적으로 태양로를 이용할 경우 4,000도까지 얻을 수 있다. 태양로란 간단하게 약 1만~2만개의 돋보기를 사용하여 태양빛을 한 곳에 모아주는 장치인데 돋보기를 1만개 이상 필요로 한다는 뜻은 자동차의 엔진으로 사용하기에는 아직 무리라는 것을 알 수 있다.

또 다른 방법으로는 핵융합 방법이 있는데 원리 자체는 이미 개발된 상태로 바로 수소폭탄이다. 수소폭탄은 중수소나 삼중수소로 핵융합 반응을 일으킨 것인데 수소폭탄을 터트려 이 열을 자동차 엔진으로 만들 수 있다고 생각하는 사람은 없을 것이다.

반면에 전기분해 방법에 의한 수소제조는 오래 전부터 실용화되어 있는 방법이나 화석연료로 제조되는 수소보다 고가라는 점이 걸림돌이다. 물을 기체인 수증기로 해서 이를 전기분해하는 증기장전해법(VPE)이 개발되어 있으나 이 역시 수증기의 온도가 800~1,500도 정도가 되어야 하며 이것을 소형 자동차와 같은 작은 규모에 적용하는 것은 사실상 불가능한 일이다.

그럼에도 불구하고 학자들은 비관하지 않는다. 그들의 낙관적인 추측이 막연한 공상에 의한 것만은 아니다. 그 증거가 바로 식물의 광합성이다. 식물은 3,000도의 고온도 필요 없고 전기분해 장치도 사용하지 않고 맹물을 수소와 산소로 분리한다. 바로 식물이 이용하는 광합성 기법을 인간이 습득할 수 있다면 인류의 숙원인 공해 없는 에너지 문제는 해결될 수 있다는 뜻이다.

그런데 이 기술은 간단한 것이 아니므로 한마디로 500여 년 동안 인간에게 불어 닥칠 에너지 문제를 현명하게 해결하면서 광합성 문제

를 슬기롭게 해결한다면 궁극적으로 에너지 고통에서 해방될 수 있다는 설명이다.[1]

동물과 다른 식물

인류가 이룬 업적 중에서도 가장 놀라운 것 중에 하나는 지구상의 생명체에 절대적으로 필요한 녹색 식물의 복잡한 생성과정을 추적한 것이다. 동물의 세계는 약육강식의 세계로 결코 무료로 양식이 얻어지지 않는다. 밀림의 왕자라는 사자나 표범도 먹이를 얻기 위해 부단히 노력하며 그도 늙으면 천덕꾸러기가 되어 굶어 죽기도 한다. 철새들이 위험을 무릅쓰고 수천 킬로미터를 날아 가면서 서식지를 옮기는 것도 결국 먹이를 얻기 위한 것이다.

그러나 동물은 음식으로 섭취한 탄수화물, 지방, 단백질을 모두 저장하거나 소화시킬 수 없으므로 자신이 취득한 에너지의 많은 부분을 쓸데없는 열로 소비한다. 에너지 측면으로 보면 동물들은 적자 투성이의 기계이다.

다행히도 대부분의 동물은 초식성으로 나무나 풀, 또는 바다에 있는 녹색 식물을 먹는다. 식물은 이산화탄소나 물과 같은 간단한 분자로부터 탄수화물, 지방, 단백질을 만든다. 이 합성은 태양으로부터 무한한 에너지를 받아 복잡한 화합물의 화학 에너지로 바꾸며 지구상의 모든 생물은 이 화학 에너지 때문에 살아갈 수 있다.

먹이 사슬은 매우 친숙한 단어이다. 녹색 식물이 아닌 생물체들은 대부분 식물을 먹거나 식물을 먹는 다른 생물체들을 잡아먹음으로써 광합성에 의해 생성된 에너지를 섭취한다. 그 먹이의 성분은 화학 작용을 거치면서 서로 다른 두 가지 작용을 한다. 한 반응에서는 복합 물질을 단순 물질로 분해하면서 유기체가 활동하는데 쓰일 에너지를 내놓고 다른 반응에서는 에너지를 흡수하거나 저장하면서 복합체를 만들어 내는 것이다. 이 두 가지 작용을 물질 대사라고 한다.

생물체들은 에너지를 마음대로 없애 버릴 수도 없으며 또 새로 만들어 낼 수도 없다. 오로지 에너지의 형태를 바꿀 수 있을 뿐이다. 쓸모없는 에너지는 열로 방출되어 다시 자연으로 되돌아간다. 여름에 무더위 때문에 땀을 많이 흘리는 것은 결국 자연으로 에너지를 공급하여 자연의 섭리에 순응하는 것이라고 생각하면 위안이 될지 모르겠다.

반 헬몬트(Jan Baptista Van Helmont, 1579~1644)는 다방면에 관심을 가진 의사이자 연금술사로 꼼꼼하고 실력있는 실험자였다. 그는 물이라는 단 하나의 원소만 있고 물에서 그 외의 모든 것이 만들어진다고 생각했다. 그리스의 탈레스가 그런 주장을 했는데 그는 자신이 그 증거를 찾을 수 있다고 생각하고 실험에 들어갔다. 다음과 같이 자신의 실험 결과를 기록했다.

'나는 질그릇에 마른 흙 90kg을 넣었다. 거기에 빗물을 뿌리고 무게가 2kg인 어린 버드나무를 심었다. 5년 후 버드나무의 무게는 77kg이었다. (중략) 그릇 속의 흙을 말리고 실험이 끝났을 때 무게를 재어 보니 89.5kg이었다. 다 자란 식물과 어린 식물의 총 무게 차이는 분명 물에서 기인한다.'

그의 실험은 매우 세심하게 이루어졌는데 화분에 먼지가 들어가지 못하도록 양철 뚜껑을 씌웠고 가능한 염분이 없는 물을 주었다. 놀라운 것은 그가 '가스'라는 단어를 만든 사람인데도 이를 식물의 성장 요인으로 생각지 못했다는 점이다. 다소 아이러니한 일이지만 그는 알코올 발효 때 나오는 것과 똑같은 가스가 숯을 태울 때도 나온다는 점을 증명했다. 이 가스를 그는 '숲 가스(Gas Sylveste)'라 했는데 바로 이산화탄소이다.

그와 같은 연금술사들의 발견은 계속 이어져 1774년 조지프 프리스틀리(Joseph Pristley, 1733~1804)는 박하 잔가지를 밀폐 용기에 타는 촛불을 넣자 초는 얼마 후 꺼졌다. 10일 후 프리스틀리는 오목거울로 양초 심지에 태양열을 집중시켜 다시 초에 불을 붙였다. 그때는 박하가 대부분의 이산화탄소를 다시 산소로 바꾸었고 초는 '복구된 공기' 속에서 밝게 탔다. 그가 산소를 발견했지만 산소의 정체는 밝히지 못했다.

1779년 마침내 산소가 공식적으로 발견되었는데 주인공은 얀 잉겐호우스(Jan Ingen-Housz, 1730~1799)이다. 오스트리아 황족의 주치 일을 그만 두고 영국에 가서 실험하면서 식물이 낮에는 이산화탄소를 흡수하고 밤에는 같은 가스를 방출한다는 점을 증명했다. 어떤 경우든 빛이 중요한 역할을 했다. 그 다음 밀폐 용기에 작은 수초를 넣고 밝은 빛에 노출시켰다. 기포가 생겼지만 비슷한 용기에 넣은 비슷한 식물을 어둠 속에 두자 기포는 생기지 않았다. 그는 빛 때문에 식물이 가스를 만든다는 것을 알았다.

1796년 그의 연구는 더욱 발전하여 '식물은 몸을 지탱할 수 있는 흙을 필요로 한다.'고 말했다. 많은 식물이 뿌리를 통해 흙에서 물을 얻지만 일부 선인장과 용설란 같은 특이한 식물은 흙에 뿌리를 내리지 않기 때문에 다른 곳에서 양분을 얻어야 했다. 결국 잉겐호우스는 왜 채소가 공기에 미치는 효과에 있어 그토록 변덕스러운지를 깨달았다. 그는 양분을 생산하는 광합성과 그 양분을 전환하는 호흡작용을 구별했던 것이다.

'운 좋게도 나는 왜 식물이 때로는 나쁜 공기를 정화하고 때로는 더 악화시키는지에 대한 진짜 이유를 발견했다.'

프랑스의 장 바티스트 부생고(Jean-Baptiste Boussingault, 1802~1887)는 유기 물질이 전혀 없는 흙에서 식물을 기운 결과 식물은 탄소를 대기 중의 이산화탄소에서 얻는다는 것을 발견했다. 또한 식물은 질소 화합물이 없는 토양에서는 성장하지 않는 데에서 식물은 흙에서 질소를 얻지만 대기 중의 질소는 이용하지 않는다는 것도 발견했다.

녹색 식물이 햇빛을 이용하여 생성하는 과정을 '광합성'이라고 하는데 이것은 그리스어로 '빛에 의해 구성된다'라는 뜻에서 유래한다. 초등학교의 교과서에 나와 있는 광합성에 대해서는 누구나도 잘 알고 있다. 광합성(photosynthesis)이란 햇빛이 있는 상태에서 식물이 이산화탄소를 흡수하고, 이산화탄소를 물과 결합시켜 조직을 만들며, 그 과정에서 남는 산소를 방출하는 것을 뜻한다. 녹색 식물은 탄수화물과 단백질을 다른 생물체들이 소화시킬 수 있도록 알맞게 변환시킴으로써 사람과 동물에게 영양을 공급한다.

이뿐만 아니다. 녹색 식물들은 지구에 산소를 공급하는 역할도 한다. 지구상의 녹색 식물이 제조하는 유기 물질과 방출하는 산소의 양은 막대하여 숲과 들에 있는 식물이 전체의 10퍼센트를, 나머지 90퍼센트는 단세포 식물이나 대양의 해초가 담당한다.

1865년에 독일의 쥴리우스 폰 작스(Julius von Sachs, 1832~1897)는 녹색을 띠는 클로로필(엽록소)이 식물 세포에 분포되어 있는 것이 아니라 엽록체라 불리는 작은 아세포체에 있다는 것을 밝혔다. 광합성은 엽록체에서 일어나고 엽록소가 이 과정에 필수적이지만 엽록소만으로는 광합성이 이루어지는 것은 아니다. 엽록체에는 엽록소뿐만 아니라 필요한 효소들이 있어 엽록소에서 받아들여진 태양 에너지를 산화성 인산화를 통해 고에너지 화합물인 아데노신 삼인산, 즉 ATP(Adenosine triphosphate)의 활성화를 포함하는 과정을 거쳐 빛에너지를 화학에너지로 바꾼다.

ATP는 생명이 있는 곳에는 반드시 있는 화합물이므로 생명과 밀접한 관계가 있다. 그렇다면 ATP는 생명과 어떤 관계가 있을까? 이를 설명하려면 먼저 생명의 특징을 알아야 한다. 생명의 특징은 외부에서 물질과 에너지를 받아들여서 성장하고 번식하는 활동을 한다. 이러한 활동에 필요한 에너지는 궁극적으로 태양으로부터 온다.

생명의 기본 단위인 세포는 에너지를 사용하기에 편리한 단위로 바꾸어 저장했다가 필요할 때 수시로 찾아 쓸 수 있는 방안을 고안해냈다. 예를 들어 한 달에 한 번 3백만 원짜리 수표로 월급을 받는다고 하자. 이 수표 한 장만 가지고 생활하려면 얼마나 불편한가. 버스나 택시를 타거나 시장바구니를 들고 물건을 살 때 3백만 원짜리 수표 외에는 다른 돈이 없다면 어떻게 될지 생각해 보자. 그런 경우 은행에 입금시킨 후 필요할 때마다 십만 원, 오십만 원을 찾아서 사용하되 그것도 천 원, 만 원짜리 화폐로 준비하면 편리할 것이다.

식물은 광합성으로도 살 수 있다

세포의 화폐가 바로 ATP이다. 즉 지구상의 모든 동·식물이 공통적으로 ATP를 세포의 에너지 화폐로 이용하여 생명 활동을 영위한다. 박테리아나 인간과 같은 고등 생물도 똑같이 ATP를 사용한다는 것은 모든 생명체가 밀접하게 연결되어 있다는 것을 다시 한 번 생각게 해 주는 대목이다.

이렇게 중요한 과정이 과학자들의 관심을 끌어 많은 학자들이 이 분야에 도전했는데 이곳에서는 식물에 대해서만 설명한다. 광합성의 기본적 변환 즉 태양에너지의 화학에너지로의 전환은 열역학적 법칙의 잘 알려진 예이다. 열역학 법칙에 의하면 에너지의 형태가 태양에서 식물로 변할 때 에너지는 손실되지 않는다.

그러나 이들 전환은 상대적으로 비효율적이므로 화학 결합으로 남는 것은 태양에너지의 겨우 4퍼센트 정도. 뿐만 아니라 처음에 ATP와 환원된 전자 운반자로서 포획되어 CO_2를 당으로 환원시키는 태양에너지의 사용도 비효율적이다.[2] 이런 불리함을 딛고 식물들이 전 세계를 석권할 수 있는 이유를 밝히기 위해 많은 학자들이 도전했다.

19세기 초까지 과학자들은 광합성의 전반적인 개요는 이해하고 있었다. 즉 물, CO_2 및 빛의 세 가지 주요 재료만을 사용하여 탄수화물 뿐만 아니라 O_2도 생산한다는 것 등이 알려졌다.

① 육상식물에서 광합성에 필요한 물은 일차적으로 토양에서 오므로 뿌리에서 잎까지 이동한다.

② 기공(stroma)이라 불리는 잎의 작은 구멍을 통해 CO_2가 들어오며 물과 O_2가 방출된다.

③ 산소와 탄수화물을 생산하려면 빛이 절대적으로 필요하다.

이러한 역할을 식물의 엽록소가 담당하므로 학자들은 이들의 구조 분석에 열중했다.

독일의 빌슈테터(Richard Martin Willsteter, 1872~1942)는 광합성에 관계되는 식물색소인 클로로필에 관한 실험을 시작했다. 그는 엽록소 분자의 중심 성분인 금속 마그네슘이 화합물 자체의 구성성분은 아니지만 불순물이 아니라는 것을 확인했고 클로로필이 자연 중에 단 두 종류라는 것을 알아냈다. 또한 클로로필이 토마토, 계란 노른자, 나뭇잎 등에서 발견되는 칼로틴과 그것의 유도체인 노란 색소에 의해 결정된다는 것을 밝혀냈다. 그는 이 연구로 1915년에 노벨 화학상을 받았다.

이제 학자들의 관심은 어떻게 엽록소가 광합성에 있어 주도적인 촉매 작용을 하는지를 알아내는 것이다. 그러나 이 연구는 곧바로 난관에 봉착했다. 광합성은 완전한 세포나 손상되지 않는 엽록체에서만 일어나므로 연구 자체가 어려웠기 때문이다.

1940년대에 루벤과 카멘이 좋은 아이디어를 제공했다. 그들은 수명이 긴 동위원소인 탄소14를 발견했고, 그것을 추적 탄소로 사용한 것이다. 특히 종이 크로마토그래피가 개발됨에 따라 복잡한 혼합물을 깨끗하게 분리할 수 있게 되어 추적 연구가 더욱 용이해졌다.

이러한 기초적인 연구 배경을 토대로 미국의 생화학자 캘빈(Melvin Calvin, 1911~1997)이 광합성과정에 관한 연구에 본격적으로 뛰어 들었다. 그는 배위 화합물의 촉매작용 연구에서 배위 화합물의 하나인 금속 포르피린류의 촉매작용을 연구하였다. 또한 철 이온이 이산화탄소 대신에 산화제로 사용될 수 있다는 것도 밝혔다.

그는 대기 속의 이산화탄소가 식물 속으로 들어가고 탄소가 그곳의 유기구성물의 모든 것에 나타난다는 것을 발견했고, 이산화탄소가 탄수화물로 변화하는 과정은 빛에 직접 의존하지 않는다고 발표했다.

그의 연구로 엽록소의 촉매 작용에 의해 빛에너지가 물 분자를 수소와 산소로 분해하는 '광분해(photolysis)' 작용을 보다 확실하게 설명할 수 있게 되었다. 그는 광분해 작용으로 햇빛의 복사 에너지가 화학에너지로 바뀌는데 수소와 산소 분자는 물 분자 자체보다 더 많은 화학에너지를 포함한다고 생각했다.

물 분자가 분해된 다음 수소 원자의 반은 리불로오스-2인산 회로에서 발견되고 산소 원자의 반은 공기 중으로 방출된다. 나머지 수소와 산소는 재결합되어 물이 된다. 이렇게 하여 햇빛이 물 분자를 분해시킬 때 생기는 과량의 에너지가 방출되고 이 에너지가 ATP와 같은 고에너지 인산 화합물로 전이되며 이때 저장된 에너지는 리불로오스-2

인산 회로 내에서 동력으로 된다.

광합성에 대한 유명한 캘빈 회로는 그의 연구로부터 나온 것이며 캘빈은 1961년 노벨화학상을 받았다.[3]

위의 설명을 정리하면 다음과 같이 설명할 수 있다.

광합성의 전체 반응은 대부분 식물에서 잎에 위치하는 광합성 세포인 엽록체에서 일어난다. 그러나 광합성은 단일 단계로 진행되지 않는다. 실제로 모든 화학에서 복잡한 것일수록 단일 단계로 이루어지지 않고 오히려 일련의 단순한 단계를 거친다.

첫째는 명반응(light reaction)으로 빛에너지에 의해 추진된다. 여기에는 환원된 전자운반자가 만들어진다. 둘째는 캘빈-벤슨 회로로 여기에서는 빛을 사용하지 않는다. 이곳에서는 ATP, 전자운반자 그리고 CO_2를 사용하여 당을 생산한다.

광합성의 첫 번째 경로인 명반응에서는 빛에너지가 색소분자들에 의해 포획되어 ADP(adenosine diphosphate) 등을 통해 ATP를 생산한다. 명반응은 관계(photosystem)라고 하는 분자 집합체에 의해 이루어진다. 이 기구들은 한 분자에서 다른 분자로 전자들을 이동시키는데 일부 전자 전달은 ATP 합성과 함께 일어난다. 빛이 궁극적인 에너지 공급원이기 때문이다.

명반응에서 생긴 ATP와 전자운반자는 두 번째 경로 즉 CO_2를 포획하여 생긴 산을 당으로 환원시키는 반응인 캘빈-벤슨 회로에 사용된다. 이 경로로 광합성 탄소 환원 회로 또는 간단히 말하여 암반응

(dark reaction) 즉 빛을 이용하지 않는다. 근래의 연구는 두 경로의 반응이 모두 엽록체에서 진행되지만 엽록체 내의 다른 부분에서도 일어난다. 두 경로는 모두 암상태에서 멈추는데 이는 ATP 등의 생성이 필요하기 때문이다.[4]

다소 어렵게 느껴지겠지만 움직이지도 못하는 식물이 태양에너지를 이용하여 에너지를 확보한다는 것이 대단한 일이라는 것을 이해하기 바란다.

광합성의 비밀에 에너지 해결책이 있다

약간 각도를 달리하여 ATP는 식물이 아니라 생물체 모두에게 필요한데 인간의 경우에만 국한한다면 우리는 ATP가 얼마나 필요할까? 격렬한 운동이나 공부를 할 때처럼 에너지를 많이 소모하는 경우 ATP가 많이 필요한 것은 누구나 예상할 수 있는 일이다. 그러나 몸속에 ATP를 저장하는 데에는 한계가 있기 때문에 생명체는 쉴새 없이 ATP를 만들어야 한다. 다소 놀라운 일이지만 평균적으로 인간은 하루에 약 40킬로그램의 ATP를 생성하고 소비한다. 이것은 웬만한 여자의 몸무게에 해당한다.

다시 말하면 하루에 ATP 분자의 분해와 생성 회로가 만 번 정도 일어난다는 것을 의미한다.

그러면 그 많은 ATP가 다 어디로 갈까?

보이어(Paul O. Boyer)는 생명체에서 만들어진 ATP가 ADP(아데노신 이인산)와 무기인산으로 합성될 때, 합성 효소의 일부가 회전하여 작용하고 있다는 메커니즘을 이론적으로 제창하였고, 워커(John E. Walker)는 ATP 합성 효소의 입체구조를 X선 해석으로 보이어의 이론을 증명했다. 스코우(Jens C. Skou)는 ATP아제라는 효소를 발견하고 그 메커니즘을 해명했다.

세포막에는 이온의 수송을 촉진시켜 세포 유지에 중요한 작용을 하는 펌프에 해당하는 부분이 있다. 이 펌프를 움직이는 에너지를 ATP아제가 ATP를 분해하여 얻을 수 있다는 것을 규명한 것이다. 처음의 질문으로 돌아가면 ATP가 ADP와 무기인산으로 분해되면서 에너지가 나오는데 이 에너지를 이용해서 ADP를 다시 ATP로 만든다는 것이다.

여하튼 인간을 포함한 다세포생물은 산소를 호흡함으로써 에너지를 얻을 수 있게 되어 비로소 그 존재가 가능해졌다. 실제로 현존하는 생물 중에서 산소가 필요 없는 것은 모두 단세포이다. 또한 광합성의 또다른 결과는 자외선의 제거이다. 태양으로부터 많은 양의 자외선이 도래하는데 자외선은 생물에게 극히 해롭다. 그래서 태고 적에는 자외선이 닿지 않는 바다 속에서만 생물이 서식했다.

이때 바다에 서식하고 있던 조류(藻類) 즉 시아노박테리아에 의하여 대기 중에 산소가 생기면서 햇빛에 의해 산소는 오존으로 변환되는데 이 오존이 자외선을 흡수했다. 대기 중의 산소량이 10퍼센트가 된 시기에 비로소 충분한 오존이 지구를 둘러싸고, 생물이 육상으로 진출할 수 있었으며 식물의 광합성에 의해 비로소 지구에 고등생물이 살 수 있는 환경이 만들어진 것이다. 이 부분은 지구에 생명체가 태어나는 것으로 거슬러 올라가는데 근래 많은 자료들이 제시되고 있으므로 여기서는 더 이상 설명하지 않는다.[5]

인공광합성 연구

식물의 광합성 능력에 대해 과학자들이 놀라는 또 다른 이유는 현대의 기술로 물을 수소와 산소로 분해하기 위해서는 3,000도의 고온으로 직접 분해하든가 전기분해에 의한 방법에 의해야 하는데, 엽록소는 상온에서도 이 일을 쉽게 해내며 약한 가시광선을 에너지로 사용하고 있다는 점이다. 식물이 광합성하여 에너지를 충당하는데 인간이 이런 방법을 자유자재로 활용할 수 있다면 에너지 문제를 기본적으로 해결할 수 있다는데 공감할 것이다.

식물의 이런 능력을 인간이 가만히 둘 리 없다.

사실 이 주제는 매우 오래전부터 연구되었다. 큰 틀에서 태양(빛) 에너지를 이용하기 위한 연구는 크게 보면 세 가지 방향에서 전개되고 있다. 첫째는 이미 실용화되고 있는 태양전지, 둘째는 광촉매로 물(H_2O)을 산소(O)·수소(H)로 분해해 나온 수소를 연료전지 등에 쓰는 것, 셋째는 식물의 광합성처럼 광촉매로 이산화탄소를 환원해 메탄올(CH_3OH) 등의 연료를 만드는 방법으로 바로 인공광합성이다. 이로부터 얻어지는 메탄올 같은 물질은 전기와 수소에 비해 보존·수송이 쉽다는 장점이 있다.

앞에서 설명했지만 식물이 태양광을 이용해 물·이산화탄소로부터 산소와 포도당($C_6H_{12}O_6$)을 만들어 내는 광합성은 과학자가 꿈꾸는 이상(理想) 반응인데 인공광합성에서는 이 과정에서 수소뿐 아니라 메탄올도 얻을 수 있다.

식물의 광합성을 인공적으로 재현하는 연구는 미국 에너지부, 독일 막스플랑크 연구소, 일본 문부과학성 등에서 활발히 진행되고 있다.

광합성을 인공적으로 재현하는 걸 목표로 하는 연구의 역사는 길다. 20세기 들어 줄곧 식물에서 어떤 반응이 일어나고 있는지를 탐구하는 연구가 계속돼 왔다. 오사카대학은 전자의 운반에 적합한 분자를 중심으로 지금까지 120종류 이상의 인공광합성용 유기재료를 합성했다. 도쿄대는 포도당 합성이 가장 어려운 반응이라는 점에 착안해 대체 원료물질을 찾고 있다.

문제는 인공광합성 반응의 효율이다. 식물의 경우 광합성의 에너지 변환효율이 30~34%로 매우 높다. 합성한 유기재료로 광합성의 일부 반응을 흉내 내면 효율은 0.1% 전후에 머문다. 자연계가 만들어낸 정교한 반응에는 도저히 따라갈 수 없지만 언젠가 이들을 정복한다는 것이 꿈이 아니다.[6]

참고적으로 한국과학기술연구원에서 3000도 이상 고온을 획득할 수 있는 1MW급 태양로 건설을 추진하고 있다. 한국에서 태양로 건설을 추진하는 동력은 맹물에서 수소를 얻는데도 유용하지만 우주선이나 로켓용 초고온 단열재는 물론 고온을 활용한 신소재 개발에 활용되므로 한국이 선진국으로 진입하기 위해서 반드시 필요한 연구 시설로 인식하기 때문이다.

근래 매우 놀라운 연구가 한국에서 발표되어 첨가한다.

한국과학기술원(KAIST) 강정구 교수는 소위 촉매를 이용하여 물에서 수소를 직접 뽑아낼 수 있는 방법을 개발했다. 원리는 비교적 간단하다. 물 속에 카드뮴·니켈 같은 금속 분말을 얇은 막으로 둘러싼 '캡슐'만 투입하면 된다. 캡슐 껍질이 녹으면서 금속이 물과 직접 반응하여 수소(H_2)를 내뿜는 산화반응이 일어나는 것이다. 강 교수는 수소 발생 속도를 높이는 기술, 수소 저장기술, 금속 분말 재생기술이 추가로 개발되면 맹물로 수소자동차를 가동시킬 수 있다고 주장했다.[7]

2
제2, 제3의 태양을 만든다

　태양력이나 풍력 같은 재생에너지원은 에너지 밀도가 낮아 인간이 요구하는 일정 용량까지는 해결할 수 있지만 대용량 에너지원으로는 문제점이 있다. 그러므로 식물의 에너지 활용 방식을 도입하면 에너지 문제를 해결할 수 있다고 전망하지만 이에는 최소한 몇 백 년이 걸리므로 당장 현실적인 것은 아니다. 당연히 보다 근간에 개발될 수 있는 방안에 관심이 가기 마련이다.

　보다 근원적으로 에너지를 만들자는 아이디어는 과학자보다는 작가로부터 태어났다.

　1997년에 발간된 이래 전 세계에 수억 권 이상이 팔려 단숨에 영국에서 가장 돈을 많이 버는 여자로 부각된 영국인 J.K. 롤링의 『해리포터』는 마법소년 해리포터의 이야기이다. 영국이나 미국에서 오래 전부터 어린이들이 책을 읽지 않는다고 걱정했으나 『해리포터』는 이런 우려를 말끔히 씻어 주었을 정도로 수많은 어린아이들의 마음을 사로잡았다. 해리포터 소년이 겪는 모험이 꿈과 호기심으로 가득 찬 어린아이들을 꼼짝 못하게 만들었기 때문이다.

『해리포터』가 그린 환상의 장소에는 태양이 한 개가 아니라 여러 개이다. 태양이 많은 곳에 산다면 약간의 단점도 있지만 여러 가지 이점이 있다는 것을 누구나 금방 이해할 수 있다. 간단하게 말해 어둠으로 인한 많은 불편함이 사라지기 때문이다.

인류가 지구상에 태어난 이래 가장 획기적인 발명은 불이다. 처음에 발견된 불은 화학작용에 의한 것이지만 이어서 전기에 의한 불이 발명되었고 20세기에 들어와 '제 3의 불'이라는 핵분열 연쇄반응에 의한 원자력이 태어났다. 핵분열 반응은 우라늄과 같은 무거운 방사성 동위원소들이 세슘과 같은 가벼운 원소의 핵과 중성자로 분리되는 현상을 말하는데 이 반응을 연쇄적으로 일으키면 핵폭탄이 되고 일정 단계로 제어해서 응용하는 것이 핵발전소이다.

반면에 '제 4의 불'은 핵융합 에너지를 이용하는 것이다. 핵융합 에너지는 핵분열 반응과는 정반대되는 물리적 현상으로 태양을 비롯한 모든 항성(별)들이 방출하는 빛과 열의 근원을 이루는 에너지다. 핵융합은 수소와 같이 가벼운 원소들의 핵이 서로 결합하여 헬륨과 같이 좀 더 무거운 원소의 핵을 형성하는 물리현상을 말한다.

태양에서는 수소의 원자핵 4개가 융합해 1개의 헬륨 핵을 만드는데, 지금 이 순간에도 매초 7억 톤의 수소가 헬륨으로 변환되고 있다. 비교적 순수한 수소로 구성된 태양 중심부는 지난 45억년 동안 약 절반이 헬륨으로 바뀌었지만, 앞으로도 약 50~100억 년 간 수소 핵융합 반응을 지속하면서 우리에게 에너지를 공급해줄 수 있다.[8]

수소폭탄은 이 반응에서 나오는 엄청난 에너지를 이용하는 것이다.

과학자들은 태양과 같은 원리 즉 수소폭탄을 인공적으로 제어할 수 있다면 영원히 꺼지지 않는 불, 즉 태양을 인공적으로 만들 수 있다고 한다. 다시 말하자면 '제2의 태양'을 만드는 것이 꿈은 아니라는 뜻이다. 물론 이렇게 하기 위해서는 연료, 즉 핵융합 물질들을 태양의 내부와 같은 초고온 초고압의 극한 상태로 가둘 수 있어야 한다.

우리는 흔히 물질에는 고체, 액체, 기체의 세 가지 상태가 있다고 배웠다. 온도가 낮아지면 물이 얼어서 얼음이 되고, 반대로 온도가 높아지면 수증기로 변하듯이, 모든 물질들은 반드시 이러한 3가지 형태 중의 하나로만 존재한다고 생각하기 쉽다.

그러나 이에 못지않게 중요한 물질의 상태가 하나 더 있다. '제4의 물질상태'라 일컬어지는 플라즈마(Plasma)다. 원래 플라즈마란 '주조되어 만들어진 물건'이란 뜻의 그리스어로 19세기 생물학이나 의학에서 사용되는 단어였다. 즉 생물학에서는 원형질이나 세포질을 말하며 의학에서는 혈장이나 림프액을 의미한다.

물리학에선 아크등의 장전 현상에 관해 연구하던 랭뮤어(Irving Langmuir, 1881~1957)가 1928년 전자와 이온이 분리된 상태로 균일하게 존재하는 물질을 플라즈마라고 불렀다. 일반적으로 고체 상태의 물질에 열을 가하며 액체 상태를 거쳐 기체 상태로 변한다. 여기에 더욱 에너지를 가해주면 원자나 분자에서 전자가 분리되어 전자(음이온)과 양이온들이 독립적으로 존재하면서 전기적으로 중성인 플라즈마 상태가 된다. 이때 원자가 원자핵(양이온)과 전자로 분리되는 상태를 전리

현상이라고 한다.

그러므로 플라즈마란 매우 높은 온도에서 이온이나 전자, 양성자와 같이 전하를 띤 입자들이 기체처럼 섞여있는 상태를 말하며, 중성의 원자나 분자들로만 이루어진 보통의 기체와는 전혀 다른 성질을 지닌다.

플라즈마는 기체의 특별한 상태로 볼 수도 있으므로 네 가지의 물질 상태 중에서 가장 적을 것이라고 생각하기 쉬우나, 실상은 정 반대이다. 태양계 총 질량의 99% 이상을 차지하는 태양이 플라즈마로 구성되어있을 뿐만 아니라, 우주 전체를 놓고 보면 우리에게 익숙한 기체, 액체, 고체 상태는 모두 합쳐도 0.01%도 되지 않는다.

그것은 자연 현상을 포함한 일상생활의 거의 대부분이 플라즈마이기 때문이다. 한낮의 태양, 밤하늘의 별도 플라즈마이며 방 안의 형광등, 길거리의 네온사인 등은 플라즈마 상태로부터 방출되는 가시광선을 가시광고 있다. 반도체, LCD, 모니터, 핸드폰처럼 제조공정에서 플라즈마를 사용해 만들어진 제품들을 통해 간접적으로 접하기도 한다.

자연에 존재하는 대표적인 플라즈마가 번개와 오로라이다. 공기 중에는 우주선의 전리 작용에 의해 원자로부터 전자가 튀어 나온 하전 입자들이 포함되어 있다. 이런 상태에서 강한 전압이 걸리면 전자들이 양극 쪽으로 이동하면서 공기 중의 기체를 이온화시키는데 이때 전자들이 급격하게 만들어지면서 실처럼 가느다란 형태를 띠게 되는데 이것이 바로 플라즈마 상태의 번개이다.[9)]

그러나 오로라나 번개를 당장 에너지로 활용할 수 있는 것은 아니다. 태양에서는 약 1600만도에서 핵융합이 일어나지만, 이는 약 30억

기압이라는 압력이 있기 때문이고, 지상에서 핵융합을 일으키려면 약 1억도 이상의 온도가 필요하다. 따라서 지구상에서 핵융합 반응을 일으키려면 이러한 조건을 만들어주는 장치가 필요하다. 문제는 섭씨 1억 도를 유지할 수 있는 물질이 없다는 것이다. 금속 가운데 녹는점이 가장 높다는 텅스텐도 섭씨 3410도가 넘으면 녹아 버린다. 간단히 말해 인간이 원자력발전소처럼 핵분열을 필요에 따라 제어하면서 사용하는 것처럼 태양이 핵융합하는 현상을 그대로 복제하여 제어해야 하는데 핵융합 당시 일어나는 초고온 플라즈마를 효율적으로 가두어 둘 용기 제작이 만만치 않다는 점이다.

둘째는 연료가 되는 2개의 원자핵을 아주 빠른 속도로 충돌시킬 수 있는 안정적인 기술이 필요하다. 안정적인 핵융합을 위해서는 핵융합반응의 결과 방출된 에너지가 원자핵을 가속하는 데 소요된 에너지보다 많아야 되는데 그러기 위해서는 원자핵간의 충돌 빈도가 높아야 한다. 원자력 발전으로 비유한다면 연쇄반응을 일으켜야 한다는 이야기다. 이러한 요구 조건을 만족시켜 주는 방법은 1억도 이상의 고온의 플라즈마 상태에서의 원자핵의 열 운동에 의한 충돌을 이용하는 것이 최선이다.[10]

과학자들이 인공 태양 즉 핵융합 개발에 경주하는 이유는 여러 가지이다. 첫째는 원료가 무궁무진하다는 것이다. 바닷물 속에는 핵융합 반응 물질인 중수소가 대량으로 들어 있는데 이 에너지양은 인류가 1백 억 년 이상 사용하고도 남을 분량이다. 석유, 석탄, 천연가스

등 화석연료 및 원자력발전에 쓰이는 우라늄 등 에너지 부존자원은 궁극적으로 고갈됨이 분명하지만 핵융합은 바닷물이 지구상에 존재하는 한 원료 걱정은 하지 않아도 된다.

특히 화석연료와 핵분열, 핵융합 연료를 비교해보면, 20톤의 석탄이 탈 때 발생하는 에너지를 1.5kg의 핵분열 연료로 생성할 수 있는데, 핵융합의 경우는 60g의 연료로 가능하다. 300g의 삼중수소와 200g의 중수소만 가지고도 고리원자력발전소보다 약 2배 큰 1백만 kW급 핵융합 발전소를 하루 동안 가동시킬 수 있다.[11]

둘째는 핵융합 반응의 부산물이므로 공해가 전혀 없다는 점이다. 핵융합에 발생되는 물질은 방사능 물질이 아니라 해가 없는 헬륨기체 뿐으로 지구 환경보존 차원에서도 유용하다. 셋째는 제어 핵융합로가 근본적으로 안전하므로 구소련의 체르노빌 원자력발전소 사고와 같은 방사능 사고가 원천적으로 일어나지 않는다.

태양을 해부한다

인간의 에너지 공급의 원천인 핵융합에 대해 보다 설명한다. 프리츠 후터만스(Fritz Houtermans, 1903~1966)와 애트킨슨(Robert d'Escourt Atkinson)은 두 개의 수소의 원자핵, 즉 양성자가 결합되는 과정을 연구하면서 두 양성자가 접근하면 전기적 반발력으로 서로를 밀어내지만 양성자들이 10^{-15}m(원자핵의 크기)까지 다가가면 강한 핵력이 작용하여 결합된다는 것을 알아냈다. 강한 핵력은 전자기력에 비해 약 100배나 강한 힘이다. 그런데 이들이 연구할 때는 중성자가 발견되기 전이므로 정확한 핵융합 과정을 설명할 수 없었다.

이들의 연구를 이은 사람이 1967년 노벨물리학상을 수상한 한스 베테(Hans Albrecht Bethe, 1906~2005)이다. 그는 중성자가 발견된 후 비로소 보다 완전한 수소핵융합과정을 밝힐 수 있었다. 별 속에서 수소가 헬륨으로 바뀌는 과정은 몇 가지가 있는데 그 중의 하나는 양성자-양성자 연쇄 반응으로 이 반응은 태양과 같이 가벼운 별에서 주로 일어나는데 3가지 과정을 거쳐 헬륨의 원자핵이 만들어진다.

첫 번째 과정은 수소 원자핵(1H)인 양성자 두 개가 서로 결합하여 중수소핵(2H)을 만드는 과정이다. 두 양성자가 융합되기 위해서는 서로 가까이 다가가야 한다. 양성자 사이에 작용하는 척력은 서로 가까이 접근하기 어렵게 만들지만 압력과 온도가 충분히 높으면 서로 가까이 접근하여 강한 핵력에 의해 융합될 수 있다.

간단하게 말해 원료로는 중성자가 한개 있는 중수소(D : Duteron), 중성자가 두개 있는 삼중수소(T : Tritium)로만 핵융합을 일으키면 에너지가 생성된다. 이유는 핵분열에서 설명한 것처럼 반응이 일어난 후 질량을 비교해보면 0.7%의 질량결손이 일어나기 때문이다. 질량이 그만큼 없어졌다는 것은 앞에서 설명한 아인슈타인의 $E=mc^2$에 의해 에너지가 발생했다는 것을 의미한다.

이 과정에서 방출되는 에너지는 그야말로 어마어마하다. 수소 1kg이 헬륨으로 전환되면 6×10^{14}J의 에너지가 나온다. 그런데 태양은 매초 4×10^{26}J의 에너지를 우주공간으로 방출한다. 이것은 매초 6억 톤의 수소를 헬륨으로 전환한다는 뜻이다. 그러면 태양은 얼마나 오래

탈 수 있을까 즉 얼마나 오래 지탱할 수 있을까? 학자들의 계산에 따르면 만약 태양의 전 질량 $2×10^{30}$kg이 모두 헬륨으로 전환된다고 하면 약 1000억년이 걸린다고 한다. 태양의 수명을 1,000억년까지로 예상할 수 있다는 뜻이다.

그러나 실제로는 이보다 매우 떨어지는 100억 년 정도로 추정하는데 이유는 태양의 온도가 바깥층으로 갈수록 떨어지므로 태양 속에 있는 모든 수소가 핵융합의 원료로 사용될 수는 없기 때문이다. 즉 태양이 핵융합으로 태울 수 있는 부분은 중심 주위, 태양질량의 1/10 정도 되는 양이므로 100억 년을 상한선으로 보는데 인간의 수명을 100년으로 보아도 몇 세대가 지나야할지 가늠이 되지 않을 것이다.

참고적으로 태양이 핵융합으로 방출하는 에너지는 감마선 혹은 중성자의 형태로 나온다. 태양 중심에서 핵융합에 의해서 생성된 빛은 태양표면으로 전달된 다음 우주공간으로 방출된다. 태양 표면을 떠난 빛이 지구에 도달하는 데는 500초 대략 8분이 걸린다. 그런데 이 빛이 언제 만들어진 빛일까? 태양의 반경은 69만km이니까 2.3초 전에 만들어진 것으로 생각할 수 있다. 그러나 이 빛은 짧게는 수천 년 전, 길게는 1천만 년 전에 생성된 빛이다.

김충선 박사의 설명을 들어 보자. 태양 중심에서 핵융합으로 만들어진 빛이 태양표면까지 전달되는 과정은 매우 느리게 진행된다. 태양 중심에서 만들어진 빛(광자)은 갈짓자 걸음으로 표면까지 올라온다. 태양 내부는 수소 가스가 전리되어있는 고밀도의 플라즈마 상태이므로 생성된 빛은 불과 1cm 정도 진행하고 나면 수소핵과 충돌하여 흡수되었다가 다시 재 방출되며 방향이 바뀐다. 이런 과정은 빛이 태양을 빠져나올 때까지 수없이 되풀이되므로 반경이 70만 km인 태양을 빠져나오려면 만만치 않은 시간이 걸린다.

학자들의 세밀한 계산에 의하면 태양 내의 위치에 따라 달라지지만 짧게는 수천 년, 길게는 1000만년이 걸릴 것으로 예측한다. 이러한 과정은 지구의 생명체에게는 매우 다행한 일이다. 왜냐하면 태양 중심에서 만들어진 빛은 감마선 형태의 고에너지 복사선으로 생명체에게는 치명적이다.

그런데 태양 표면까지 올라오는 동안 이 빛은 태양속의 전자 및 양성자와 상호작용을 하며 에너지를 잃어버려 우리 눈으로 볼 수 있는 가시광선과 적외선 및 자외선 등으로 바뀌어 방출된다. 또 이 과정에서 잃어버린 에너지는 태양을 가열하여 태양이 중심온도를 유지하면서 핵융합을 계속하여 태양이 붕괴하지 않도록 지켜주는 역할을 한다.[12]

인공태양을 만들자

만화와 영화에서 큰 인기를 끌었던 「스파이더맨」 시리즈 2편에서 옥터퍼스 박사가 무한에너지를 얻을 수 있는 기술을 개발했으므로 에너지문제는 해결되었다고 장담하며 회심의 역작을 선보인다. 그가 보여준 것은 거대한 핵융합로로 이를 통해 핵융합에너지를 만들 수 있다는 것이다.

영화는 과학적 소양을 기본으로 하므로 핵융합반응 성공, 시스템 불안정, 폭발, 제어장치 상실로 인한 기계의 인간통제, 기계에 대항하는 양심의 발로, 악의 씨가 될지 모르는 핵융합로의 수장으로 끝을 맺는다.

이와 같이 독자들의 입맛에 맞는 결론에 이르는 것은 옥터퍼스가 이를 이용하여 전세계를 장악하겠다는 야심을 드러냈기 때문이다. 영화에 등장한 이야기대로라면 그야말로 세계를 석권하는 것이 어려운 것이 아닐지 모른다. 물론 영화의 속성상 우리의 주인공 스파이더맨이 나타나 박사의 계획을 극적으로 멈추게 한다. 한마디로 인류는 위기에서 벗어나지만 이때 옥터퍼스가 보여주는 비장의 무기가 바로 태양처럼 이글이글거리는데 논리적으로만 보면 핵융합을 통한 인공태양이다.[13]

영화감독은 간단하게 인공태양을 만들었지만 전세계의 과학자들이 핵융합연구를 해온지 반세기가 되어가지만 현실적으로는 핵융합에 관한 한 아직 기본 단계에도 미치지 못했다는 것은 사실이다. 소립자를 발견하고 화성에 우주선을 보낼 수 있을 정도로 획기적으로 과학기술이 발전하고 있음에도 불구하고 핵융합이 지지부진한 것은 그만큼 핵융합로가 만만치 않기 때문이다.

더구나 전문가들 사이에서도 핵융합발전에 대한 평가는 크게 나뉘어져 있다. 1991년 노벨 물리학상을 수상한 프랑스의 피에르 질 드 젠(Pierre Gilles de Gennes, 1932~2007) 박사는 다음과 같이 핵융합발전을 혹평했다.

'태양을 상자에 가두어둔다(ITER)는 계획은 멋진 발상이다. 문제는 우리가 그런 상자를 어떻게 만들어야 하는지 모른다는 점이다.'

드 젠 박사는 자기의 상전이(相轉移)를 연구하여 이를 수식으로 규명하고 또한 초전도현상·액정·고분자·마이크로에멀전 등에서 일정한 규칙성을 찾아내는 등 초전도 분야 즉 핵융합 분야에서 최고의 전문가이다. 그의 부정적인 발언은 핵융합에 정말로 막대한 예산을 투입해야 할 필요가 있는지 진단할 때 항상 제시된다.

2002년 노벨 물리학상을 수상한 일본의 마사토시 고시바 도쿄대 교수도 '핵융합 발전의 실제 비용을 검토한다면 그 전망은 부정적'이라는 입장을 밝혔다. 또 미국 매사추세츠공과대학(MIT) 플라즈마 융합센터의 미클로스 포콜랩 소장은 설사 핵융합 발전의 문제점이 완전하게 정복되더라도 상용화되려면 적어도 50년 이상이 필요하다고 주장했다. 이는 경제적 타당성을 결정하기에는 너무나 긴 시간이라는 데 문제가 있다는 설명이다.[14]

물론 이런 난관에 좌절할 인간들이 아니다. 난관이 있다면 오히려 도전에 열기를 뿜는 것이 인간의 생리이기 때문이다. 플라즈마는 유체적 특성, 전기적 특성, 입자적 특성을 함께 가지고 있어 다루기가 매우 까다롭다. 과학자들은 자기력선 그물망을 형성하는 용기를 만들면 플라즈마를 가둘 수 있으며 토카막형이 유력한 것을 발견했다. 토카막(Toroidal Chamber with Magnetic Coils)은 러시아어에서 유래된 명칭으로 1968년 처음으로 토카막 장치를 개발하여 초고온 플라즈마를 1백

분의 1초 이상 가두는데 성공했다. 단순간이지만 이 성공은 과학자들에게 큰 힘이 되었고 일본은 1996년에 순간 온도를 섭씨 5억2,000만도까지 올리는 데 성공했다. 태양표면 온도가 섭씨 6,000도이고, 중심부 온도가 섭씨 1,500만 도인 것을 감안하면 엄청난 사건으로 이를 토대로 현재 전세계가 핵융합에 총력을 경주할 수 있는 희망을 심어주었다.[15]

과정이야 어떻든 일단 토카막에서 열에너지를 얻을 수 있다면 이를 이용하여 증기를 만들고, 증기로 터빈을 돌려서 전기를 만드는 과정은 일반 발전방식들과 동일하므로 실용화에 어려운 것은 아니다. 문제는 이들 연구 개발에 상상할 수 없을 정도로 막대한 예산이 소요된다는 점이지만 유럽 국가 연합에서 이 분야에 도전했다.

이들이 추진한 핵융합장치 JET(Joint European Torus)는 1991년도에 최초로 2초 동안 2천kW의 핵융합에너지를 발생시켰고, 1994년 미국 프린스턴 대학의 TFTR(Tokamak Fusion Test Reactor)에서는 3초 동안 1만kW의 출력을 발생시키는데 성공했다. 이런 에너지의 발생은 핵융합로의 과학적 실증을 보여준 것으로 세계 과학자들을 고무시키는데 충분했다.

곧바로 후속 단계로 국제원자력기구의 주관으로 미국·유럽연합(EU)·러시아·일본 등이 국제 컨소시엄을 구성해 공동으로 개발하는 국제핵융합실험로인 ITER(International Thermonuclear Experimental Reactor) 프로젝트가 수립되어 진행되고 있는데 예산이 무려 100억 달러에 달한다.

핵융합장치가 궁극적으로 달성해야 할 목표는 경제적이고 안전한 에너지를 생산하는 것이다. 현재까지 알려진 바에 따르면 1차 목적인 임계조건에 가까이 다가와 있다고 설명된다. 임계조건이란 핵융합을 일으키도록 투입된 에너지가 핵융합의 결과로 발생하는 에너지와 같아지게 되는 핵융합플라즈마의 조건이다.

물론 이것으로 핵융합발전의 실용화가 가능하다는 것은 아니다. 핵융합장치가 원자력발전소처럼 실용화하려면 임계조건을 넘어서 핵융

KSTAR 토카막형 핵융합연구장치

합의 결과로 발생된 에너지가 스스로 핵융합을 지속시키는 점화조건에 도달하여야 하는데 이는 임계조건의 약 10배에 해당한다. 넘어야 할 산이 아직도 많이 남아 있다는 뜻이다.

한국은 핵융합에 관한 한 선두주자이다. 차세대 초전도 핵융합연구장치(KSTAR), 소위 한국산 '인공태양'이 세계 핵융합 연구를 주도하고 있기 때문이다. KSTAR는 세계 최초로 초전도 자석만을 사용해 만든 핵융합 장치이다.

한국형 핵융합발전은 여러 가지 기록을 가지고 있다.

① 초전도 자석에 들어간 초전도 선을 모두 이으면 길이가 약 1만 2000km다. 지구의 지름과 거의 비슷한 길이. 이 정도면 서울과 부산을 약 27번 왕복할 수 있다.

② 초전도 선 안에는 초전도 심이 3000가닥 이상 들어 있다. 이 초전도 심을 꺼내 한 줄로 이으면 길이가 약 3600만km다. 지구 둘레를 약 1000번 감을 수 있고, 지구와 달 사이(38만km)를 약 50번 왕복할 수 있는 길이다.

③ KSTAR가 들어선 실험동 건물의 벽면 두께는 1.5m. 이런 특수 실험동을 짓는데 들어간 총 시멘트 양은 5만1263㎥. 이 정도 양이면 아파트 1000세대를 지을 수 있다.

KSTAR이 세계의 주목을 받는 것은 2015년 프랑스 키다라쉬에 핵융합발전로를 건설할 계획인 국제핵융합로(ITER)가 목표로 하는 '테스트 베드'의 역할을 할 수 있기 때문이다. 현재 ITER 연구팀은 건설비를 줄이기 위해 핵융합로를 재설계하면서 KSTAR와 비슷한 방식으로 초전도 자석의 형태를 변경했다. 이 때문에 KSTAR는 ITER의 축소판이자 파일럿 모델로 핵융합분야에서 큰 기여를 할 것으로 평가받고 있다.[16]

여하튼 아무리 핵융합에 점수를 준다하더라도 원자력발전소와 같이 실용화되는데 2045년을 꼽는 학자들도 있지만 일반적으로 50년 또는 100년이 필요하다는데 인식을 같이한다.

한국의 경우 핵융합으로 에너지 문제를 해결하겠다는 생각은 당분간 시기상조라는 것이 보다 현실적이지만[17] 미래의 어느 날 핵융합발전소에서 나오는 전기로 필요한 에너지를 해결할 수 있다는 것은 꿈이 아니다.

핵융합시설이 보다 업그레이드되면 태양의 반대쪽 제2, 제3의 인공 태양을 만들 수 있을지도 모른다. 미래의 인간들이 두 세 개의 태양을 보면서 살 수 있게 된다면 에너지 문제는 모두 해결되었다는 것을 의미한다. 그 시기가 당장이 아니라는 데 학자들이 아쉬워하는 것이다.

3
우주 태양발전소가 기다린다

맹물자동차, 핵융합발전소 등이 가능하더라도 당장 필요한 에너지 해결책으로는 다소 요원해 보이는 것은 사실이다. 그러므로 사람들이 보다 현실적이면서도 빠른 방안을 요구하자 이에 부응하는 아이디어가 속출되었다. 다소 놀랍기는 하지만 그동안 하루가 달리 발전된 우주 기술을 총동원하는 아이디어다.

바로 우주에서 전기를 만드는 우주태양발전소(SPS : Solar Power Station)를 건설하면 된다는 뜻이다. 이 프로젝트는 1968년에 미국 과학자 피터 글레이저(Peter Glaser)가 처음 제안한 것으로 원리는 간단하다.

우주에 태양전지판을 설치하자는 것으로 현재 우주정거장에서 태양전지판을 사용하여 전기를 생산하는데 이를 대형화하는 것이다. 우주에서 발전된 전기 에너지는 마이크로파로서 지상의 안테나(렉테나 : 지름 10킬로미터 이상)에 보내지고 이어 전기에너지로 변환되어 우주공간이나 지상에서 마이크로파의 송전하기만 하면 된다는 아이디어다.

우주발전은 여러 가지 장점이 있다.

첫째 발전소가 우주공간에 떠있으므로 지구와는 달리 그림자가 생기지 않아 24시간 계속하여 발전이 가능하다. 둘째는 마이크로파를 지상으로 전송하기 때문에, 태양에서 발생하는 가시광선 대역폭의 빛이 대기의 산란과 흡수로 에너지가 감소하는 현상을 최소화 할 수 있다. 셋째는 지구처럼 기후나 날씨에 영향을 거의 받지 않으므로 에너지 저장 기술을 거의 요구하지 않는다. 마지막으로는 태양에너지를 사용하므로 순수한 재생 가능 에너지라는 점이다.

다소 황당하게 생각되겠지만 이 아이디어는 1973년, 미국 특허 제3781647번으로 등록되었고, 1974년 NASA는 위성 발전 계획을 수립하고 기술&경영 컨설팅회사인 ADL과 계약했다. 그러나 당대의 기술과 예산 문제를 고려할 때 과도한 부담이 요구되어 계획은 보류되었다.

그렇지만 우주발전소의 매력이 만만치 않아 미국은 1999년 10월, 경제성이 없다는 이유로 포기한 계획을 다시 끄집어내어 2040년 실용화를 목표로 연구 추진중이다. NASA가 구상 중인 우주발전소는 지름 50m짜리 발전용 렌즈 100여 개를 15km에 걸쳐 탑(塔) 모양으로 연결하고, 맨 끝에 지름 200m 크기의 마이크로파 송신 안테나를 부착하여 이것을 적도 위 3만 6000km 상공의 정지궤도에 올려놓자는 것이다.

관련 연구도 그동안 계속되어 이미 우주공간이나 지상에서 마이크로파의 송전 실험에 성공했다. 또한 이 시스템으로 무연료 비행기 MILAX기를 마이크로파만으로 비행시키는데 성공했는데 마이크로파는 지상의 자동차로부터 전송되었다. MILAX기의 고도는 10~15미터이고 약 400미터를 비행했다.

이 부분에 관한 한 일본도 선두주자로 일본 우주항공연구개발기구(JAXA)가 이를 담당하고 있다. 2020년 발전량 10메가와트의 태양전지를 실험 발사하고, 이어 250메가와트급 발전설비를 우주에 설치하며 2030년까지 1백만 킬로와트 수준으로 높이는 것이 목표다. 연구·개발비(추정 예산 수십 억 엔)가 만만치 않지만 상용화에 성공하면 기존 전력 생산의 6분의 1 비용으로 청정에너지를 얻을 수 있다는 것이 JAXA의 계산이다. 특히 40m 상공에서 3kW의 전력을 마이크로파로 바꿔 전송하는 실험에 성공했는데 그 전송률 자체는 30%에 불과했다.

반면에 NASA는 30kw 출력을 1마일 거리로 송전하는데 80% 정도의 효율을 보였고 근래에는 92마일 거리에서도 안정적인 전송에 성공했다고 발표되었다.[18]

물론 우주 태양광 발전을 위해서는 아직도 해결해야 할 기술적 난제들이 많이 도사리고 있다. 우주 태양광 발전의 기본은 태양전지 패널의 전기 생산량이므로 과거 우주에서 사용하던 기존 태양전지급이 아니라 고효율 태양전지 패널의 개발이 필수적이다.

더구나 가장 큰 관건은 우주발전소의 수명이다. 일반적으로 지상에서 태양전지의 수명을 20년 정도로 가정하는데 우주에서는 이 년한이 10년 정도로 줄어들 수 있기 때문이다. 이는 우주에서 지상보다 많은 방사선을 받기 때문으로 태양전지 성능의 획기적인 개선이 이루어지지 않는 한 우주발전소 건설에 치명적이 아닐 수 없다.

또 다른 관건은 우주에서 얻은 에너지를 지상으로 전송하는 방법이다. 에너지 전달 방식으로는 마이크로파를 이용하는 방법과 레이저광선을 이용하는 방법이 있지만 레이저를 이용하는 방법은 예상되는 생물학적 피해가 마이크로파에 비해 클지 모른다는 우려와 예산도 만만치 않아 주로 마이크로파를 사용하는 방법을 연구한다.

역시 가장 큰 걸림돌은 생명에 어떤 영향을 미치느냐이다.

일반적으로 마이크로파에 직접 노출될 수도 있는 항공기의 경우 여객기의 차체가 전파를 분산시켜 주기 때문에 내부 승객에게는 아무런 이상이 생기지 않는다. 하지만 대기로 산란되어 퍼지는 강력한 마이크로파가 조류의 방향감각과 생존에 영향을 주거나, 기타 생물에 피해를 줄 수 있고, 직접 노출됐을 때 큰 영향을 초래할지 모른다는 우려도 있다. 더구나 강력한 마이크로파가 지구로 오는 동안 전리층에 이상을 초래하여 지구적인 문제를 야기시킬 가능성도 지적된다.

이 문제에 관한 한 학자들은 기본적으로 SPS에서 보내지는 마이크로파는 휴대전화 바로 옆에서 받게 되는 전파 등과 그 세기에 변함이 없다고 설명한다. 현재까지의 연구에서도 약한 마이크로파에 의한 환경이나 인체에 대한 영향은 확인되지 않고 있다. 그러므로 인적이 드문 곳에 수신소를 설치하면 인간에 미치는 영향은 크지 않을 것으로 생각하지만 결국 이런 문제점들이 모두 슬기롭게 해결되어야 실용적으로 우리의 곁에 다가올 수 있다는 것은 의문의 여지가 없다.[19]

그럼에도 불구하고 맹물자동차, 핵융합로에서 설명된 에너지 해결방안에 비해 우주발전소의 기술 자체는 거의 개발되어 있다는 점이 장점이다. 문제는 현실적인 면에서 경제성이 있느냐인데 값비싼 우주선을 쏘아 우주 공간에 대형태양광 발전소를 만드는 것은 당장 경제성 문제를 논할 단계가 아니라는 평가다.

그러나 장기적으로 볼 때 앞으로 어떤 경우라도 해결 방안이 전혀 없다는 것 즉 '불가능의 과학'과 세 가지 아이디어처럼 가능성이 있다는 것은 전혀 다른 이야기다. 가능성이 있다는 것은 인간에 의해 언젠가 꿈을 현실로 만들 수 있다는 것을 의미하기 때문이다. 또한 세 가지 방안 모두 무공해 즉 방사능을 노출시키지 않는다.

문제는 시간이다. 세 가지 아이디어가 실제로 인간 곁으로 태어나는 시간을 벌기 위해서라도 인간이 에너지 문제를 슬기롭게 해결해야 한다는 것에 동조할 것이다.

그런데 한국의 경우 한국에 알맞은 대안이 필요하다는데 고민이지 않을 수 없다. 앞에 설명한 세 가지의 궁극적인 에너지 해결책이 당장은 도움이 되지 않는다는 뜻이다.

4
방사능도 처리 가능

    방사능이 가진 많은 장점에도 불구하고 일단 방사능에 노출되면 인간이든 생태계든 영향을 받지 않을 수 없다는 것이야말로 방사능이 가진 아킬레스건이다. 한마디로 일단 유출된 방사능에 대해서는 속수무책이므로 방사능의 피해를 줄이려면 방사능 자체를 지구상에서 없애야 한다.

    원전과 관련하여 반드시 생기는 핵폐기물의 가장 큰 문제는 긴 반감기를 가진다는 점이다. 이들 폐기물을 장기간 저장하여야 하는데 이들 주위에서 언제 어떤 문제가 일어날지 모르므로 방사능이 인체에 미치는 영향이 있는 한 방사능에 대한 거부감은 자연스럽다고도 볼 수 있는데 근래 방사능이 가진 고민거리를 해결해 줄 실마리가 나타났다.

    1984년 원자구성입자로 무겁고 수명이 짧은 W입자와 Z입자를 발견해 노벨 물리학상을 받은 루비아(Carlo Rubbia)는 양성자 빔을 사용 후 핵연료에 때려 반감기가 긴 동위원소를 반감기가 짧은 동위원소로 변화시켜 핵폐기물 처리 문제를 해결하자고 제안했다. 이 과정에서 에너지가 발생하므로 이차적인 발전도 할 수 있으므로 일석이조의 효과도 얻을 수 있다는 설명이다. 한국에서 2003년 핵폐기물 처분장 설치가 논란이 되었을 때 정부에서 양성자가속기를 함께 설치하겠다는 이유이다.

양성자가속기를 이용하면 반감기가 비교적으로 긴 세슘, 테크네슘, 요오드, 아메리슘, 큐륨, 넵투늄 등을 처리하여 반감기를 줄일 수 있다. 핵폐기물 재처리는 매우 위험한데다 다량의 액체 핵폐기물을 만들어낼 수 있으므로 일부 학자들이 반대하기도 하나 과학기술의 발전으로 안전성만 보장된다면 핵폐기물 처리 문제는 완전히 다른 상황으로 변모할 수 있다고 생각한다.[20]

노스웨스턴대학교 아르곤국립실험실의 아크 조스터 박사는 방사성 물질인 스트론튬90을 연못 등에서 살고 있는 조류(藻類, Algae) 중 하나인 클로스테리움 모닐리페룸(Closterium moniliferum)이 먹어서 소화하여 처리할 수 있다고 밝혔다. 반달 모양의 단세포는 핵물질 방사성 오염수를 먹고 비방사성 스트론튬 등을 포함한 바이오미네랄을 만드는 것은 물론 인간에게 좋은 칼슘과 나쁜 스트론튬을 구별해낸다.

조류가 스트론튬을 칼슘과 분리시키는 능력은 결정체가 그 세포 속에 들어가 형성될 때 결정체 속에는 나쁜 스트론튬만 들어가기 때문이다. 조류는 우선 바륨, 스트론튬과 칼슘을 오염수로부터 빨아들이는데, 스트론튬은 바륨과 함께 결정체 세포 속으로 들어가 남아있는 반면 칼슘은 결정체 세포 밖으로 빠져나온다. 바륨은 스트론튬을 받아들이기 위해 유기체 속에 존재해야만 하는 물질이다.

이와 같은 능력이 있는 조류를 사용하면 원자력발전소에서 사고로 유출된 방사성 물질이나 오염수를 정화시킬 수 있다는 뜻이다. 사용기한이 끝난 원전이라 해도 잔존하는 방사성 물질 즉 고방사성 폐기물이나 오염수 등을 저방사성 무해물질로 바꿔줄 수 있다.[21]

학자들은 골치 아픈 방사능을 처리할 수 있다는 것이야말로 그동안 인간이 가진 방사능에 대한 부정적인 생각을 근본적으로 바꾸어 줄 수 있을 것으로 생각한다.

학자들이 근래 제기한 방법은 엉뚱하면서도 매우 단순하다. 잘 알려진 그리스 신화를 활용하는 것이다. 그리스 신화에서 다이달로스는 크레타의 미노스가 만든 미궁에서 새의 깃털과 밀랍으로 날개를 만들어 붙이고 아들 이카로스와 함께 하늘로 날아 탈출하였다. 이카로스는 새처럼 나는 것이 신기하여 하늘 높이 올라가지 말라는 아버지의 경고를 잊은 채 높이 날아올랐고, 결국 태양열에 날개를 붙인 밀랍이 녹아 에게 해에 떨어져 죽었다.

이 신화를 원용하여 골머리 아픈 핵폐기물, 다시 말하면 방사능 물질을 대형 로켓에 탑재하여 태양을 향해 발사하는 것이다. 핵폐기물을 실어야 하는 로켓의 비용이 만만치 않지만 방사능 물질을 영원히 제거할 수 있는 대안 자체가 있다는 것은 고무적인 일이 아닐 수 없다.

그동안 인간의 발전 과정을 보면 이카루스보다 강력한 해결책도 등장할 수 있다. 공전의 흥행에 성공한 SF영화 「스타트랙」에서는 매우 특이한 장면이 나온다.

로물란 행성의 네로 선장은 소형 인공블랙홀을 벌칸인의 행성 중심부로 발사하여 행성 자체를 파괴한다. 당시 벌칸 행성의 인구는 50~60억 명 정도라는데 이들 모두 인공블랙홀에 빨려 들어가 사망한다. 「스타트랙」에서 행성 정도를 간단하게 파괴할 수 있을 정도의 인공블랙홀의 크기는 그야말로 소형인데도 행성 정도를 간단하게 파괴한다.

블랙홀에 대해서는 너무나 잘 알려져 있으므로 설명하지 않지만 블랙홀이 모든 것을 빨아 들이기만 하고 토해내지 않는 것은 아니다. 그러므로 블랙홀을 잘 이용한다면 지구인들에게 그야말로 행복한 대안이 기다리고 있다.

네로 선상처럼 인공블랙홀을 만들어 지구에서 가장 골머리 아픈 방사능 물질은 물론 지구의 쓰레기들을 블랙홀로 보내 모두 처리할 수 있기 때문이다. 이때의 이점은 우주쓰레기가 블랙홀 속으로 들어가면서 많은 에너지를 방출하므로 이를 활용할 수 있다.

물론 블랙홀을 만든다 해도 지구에 조금이라도 피해를 주면 안된다. 다행히 지구에 위험을 주지 않고 안전하게 건설할 수 있는 장소가 있다. 잘 알려진 우주의 특정 지점인 라그랑주 점에 건설하면 된다.

케플러운동을 하는 두 천체가 있을 때, 그 주위에서 중력이 0이 되는 곳이 있는데 두 천체를 잇는 직선상에 3개, 두 천체와 정삼각형을 이루는 2개소이다. 그 중에서도 삼각형을 이루는 2점에 제3 천체가 있을 경우 매우 안정하여 라그랑주 점이라고 부르는데 이곳에 소형 블랙홀과 인근에 앞에 설명한 우주태양발전소를 설치하는 것이다.

블랙홀에 방사능 물질 등 우주 쓰레기를 버린 후 이를 활용하여 우주 개척을 위한 전진 기지를 만들수도 있다.

관건은 인공블랙홀을 정말로 만들 수 있느냐인데 놀랍게도 학자들은 블랙홀 공장을 만들 수 있다고 단언한다. 세인트앤드루스 대학교의 울프 레온하르트(Ulf Leonhardt)는 레이저빔을 포물선 모양으로 만들어 정지시킨다면 포물선의 꼭대기는 수학적으로 블랙홀의 특이점에 해당된다고 주장했다. 그리고 그 경계는 사건의 지평선에 해당되어 사실상 광학적 블랙홀을 만들 수 있다는 것이다.

로스앨러모스국립연구소에서도 '병 속의 블랙홀'을 만드는 연구에 열중이다. 그것은 자기(磁氣) 발전기를 만드는 과정을 포함하는데 이를 활용하면 소형 블랙홀을 만들 수 있다고 생각한다. 프랑스와 스위스 국경인 제네바에 있는 세계 최대의 유럽입자물리연구소(CERN)의 입자가속기도 미래의 블랙홀을 만들 수 있는 연구 시설로 활용될 수도 있다.[22]

다소 엉뚱하다고 생각하겠지만 인간에게 목표가 있다면 누군가가 해결사로 나타나곤 했다. 인공블랙홀로 인간에게 가장 큰 골머리를 안겨주는 방사능 물질 등을 확실하게 처리할 수 있다는 것은 생각만 해도 즐겁지만 이 역시 당장 등장할 수 있는 것이 아니다. 위의 설명은 시간을 벌어달라는 것과 다름아니다. 미래의 언젠가 나타날 에너지 해결 방안을 위해서라도 당장 슬기로운 해결책을 각자 찾아야 한다는 것을 의미한다.

에너지가 해결된다

에너지 문제를 해결하는 것이 만만치 않다는 것을 잘 알것이다. 그런데 학자들이 궁극적으로 에너지를 해결할 수 있는 방법을 일단 제시했으므로 언젠가 해결될 것으로 생각한다. 화석연료를 비롯한 원자력 발전소의 방사능 문제도 말끔히 사라지게 만들 수도 있다는 뜻이다.

1978년 세계가 제2차 에너지 파동의 와중에 있을 때 미국 애틀랜타에서 세계태양에너지학회가 열렸는데 필자를 놀라게 한 것은 많은 참석자들이 에너지 위기에 대해 매우 밝은 전망을 가지고 있다는 점이다. 한마디로 지구상의 에너지 위기는 궁극적으로 해결될 수 있다는 것이다.

방법도 여러 가지 제시되었는데 바로 앞에서 제시한 내용들이다. 문제는 이들이 언제 개발되느냐인데 그야말로 전망이 놀랍다. 학자들은 인간들에 의한 과학 기술 발달사를 감안할 때 적어도 500년 이내에는 에너지 문제가 완전하게 개발될 수 있다고 예상했다. 500년이라는 기간이라니 말이 되냐고 반문하겠지만 학자들의 생각은 매우 진지하다.

인류가 현대와 같이 급속도로 발전하게 되는 데는 대체로 100년마다 특출한 과학자가 한 명씩 태어나기 때문으로 인식한다. 코페르니쿠스(Nicolaus Copernicus, 1473~1543), 갈릴레오(Galileo Galilei, 1564~1642), 뉴턴(Issac Newton, 1642~1727), 라브와지에(Antoine Laurent Lavoisier, 1743~1794), 아인슈타인(Albert Einstein, 1879~1955) 등이 세기를 달리하여 태어났다. 이들 5

명의 탄생이 과학사에 미친 영향을 감안할 때 앞으로 5명의 획기적인 과학자가 태어나면 인류의 꿈인 에너지 문제도 해결할 수 있으리라는 생각이다.

물론 이런 일을 500년 후의 후손들에게 꼭 맡겨야 하는 것은 아니다. 그 시기를 당길 수 있는 가능성은 항상 열려 있다.

특히 아인슈타인 다음으로 근대 문명의 한 획을 긋게 만든 컴퓨터를 태어나게 만든 앨런 매티슨 튜링(Alan Mathison Turing, 1912~1954)을 1900년대의 천재로 설명하는 사람도 있으나 20세기에 태어난 사람은 누구든지 세기만에 태어나는 인물로서의 자격이 있다고 볼 수 있다.

그 인물이 한국에서 이미 태어났다고 필자는 믿고 싶으며 그들에 의해 인류가 꿈꾸는 에너지 해결에 기초가 될 수 있다면 더욱 바람직하지 않을 수 없다. 그러나 당장 발등의 불인 한국의 에너지 해결을 이들에게 맡길 수는 없다는데 모두 공감할 것이다.

각주

1) 『노벨상이 만든 세상(화학)』, 이종호, 나무의꿈, 2007
2) 『생명 생물의 과학』, 윌리엄 K. 푸르브, 교보문고, 2003
3) 『노벨상이 만든 세상(화학)』, 이종호, 나무의꿈, 2007
4) 『생명 생물의 과학』, 윌리엄 K. 푸르브, 교보문고, 2003
5) 『21세기 교양 키워드』, 이종호, 과학사랑, 2011
6) 「식물 생장의 비밀 해독, 온난화·에너지 위기 해결한다」, 곽재원, 중앙일보
7) 「맹물 자동차 10년 내 만들어 내겠다」, 강찬수, 중앙일보, 2008.08.29
8) 「1억도의 플라즈마를 잡아라」, 이성규, 사이언스타임스, 2004.09.14
9) 『물리법칙으로 이루어진 세상』, 정갑수, 양문, 20071
   「첨단기술의 원천인 제4의 물질상태-플라즈마」, 최성우, www.scieng.net
10) 「또 하나의 태양 - 핵융합 기술」, KISTI의 과학향기, 2005.03.14
11) 「1억도의 플라즈마를 잡아라」, 이성규, 사이언스타임스, 2004.09.14
12) 「핵융합」, 김충섭, 네이버캐스트, 2009.07.24
13) 「핵융합시 온도가 1억 도를 넘는다는데! 그 높은 온도를 견디는 시설이 있나요?」, 한국원자력문화재단, 2010.10.14
14) 「돈 먹는 하마에 거침없이 투자?」, 석광훈, 한겨레21, 2010. 05. 10
15) 「핵융합에너지」, 김형찬, 네이버캐스트, 2010.10.11
    「또 하나의 태양 - 핵융합 기술」, KISTI의 과학향기, 2005.03.14
16) 「한국에 인공태양이 뜬다」, 이현경, 과학동아, 2007년 8월
17) 「쓰레기 태우고 공해 줄이고 피부 재생시키고 플라즈마 혁명」, 김형자, 주간조선
18) 「일본 '우주 발전소' 세운다… 태양에너지 모아 지구 전송」, 구정은, 경향신문
    「일본, 태양열 우주 발전소에 뜨거운 관심」, 녹색뉴스포털 그린투데이
19) 「[미리보는 미래무기] 우주 태양광 발전소와 우주 레이저 무기」, 이해연, 국방일보, 2010.07.13
20) 『과학, 그 위대한 호기심』, 서울대학교 자연대 교수 외, 궁리, 2002
    「원자력발전은 에너지 위기를 더 심화시킨다」, 이필렬, 과학사상, 2003년
21) 「방사성 오염물질 먹어치우는 미세조류 있다」, 박영숙, 데일리안, 2011
22) 『판타스틱 사이언스』, 수 넬슨, 웅진닷컴, 2005

에너지 대안의 딜레마

7

1 한국은 대표적 자원빈국
2 원전 대안을 살핀다

1
한국은 대표적 자원빈국

우리나라가 대표적인 자원빈곤국가라는 것은 잘 알려져 있는 사실이다. 한국은 소비하는 에너지의 97% 이상을 수입할 정도로 에너지자원이 거의 없는데 이는 세계적으로 보아도 매우 특이한 예이다. 반면에 에너지 사용량은 그 어느 선진국 못지않게 많은 것은 물론 국내 전력소비량도 폭발적인 증가세를 보이고 있다.

2012년 1월 4일 7,352만kW의 최대 전력피크를 기록하는 등 일일 최대 전력사용량도 점점 높아지고 있으며 전력소비는 매년 1.9%씩 증가할 것으로 전망된다. 문제는 산업부문에서도 에너지 소비가 많은 철강·자동차·반도체·IT 등이 주력 업종이라는 점이다. 수출이 주력인 한국으로서는 제품 생산을 위해서도 전기 공급은 필수적인데 한 달 동안 사용되는 산업용 전력만 200억kWh다.

이에 대한 정부의 정책은 단순하다. 전기 생산을 위해 소요되는 에너지를 줄이고 효율적인 에너지 정책을 유지하기 위해서라도 1kWh당 발전단가가 낮은 에너지원에 집중해야 한다는 것이다. 이 말이 무엇인지를 이해했다면 다음에 무슨 이야기가 나올 것인지 이미 파악했을 것이다. 한마디로 경제성 등을 감안한다면 에너지 생산 단가가 가장 작은 원자력에 대한 의존도를 높여야 한다는 설명이다. 원전을 지지하는 측의 주장은 명쾌하다.

'일본에서 발생한 후쿠시마 원전 사태로 원자력발전에 대해 비판과 재검토 목소리가 나오지만 한국의 에너지 사정이 특별하다는 것을 생각해 볼 필요가 있다. 현실적으로 원자력발전의 배제는 국가 안보와도 직결된다.

만약 전기의 총생산량 중 1/3의 빈공간이 생긴다면 산업과 민생 중 하나는 포기해야 한다. 더구나 원자력발전소 가동을 완전히 중지하면 우리나라는 현 상태에서 에너지 수입을 위해 해마다 약 100억 달러를 추가로 지출해야 하며 여기에 석유가격이 배럴당 1달러만 올라도 10억 달러 정도의 추가 발전비가 든다. 에너지 파동으로 석유가격이 배럴당 50달러 상승한다면 500억 달러를 지불해야 한다.'[1]

원전의 찬성론자도 원자력발전소가 위험한 방사능을 모체로 하여 가동하는 것은 틀림없다고 시인한다. 그러면서도 왜 원전을 건설해야 하는가를 생각해야 한다고 주장한다.

우리나라의 에너지 정책 기본원칙은 크게 세 가지로 나뉜다. 첫째는 경제성장(econimic growth) 유지, 둘째 에너지 수급 안정(energy security), 그리고 환경보호(environment protection)를 기조로 하는 '3E' 정책이다. 이런 원칙 하에서 안정성과 경제성에 대한 일부의 우려는 있지만 에너지 안보 확립과 전력의 안정적 공급, 지구온난화 및 산성비 등 화석연료의 과다 사용에서 발생하는 지구환경 문제를 해결하는 방안의 하나로 원자력발전소를 건설해야 한다는 것이다.

다시 말하면 한국의 에너지 문제를 책임질 수 있는 것은 현 단계에서 경제성은 물론 현실적인 여러 가지 면을 감안하면 원자력발전 밖에 없다는 설명이다. 더불어 '3E' 정책의 일환으로 이제까지 추진된 원자력 산업이 국민경제와 전력산업에 기여한 긍정적인 공헌도 적지 않다고 다음 세 가지를 강조한다.

① 아직까지 원자력이 안정적인 전력공급과 에너지 수입비용 절감에 공헌하고 있다.

② 선진국 수준의 원전 건설 및 운영기술을 확보하여 원전 사업이 고부가가치의 수출산업으로 도약하고 있다.

③ 원자력은 온실가스 저감 차원에서 환경보전에 크게 기여하는 에너지원이다.[2]

특히 원자력발전으로 야기될지 모르는 위험 즉 방사능 문제 등은 전문가들로 하여금 철저하게 안전조치를 취하고 있으므로 국민들이 겁먹을 필요는 없다고 한다. 위 설명을 역으로 하면 반대론자의 주장이 된다.

원전의 전면 금지를 줄기차게 역설하는 환경단체를 비롯한 원전 반대 단체는 위와 같은 원자력발전소 측의 주장에 대해 국민을 상대로 한 위협이라고 주장한다. 그들은 무작정 핵에너지를 반대하는 것이 아니라 대안이 있다고 말한다.

'핵발전소를 완전히 없애는 방법은 탁상공론이 아니다. 우선 그동안 낭비되는 전력을 줄이는 것이 첩경이다. 낭비되는 전력을 줄인다고 하여 일반 사람들이 사용하는 전기를 아껴 쓰거나 내핍하라는 것이 아니라 산업계의 전력 사용을 대폭 줄이면 가능한 일이다.

우리나라의 경우 외국 많은 나라와는 달리 주택용 전기요금은 누진제가 엄격하게 실시되는 반면 산업용인 경우 전기를 더 많이 쓸수록 전기요금을 적게 낸다.

에너지기후정책연구소의 발표에 따르면 가정용 전력이 전체 전력 소비에서 차지하는 비중은 15.5%로 10년 동안 0.9% 포인트 상승했지만 제조업의 전력 사용 비중은 52.5%로 같은 기간에 5% 포인트나 높아졌다. 이 숫자를 보면 동절기 전력 피크의 가장 큰 원인은 기업에 있지 국민들의 무분별한 에너지 사용에 있지 않다.'

한국개발연구원이 2010년 발표한 『전력산업구조 정책방향 연구』를 보면 2008년 기준으로 한국의 제조업 부문 부가가치 대비 전력사용량은 일본, 독일, 영국, 프랑스, 미국 등 주요 선진국의 2배나 된다. 그러므로 한국의 산업체 전력 소비량을 주요 선진국 수준으로만 낮춰도 전체 전력 소비량의 4분의 1을 줄일 수 있다는 설명이다. 물론 무작정 산업체의 전기 소비량을 줄일 수 있는 것은 아니므로 나름대로 대안도 제시한다.

1970년대 오일 쇼크를 맞은 미국 정부는 강력한 자동차 연비 규제 조처를 발표했다. 그리고 10년도 안 돼 연비가 2배나 높아졌음을 참고삼으라고 한다. 주택과 빌딩의 단열 기준을 대폭 높이고 건설사들을 규제하면 불필요한 냉난방용 전기 사용을 대폭 줄일 수 있다고한다. 이런 일을 전국적으로 실행하면 수많은 일자리가 생겨날 수 있다는 설명도 첨가된다.

이들의 주장 중에서 주목할 만한 것은 핵발전소뿐만 아니라 기후변화의 주요 원인인 화력발전소도 대폭 줄여야 한다는 것이다. 한마디로 에너지 공급에서 고질적인 문제점으로 제기되는 원전과 화력발전을 함께 억제하자는 것으로 방법은 그동안 수없이 제시되었다. 원자력발전소는 폐지하고 화석연료를 사용하는 발전소를 대폭 줄이되 이를 대체하는 재생에너지 즉 태양, 풍력, 바이오매스 등의 공급 비중을 대폭 늘리자는 아이디어다.

재생에너지의 근간은 청정에너지를 활용한다는 점이다. 그러므로 청정에너지로 안정적인 에너지 공급 기반을 구축한다면 에너지 수급의 해외 의존도를 감소시켜 자주적인 공급기반을 조성할 수 있는 것은 물론 부가하여 자체적 기술개발능력을 높임으로써 차세대 산업기술을 선도할 수 있다고 설명한다.

심지어 10년 동안 한국이 소비해야 할 전체 전력 생산의 4분의 3을 풍력으로 전환하면 연간 24조 원이 필요한데 그 정도는 큰 부담이 아니라는 주장이다. 저탄소녹색성장 계획에 따르면 해마다 GDP의 2%를 투자하겠다고 공언했는데 이에 소요되는 예산이 20조 원이므로 예산 타령은 변명에 지나지 않는다고 말한다.

물론 위의 예는 풍력만으로 한국의 에너지 문제를 해결하자는 것이

아니다. 다양한 재생에너지 발전소를 설치하는 방안의 큰 틀로 풍력 발전의 예를 든 것이다.[3]

원전 대안이 있다·없다

2010년 4월 체르노빌 25주기와 후쿠시마 원전 폭발을 맞아 환경운동연합 등 비정부기구인 NGO(Non-Goverment Organization)와 에너지정의행동환경재단이 후원하는 「원전 대전환, 에너지대안 가능하다」와 한국원자력문화재단과 한국과학기자협회가 주최하는 「후쿠시마 원전사고, 정확한 이해와 대응방안」이라는 토론회가 거의 동시에 개최되었다. 두 토론회는 NGO와 한국원자력문화재단·한국과학기자협회가 원전을 보는 '눈'이 확연히 다름을 확실하게 부각시켰다.

원전 대전환을 주장하는 NGO의 시각은 장기적인 계획으로 재생에너지의 확대를 통해 충분히 가능하다는 것이다. 반면, 원자력문화재단은 사고의 정확한 원인 및 현재 상황, 그리고 앞으로 전망에 대한 검증되지 않은 정보가 확산되면서 원자력안전 및 방사선 영향에 대해 국민들이 불안해하고 있다며 정확한 이해를 바탕으로 막연한 불안감을 떨쳐버리면 원전의 유효성을 이해할 수 있다고 강조했다. 우선 먼저 열린 NGO측의 주장부터 설명한다.

서울대학교 환경대학원 윤순진 교수는 정부가 수립한 '국가에너지기본계획'은 수요가 지속적으로 증가할 것으로 전망하는 등 수요를 과다 예측했고 지적했다. 또한 에너지효율개선 목표와 재생에너지 확대 목표가 미흡하며 원전 확대에 지나치게 의존하는데 이에 앞서 원전 확대의 적절성에 대한 검토, 전력요금 정상화, 사회 환경 비용 내재화 등을 제안했다.

윤 교수가 말하는 원전의 대안은 '지속가능한 에너지의 생태적 전환'이다. 그것을 위해 장기적으로 저탄소·저오염의 환경성을 염두에 두고 에너지의 개념을 경제활동의 동력이나 인간 필요 충족의 개념에서 탈피하여 시민들의 민주적 참여가 가능한 안정적이고 효율성을 갖춘 서비스로 인식하자는 것이다.

세종대학교 박년배 연구교수는 정부의 제5차 전력수급기본계획상 전력소비보다 수요관리를 강화하고 국내 재생에너지 잠재량 범위 내에서 이를 적극적으로 활용하면 건설 중인 원전 8기만 허용하고 신규원전계획을 반영하지 않아도 전력수급이 가능하다고 주장했다. 또한 이런 에너지 전환을 위해 기존 비용의 20%정도만 추가하면 된다고 설명했다.

특히, 박년배 교수는 재생에너지 설비 설치를 위해 국내 임야와 농경지의 토지를 사용하지 않는 것을 전제로 해도 원자력으로 생산하는 전기 없는 2050년이 가능하다고 주장했다. 이를 위해 재생에너지 전력으로의 전환을 위한 장기적인 목표 설정과 시민, 전문가, 정책결정자가 참여하는 가운데 에너지 전환을 위한 논의과정이 필요하다고 역설했다.

환경운동연합 일본원전사고비상대책위 양이원영은 핵에너지를 사용하지 않기 위해 먼저 최근의 전기수요 급증의 원인을 분석해야 한다고 주장하면서 2005년 이후 최근 6년간 전기소비 경향을 제시했다. 원가회수율이 70%대인 산업용 전기요금은 에너지 다소비 업체에 전기요금 특혜를 주는 것으로 그 규모는 2010년 기준 연간 2조 2천억 원에 달한다고 지적했다.

에너지전환을 위해서는 산업용전기요금 현실화와 함께 전기를 사용하는 건물의 냉난방에너지를 줄이는 정책의 도입이 시급하다고 주장했다. 이를 위해 교통, 건물, 산업구조 등 사회 전반이 공급 중심에서 수요관리 중심으로 에너지 정책을 전환시키고 지속가능하고 안전한 에너지원으로 재생에너지를 확대하며 에너지세제 개편 작업 등을 통해 핵에너지 없는 에너지 국가가 가능하다고 주장했다.[4]

반면에 방송통신대학교 이필렬 교수는 핵에너지를 포기하거나 포기를 번복한 독일, 스웨덴, 덴마크, 이탈리아, 영국, 핀란드, 스페인 등 유럽의 여러 나라의 차이점과 공통점을 비교하면서 원자력 포기는 전기소비가 거의 증가하지 않아야 하고 재생에너지를 활용한 전기 비중이 지속적으로 증가하는 경우에만 가능하다고 주장했다. 한마디로 한국의 경우 전기소비는 크게 증가하는 반면 재생에너지가 생산하는 전기의 비중은 극히 미미하므로 현재로서는 원자력 포기와 에너지 전환이 불가능하다는 점을 분명히 했다.

재생에너지를 보다 확대해야 한다는 대전제에는 공감하지만 원전을 폐기하자는 NGO의 이야기는 현실성을 무시한 것이라는 설명이다.[5]

한편 한국원자력문화재단과 한국과학기자협회가 주최한 「후쿠시마 원전사고, 정확한 이해와 대응방안」이라는 주제에서 장순흥 KAIST 원자력 및 양자공학과 교수는 일본 원전 사고로부터 우리가 얻을 수 있는 10대 교훈을 언급했다.

① 비상 전기공급 등 비상냉각시스템 강화

② 사용후 핵연료 보관 수조에 대한 안정성 강화

③ 수소제거시스템의 점검 및 보완

④ 가동 중인 원전에 대한 PSA 분석 등을 통한 안전성 재점검

⑤ 신규 원전에 대한 피동안전계통 강화

⑥ 중대사고시 대응할 수 있는 절차서 확립

⑦ 컨트롤 타워의 기능 강화 및 고급인력 양성

⑧ 중대 사고를 포함한 안전 연구를 증진하고, 매뉴얼에 반영

⑨ 국제 협력 및 산학연 협력을 통한 정보 및 정보 및 지식 교류

⑩ 안전문화 확립 및 국민 이해 증진

한마디로 후쿠시마 원전 사건을 거울삼아 한국의 원전 문제를 슬기롭게 해결할 수 있다는 설명이다.

언론인 곽재원은 일본 원전사고에 대한 정확한 보도와 소통의 중요성이 후쿠시마 원전 사고로 도출되었다고 강조했다. 원전 안전 관련 보도와 관련해서, 언론사간 속보경쟁과 멜트다운, 방사선 등과 같은 전문 과학용어를 정확하게 대중에게 설명하는 데 실패하여 결국 방사능 공황을 만들었다는 지적이다. 즉 원전과 관련한 소통은 전문지

식인과 시민을 어떻게 연결시켜주느냐가 가장 중요한 포인트라고 주장이다.

이승숙 한국원자력의학원 방사선비상진료센터장은 방사선이 안전하다고 말할 수는 없지만 우리나라 공기 중 방사성물질의 측정치나 빗물에서 검출된 양을 볼 때 어른은 물론 어린이들에게도 암 발생을 높일 수준은 아니라고 발표했다. 또 방사능의 위험성을 전달하는 것도 중요하지만 위험하지 않다는 것을 알려주는 것도 중요하다며 현시점에서 방사능 공포로 인해 건강에 미치는 해가 방사능 자체에 의한 위험보다 훨씬 크다고 설명했다.[6]

후쿠시마 원전 문제로 일어난 방사능 문제는 우려할 수준이 아니라는 뜻이다.

특히 원자력발전소를 가동하고 있는 나라에서 가장 크게 신경 쓰는 것은 방사능에 대한 불안감을 해소시키는 것이다. 원전을 가진 어느 나라나 모두 이에 적극적인데 원전에서 배출되는 온배수를 이용한 양식도 한 방안으로 제시된다. 온배수란 원자력발전소의 터빈발전기를 돌리고 배출되는 뜨거운 증기를 다시 발전용수로 사용하기 위해 바닷물을 순환시켜 식히는 물을 말한다.

일본은 이 분야에 특히 앞서고 있는데 화력발전소와 원자력발전소 주변에서 도미, 넙치, 가자미, 전복 등 여건에 따른 어종을 양식하고 있다. 미국에서도 화력발전소와 원전 주변에 많은 양식장이 있는데 어종은 메기, 굴, 민물새우, 장어, 송어 등이다.[7]

한국도 이 분야에 가장 적극적인 나라 중 하나다. 월성원자력발전소는 원자력발전소에서 배출되는 온배수의 청정성 및 안전성을 보여주기 위해 1998년 발전소 내에 온배수양식시설을 설치해 넙치·참치·참돔·황복·전복 등 고급 어패류를 성공적으로 양식하고 있다. 영광원자력발전소에서도 온배수 양식장을 통해 고급어패류를 양식하고 매년 인근 바다에 방류하고 있다.[8]

방사능에 오염되었을 지도 모른다는 원전의 배출수로 사람들이 즐겨먹는 어종을 양식한다는 것은 그만큼 배출수가 안전하다는 의미이다. 방사능의 해악을 과소평가하거나 과대 포장할 필요는 없지만 여하튼 방사능을 인간이 선용할 경우 많은 이익을 가져 올 수 있다는 설명도 된다.

2 원전 대안을 살핀다

뜨거운 감자인 원자력에 관한 한 어느 누구도 명쾌한 답을 내놓을 수 없을 정도로 찬·반론자간에 골이 깊어졌다. 더불어 한국 사람들이 방사능에 관한 한 다소 특이한 반응을 보이는 것도 사실이다.

원전의 문제는 지구온난화의 주범으로 여기는 이산화탄소의 규제와도 엇물리는 복잡성이 있다. 인류가 불을 다스리기 시작한 이래 석탄과 석유(천연가스), 원자력으로 이어지는 에너지 개발과 이용의 역사는 곧 인류문명의 발달사와 직결된다.

산업혁명에 이어 현대문명이라는 거대한 역사의 수레바퀴를 돌린 원동력이라 볼 수 있는 원유는 일반적으로 한 세대 즉 30~45여 년 사용할 양밖에 남지 않았다라는데 문제의 심각성이 있다. 한편 인류 역사가 시작된 이래 지금까지 소비한 에너지양은 석유 5600억 배럴, 천연가스 40조㎥로 추산한다.

이 숫자에 대해 시니컬하게 말하는 사람들은 1970년대 에너지파동이 일어났을 때도 원유의 가채연한을 30~45여 년이라고 했는데 40여년이 지난 현재 즉 그동안 수없이 많은 원유를 사용했음에도 불구하고 지금도 30~45여 년이라니 말이 되냐고 반문한다. 양치기 소년의 늑대이야기와 마찬가지다. 사실 에너지 위기를 설명할 때 40~45년은 마치 다가오지 않는 마법의 시간과 같다.

그러나 석유 가채 년한이 계속 30~45년으로 유지되는 데는 석유매장량을 측정하는 기술과 시추기술이 점차 발달함에 따라 석유가 고갈되는 시점이 다소 길어지고 있는 것에도 기인한다. 사실 매장량이라고 알려진 수치들은 현재 기술 수준에서 경제적으로 채취 가능한 양을 뜻한다. 실제 존재하는 자원의 양은 가채 년한보다는 다소 많아 석유는 약 70년, 천연가스는 745년, 석탄은 1425년 가량이나 된다.

하지만 이들 화석연료를 계속 뽑아내는 것도 한정이 있다는 것을 모르는 사람은 없다. 또한 과거 경쟁적인 석유 탐사와 개발로 인해 이

석유탐사 대륙붕 고래8광구-석유 가스층 발견

미 대형 유전은 대부분 발견되었다는 것도 관건이다. 일부 중동 분쟁 지역과 남북극 극지방이 미개척지로 남아 있지만 최근 들어 대형유전이 거의 발견되지 않는 것은 지구 위에서의 보물찾기가 거의 끝났다는 것을 의미한다.

지구상에는 아직도 전기 혜택을 받지 못하는 인구가 60억의 인구 중 1/3에 달하는 20억 명이나 된다. 인류는 문명이 발달할수록 더 많은 에너지를 소비하므로 이들이 전기의 혜택을 받는다면 자원 문제는 더욱 심각해질 것은 자명하다.[9]

그러므로 똑 부러지게 40~45년이 되리라고 믿는 사람은 없지만 석탄, 원유(천연가스) 등을 단 몇 십 년 안에 새로 만들 수 있는 것은 아니므로 현재와 같이 화석연료를 계속 사용한다면 근간 고갈될 것임은 틀림없다.[10]

그런데 석탄, 원유(천연가스) 등 화석연료의 문제점은 자원의 고갈뿐만 아니라 이들을 사용할 때 생성되는 가스가 지구를 데우는 지구온난화의 주범이라고 지적된다는 점이다. 최근 10년간 한국의 에너지 소비는 매년 10%라는 경이적인 증가율(세계 최고)을 기록하고 있는데다 온실가스배출 증가율 역시 세계 1위이다.

온실가스를 둘러싼 논쟁의 핵심은 지구온난화의 방지를 위해서 1994년부터 UN기후변화협약을 발효시켜 각국의 자발적인 이산화탄소 배출 절감을 의무사항으로 규정했다는 점이다. 이 문제는 지구의 산업화로 대기오염문제가 얼마나 심각한가를 파악하기 위해 미국 의

회가 1981년 2년간 미국립연구원에 탄산가스의 영향을 연구토록 의뢰한 결과를 기초로 하고 있다.

이 보고서의 내용은 다음과 같다.

'18세기 산업혁명이 일어나기 전까지 지구상에는 산소와 탄산가스가 평형상태를 유지하고 있었다. 즉 사람과 동물 및 산업시설에서 내뿜는 탄산가스와 나무, 풀이 방출하는 산소의 양은 서로 엇비슷하여 지난 몇 만 년 간은 생태계에 별다른 변화를 주지 않았다. 그러나 산업혁명 후 석탄과 석유의 사용량이 많아지자 대기 중에 쌓이는 탄산가스의 양이 나무와 풀의 흡수한계를 넘어섰다.

지난 20년간 대기권 탄산가스의 농도는 315ppm(1ppm은 1백만분의 1)에서 340ppm으로 증가하여 이것이 지구 둘레를 이불처럼 덮어주는 구실을 한다. 즉 탄산가스가 온실 같은 역할을 하여 대기온도를 높였다. 바다의 수면도 20년 전보다 15센티미터 가량 높아졌다. 대기의 온도가 올라가 북극과 남극 고산지대의 눈과 빙하가 녹아 내렸기 때문이다. 특히 거대한 남극 대륙에는 태고로부터 쌓이고 쌓인 눈이 변하여 2200~2300미터의 얼음층을 이루고 있는데 이것이 조금씩 녹아내리면 엄청난 양의 물이 증가된다.

현재 인류는 석유, 천연가스, 석탄, 나무 등 연간 50억 톤의 탄소를 태워 하늘로 올려 보내고 있다. 탄소 하나는 산소 둘과 결합하여 몇 백 억 톤의 탄산가스가 되어 지구를 덮고 있는데 이것이 해마다 증가하여 지금까지 몇 백억 톤의 탄산가스가 쌓였다.

특히 열효율이 나쁜 석탄을 계속 사용하면 2034년의 대기권 탄산가스 농도는 600ppm으로 추정한다. 이 경우 대기온도가 1.5~4.5도 상승하여 얼음과 눈을 더욱 많이 녹여 바다의 수면은 지금보다 70센티미터 가량 상승한다. 이런 현상이 계속되면 300~400년 안에 해면이 5~6미터 높아져 세계 대부분의 해안도시는 물속에 잠긴다.'

일부 학자들은 대기온도의 상승이 얼음을 녹일때 물의 팽창도 동시에 일어나므로 해수면상승은 위 보고서보다 더 급격하게 일어날 수 있다고 지적했다. 따라서 해면이 5~6미터 상승하는 시간이 300~400년이 아니라 그보다 훨씬 빨리 다가올 것이라는 뜻이다.[11]

위 보고서가 다소 과장되었다는 반발도 있으나 이산화탄소를 줄여야한다는 것에는 공감이 이루어져 우여곡절을 겪은 후 1997년 온실가스 배출량을 감축토록 하는 '교토의정서'가 채택되었다. 이 의정서에 따라 유럽연합은 8%, 일본과 캐나다는 각각 6%를 감축하기로 합의했다. 한국은 2002년 11월 교토의정서를 비준했으나 OECD 국가 중 개발도상국으로 인정받아 멕시코와 함께 온실가스 배출 감축 의무를 면제받았다.

그러나 한국의 경제규모 확대로 개발도상국 지위를 유지할 수 없을 뿐더러 2005년 에너지 부분 이산화탄소 배출량이 약 5.9톤으로 세계 10위에 달하기 때문에 2차 의무기간인 2013년부터 2017년 사이에 온실가스 감축 대상국이 될 가능성이 높다. 한국의 온실가스 배출량을 10% 줄여야 할 경우 드는 비용은 2020년 기준 최대 28조 6,323억 원으로 특히 철강·화학·전력 산업 등의 생산과 수출에 크나큰 타격을 받을 것으로 예상된다. 이같이 에너지 문제는 환경 문제와 직결되므로 환경오염의 주범인 화석연료의 사용을 억제해야하며 청정에너지 개발이 절실히 요구된다.[12]

한마디로 한국도 본격적으로 이산화탄소 배출 저감을 추진해야 하는데 이 문제에 관한 한 원자력발전소 측은 회심의 미소를 짓는다. 즉 이산화탄소 문제는 원자력발전만이 해결할 수 있다는 것이다.

기후변화의 주요 원인으로 지목되는 이산화탄소를 원자력발전소가 거의 배출하지 않는다는 것은 원전 반대 단체 등의 아킬레스건이기도 하다. 실제로 원자력 에너지의 이산화탄소 배출량은 1kWh당 10g인데 반해 석탄발전(991g), 석유발전(782g), 천연가스발전(549g)에 비하면 월등히 적다. 반면 녹색에너지인 풍력은 14g, 태양광은 57g, 바이오매스 에너지도 70g으로 원전보다 높아 일반적인 인식과는 차이가 있다. 물론 연료에서 나오는 이산화탄소의 양은 풍력, 태양광, 원자력은 공히 '0'이다. 그러나 발전소를 운영하기 위한 제반 활동에서 나오는 이산화탄소를 고려할 때 그렇다는 것이다.[13]

이에 대한 논쟁은 단순하다. 이산화탄소를 절대적으로 저감시켜야 한다면 원자력 발전을 제외하고 어떤 대안을 제시할 수 있는가이다. 즉 원자력을 제외한 대안과 원자력을 고수하는 방안 중에서 어느 방안이 정말로 국민들이 원하는 방향이 될 수 있느냐이다. 지구 온난화 문제를 적극적으로 대비하기 위해 정말로 원자력이 대안이 될 수 있을까에 대한 각 2명의 찬반 의견을 들어본다.

찬성1(박상덕) : 지구온난화로 인한 인류에 초래할 파멸적 위기 상황에 대처하기 위해 온실가스 감축이 발등의 불이 된 상태에서 선진국뿐만 아니라 개발도상국까지도 친환경 미래 에너지 개발에 박차를 가하고 있다. 온실가스 감축의 의미가 이산화탄소 증가 등을 억제하는데 기본이므로 미래 에너지원의 기본적인 원칙은 지속가능성과 환경친화성이며 경제성 등이 뒷받침되어야 한다.

더구나 에너지 자원의 거의 97%를 수입에 의존하는 한국으로서는 공급 안정성이란 명제도 도외시할 수 없다. 이런 의미에서 원자력 발전은 위에서 언급한 조건들을 충족할 수 있다.

찬성2(김학노) : 당초 온실가스 감축은 지구온난화를 방지하자는 환경적 당위성에서 출발했지만 현재는 단순한 환경문제가 아닌 경제문제로 진화하고 있다. 온실가스를 어떻게 효과적으로 감축할 수 있는가가 국가의 산업경쟁력에 중대한 영향을 미치기 때문이다. 이를 현실적으로 준수하기 위해서는 첫째, 주어진 시간 내에 감축이 가능해야 한다. 둘째는 경제적 부담을 최소화해야 한다. 셋째, 많은 양의 온실가스를 감축할 수 있는 수단이어야 한다. 이들을 위해 다양한 신기술이 개발되고 있으며 실용화에 성공하기도 했다.

그러나 의미 있는 대량 감축 효과를 낼 수 있는 방안은 아직 나타나지 않았다. 현재 이러한 3가지 기준을 충족시키는 기술은 원자력이 유일하다. 전문가들의 계산에 의하면 1GW급 원전 1기는 석탄 화력발전과 비교하여 연간 약 600만 톤의 이산화탄소를 줄일 수 있다.

반대1(이유진) : 기후변화의 위기에 따라 원자력 에너지가 부활된 감이 있지만 원자력이 '온실가스 배출이 거의 없는 에너지원'으로 소개된다는 것은 섣부른 판단이다. 원자력발전소의 에너지원인 우라늄을 채굴, 정제하는 과정에서 많은 이산화탄소가 배출된다. 또한 원자력발전소 건설과 해체, 폐기물 처분 과정에서 발생하는 이산화탄소량 역시 만만치 않다.

많은 사람들이 원자력이 기후변화에 대한 손쉬운 대안으로 생각한다. 그 근저는 이산화탄소 감축 계획에 따라 에너지 소비를 줄이고 사용하는 전력 중 원자력 에너지 비율을 높이면 된다는 것이다. 그러나 원자력발전 위주의 전력산업 구조는 에너지효율을 높이고 에너지를 절약하고자하는 노력을 방해한다. 원자력발전은 치명적인 사고위험, 고준위 폐기물 처리, 우라늄 가채연수, 핵확산 등을 고려할 때 바람직하지 않는 해답이다.

국제사회에서 원자력을 기후변화대책으로 인정하는데 주저하는 것 자체가 이를 반증한다. 영국 지속가능발전위원회는 『저탄소 경제에서의 원자력』이란 보고서에서 '원자력은 기후변화의 해결책이 아니다'라고 결론을 내렸다. 기후변화에 대한 대안은 에너지 절약, 효율향상, 재생에너지 등 다른 방법을 찾아야 한다. 기후변화에 대한 대안으로 원자력발전소를 선택하는 것은 빈대 잡으려다 초가삼간을 태우는 결과를 낳을 수 있다.

반대2(윤순진) : 기후변화가 21세기 최대 환경문제이지만 원자력발전 또한 지속가능한 발전의 관점에서 접근해야 한다. 즉 환경성과 함께 안정성, 경제성, 공급안정성은 물론 사회적 형평성과 사회적 수용가능성 등을 두루 만족시키지 않으면 안 된다.

에너지원의 환경성은 기후변화 영향 여부로만 따질 수 없다. 현재 제시되고 있는 발전원가를 그대로 받아들이면 원자력은 참으로 경제적이다. 하지만 폐로비용과 사용후 핵연료 처분비용을 달리 계산하면 경제성은 달라질 수 있으며 폐로비용과 사용후 핵연료 처분비용을 얼마로 산정하든 그 정도 비용으로 정말 안전하게 처분할 수 있을지도 미지수다.

발전원가 중 연료비 비중이 낮고 우라늄이 고루 분포하여 공급 면에서 안정성이 높다고 하지만 최근 우라늄 가격이 폭등하고 또한 매장량이 한정되어 있는 자원이므로 공급 안정성을 언제가 충족할 수 있을지 의문이다. 더욱이 원전 확대는 단기적인 경제성을 바탕으로 전력을 싸게 공급하여 에너지낭비적인 생활양식을 고착시키고 재생에너지 확대를 더디게 한다는 데 문제의 심각성이 있다.[14]

위의 내용을 보면 다음과 같은 질문이 성립된다. 한국이 원자력 발전에서 정말로 벗어날 수 있는가이다. 찬성 즉 원전 반대측은 그렇다고 대답하는 반면 반대 즉 원전 주장자들은 현재 원자력발전은 필요한 것이 아니라 없어서는 안 되는 불가결한 것이라고 주장한다.

이 문제에 대한 원전 반대론자들의 주장은 확고하다. 갈등과 분쟁의 위험의 근원인 원자력을 계속 떠안고 갈 것이 아니라 원자력에너지의 위험성이 노출된 이상 어떤 일이 있더라도 원자력에너지를 일단 제외하고 한국의 에너지 문제를 해결해야 한다는 것이다. 어떠한 방법을 강구하든 원자력발전에서 벗어난다면 방사성 폐기장 등으로 벌어졌던 갈등과 싸움조차 사라지게 할 수 있다는 설명이다. 사실 원자력발전이라는 단어자체를 사라지게 하면 원자력발전으로 일어날 수 있는 위험과 그동안 국론을 분열시킬 정도로 이전투구하던 싸움의 빌미조차 존재할 근거가 사라진다.

원자력을 두둔하는 사람들이 주장하는 대체에너지의 경제성에 대해서도 반론을 제시한다. 이들은 단도직입적으로 경제성이 무엇이냐고 반문한다. 자본 즉 돈 중심의 생각에서 비롯된 말이 경제성이라는 설명이다. 그러나 인간의 삶에서 돈만이 중요한 것은 아니라 건강과 후손의 미래도 중요하다고 역설한다. 건강과 자식의 미래를 위해서는 돈도 있어야 하지만 건강을 유지할 수 있는 자연환경이 갖추어져야만 한다. 원자력발전은 전기는 풍족하게 만들어줄지 모르지만 앞으로의 미래에 대안은 되지 못한다는 것이다.[15)]

이산화탄소 저감은 필수다

일본 후쿠시마 원전 사고로 인해 원자력이 다소 동력을 잃는 동안 대체에너지가 기세를 올리고 있다. 원전측도 원칙적으로 대체에너지 사용에 대해 크게 반대하지 않는다. 원전 폐기의 큰 틀로 대체에너지 공급을 늘여야 한다고 역설하는데 이 부분이야말로 원전을 건설해야하는 당위성을 보여준다고 역설한다. 대체에너지를 사용하자는 큰 전제는 화석연료 사용도 줄이고 화석연료의 부산물인 이산화탄소 발생을 최소한으로 억제할 수 있다는 것이다. 그러나 대체에너지로는 원전 전체를 폐기할 수 있을 정도로 확실성을 심어줄 수 없는데도 이를 계속 고집할 수는 없다는 것이 원전 측의 주장이다.

문제는 원전 중단이 예기치 못한 또 다른 심각한 문제점을 제기한다는 점이다. 원전을 폐기할 경우 대체에너지로 부족한 전기를 감당할 수 있느냐가 관건이다. 이 질문의 심각성은 대체에너지가 대용량 전기 생산에 문제가 있다면 그 대안을 찾아야 하는데 그 방안이 다소 껄끄럽다.

한마디로 원전을 폐기한 후 대체에너지가 만족할만한 해결책을 제시하지 못한다면 결국 화석연료를 사용하는 발전소를 건설하는 것 외에는 방법이 없으며 오히려 더 많은 이산화탄소가 발생할 우려가 있다는 것이다.

즉 원전과 대체에너지가 활력을 잃으면 결국 온실가스의 주범으로 지목된 화력발전소 이외에는 방법이 없다는 설명은 그동안 지구적인 문제점으로 제기된 이산화탄소 배출을 오히려 촉진시킬 수 있다는 엉뚱한 결론에 봉착한다. 실제로 원전 반대측은 줄기차게 핵발전소뿐만 아니라 기후변화의 주요 원인인 화력발전소도 대폭 줄여야 한다고 주장했다. 그 방법으로 원자력발전소는 폐지하고 화석연료를 사용하는 화력발전소를 대폭 줄이고 재생에너지 즉 태양, 풍력, 바이오매스 등의 공급 비중을 대폭 늘리자는 것이다.

그런데 현실적으로 현재의 기술을 감안하면 대체에너지가 원전처럼 대용량의 에너지를 공급할 수 없음은 자명하다. 적어도 한국의 경우는 그렇다. 이 문제에 관한 한 가용 국토 면적이 한정되어 있는 한국의 경우 매우 불리할 수밖에 없다는 지적이다.

정부는 국내 총 전력수요량이 연 2.5%씩 증가하여 통상 여름철에 발생하는 연중 최대전력 수요가 2020년에는 7,200만 kW에 이를 것으로 추정했다. 이에 대비하기 위한 발전 설비 용량은 9,400만 kW이다(2008년 7,000만 kW). 2020년에 요구되는 9,400만 kW의 발전 설비 용량을 위해 재생에너지 보급 비율을 9%로 할 경우 재생 에너지의 발전용량은 846만 kW가 된다.

현재 보급되고 있는 실리콘 태양전지를 사용할 경우 일반적으로 1kW를 얻기 위해 33㎡(10평)를 기본으로 하고 있는데 846만 kW의 전기 에너지를 얻기 위해서는 279kW의 면적이 필요하다. 이 면적은 태양전지 모듈만을 의미하므로 일반적으로 발전을 위한 부대시설 등을 포함하면 위 면적의 3~4배가 되어야 하므로 실제 소요 면적은 838~1,116㎢가 요구된다.

남한의 면적은 약 10만 ㎢로 이 중 산악지대가 70% 정도임을 감안하면 실제 가용면적은 3만㎢에 불과하다. 이 면적 한도 내에서 거주는 물론 농산물을 생산해야 한다. 산술적으로 한국의 총 전력수요량 9%를 태양광발전으로 공급하기 위해 전 국토 가용면적의 거의 2.5~3%를 필요로 한다는 뜻이다. 풍력의 경우는 일반적으로 태양광

보다 5배의 면적이 더 필요하므로 풍력으로 이를 해결하려면 전 국토 가용면적의 12.5~15%가 필요하다.[16]

절대 국토 면적이 작은 한국과는 달리 국토가 넓고 태양에너지 조사량이 많은 국가들은 재생에너지를 나름대로 활용할 수 있다지만 한국의 경우 절대적인 불리함이 있다는 것을 실감할 것이다.

여하튼 경제성 등을 포함한 재생에너지의 여러 가지 문제점 때문에 '가이아 이론(GAIA theory)'의 창시자이자 환경 운동의 선구자였던 영국의 과학자 제임스 러브록(Lovelock) 옥스퍼드대 명예교수가 원자력 발전의 대량 확산을 주장했다. 러브록 교수는 언제 상용화될지 모르는 미래의 청정에너지에만 매달려 있는 '그린 로맨티시즘(Green Romanticism)'의 환상을 깨라고 환경론자들에게 일침을 가했다. 풍력이나 태양광, 태양열 발전으로 하루가 다르게 늘어나는 전 세계 에너지 수요를 충족할 수 없다는 설명이다.

러브록의 21세기 진단은 현 인류가 처한 상황은 나이아가라 폭포에 도달하기 직전 갑자기 배의 엔진이 고장 난 상황이라고 묘사했다. 어떤 정치인도, 과학자도, 풍력 발전도, 바이오 연료도 지구의 불행을 막을 수는 없고 다만 재앙을 조금이나마 늦추는 방법은 원자력 발전의 대량 확산이라고 주장을 폈다.[17]

스티븐 호킹(Hawking) 박사도 이산화탄소의 저감 필요성을 다음과 같이 말했다.

'핵전쟁만이 유일하게 인류 생존을 위협하는 건 아니다. 기후 변화의 위험이 거의 핵전쟁만큼 심각하다.'

스티븐 호킹 등 수많은 학자들이 이산화탄소의 감소를 역설하자 결국 1997년 교토협약(기후변화협약 교토의정서)이 발표된 것이다. 교토협약에 따라 각국의 이산화탄소 감소는 발등의 불이 되었다.

그런데 앞에서 설명했지만 방사능의 영향 즉 핵발전에 대한 반대가 환경보호주의자들이 비장의 무기로 제시하는 지구온난화를 막아줄 수 있는 것이 아니라 오히려 재촉할 수 있다는 모순에 빠진다. 한마디로 배보다 배꼽이 더 큰 상황이 될 수 있다는 우려다.

미국의 〈워싱턴 타임스〉는 이 문제를 정확하게 짚었다. 즉 후쿠시카 원전의 방사능이 쓰나미로 파괴된 핵발전소 주변의 육지와 바다를 오염시키는 가운데 핵 발전을 지구상에서 완전히 사라지게 하는 원동력이 되고 있지만 이 주장의 함정은 경제적이 아니라 정치적 목표에 주안점이 되고 있다는 설명이다.

화석연료의 기회가 왔다

궁극적으로 에너지 문제가 해결되리라는 낙관적인 전망이지만 단기간에 실현될 차원이 아니라는 것은 에너지 문제를 현실적으로 풀어가야 한다는 것을 의미한다. 일부 학자들의 지적처럼 한마디로 근간에 벌어지고 있는 에너지 문제는 매우 어지럽게 돌아간다.

우선 후쿠시마 원전의 방사능 유출사건으로 원전 정책에 대한 각종 규제와 폐기 등이 예상되자 가장 환호한 측은 대체에너지 측이 아니라 화력발전소 측이다. 현실적으로 당장 재생이 가능한 에너지원으로 원전을 대체할만한 대안이 될 수 없다면 원전이 부담하던 전기생산량을 석탄 같은 재래식 화석 연료들을 사용하는 대형 화력발전으로 문제점을 해결할 수 있다는 것이다.

석탄이 온실가스인 이산화탄소를 배출하는 화석연료라는 점에서 적어도 에너지 문제가 대두될 때마다 화력발전은 일단 제외하는 것이 기본이었다. 녹색성장과 상반되는 발전원으로 인식돼 왔기 때문이다.

하지만 원전 대체 방안으로 제시된 재생에너지가 생각보다 심각한 문제점을 일으키자 화력발전은 최첨단 기술을 무기로 에너지 시장에 도전했다. 이들은 화력발전소에서 배출되는 공해요소를 모두 제거하거나 최소화할 수 있다고 주장한다. 화력발전의 재발견 즉 청정 석탄의 시대가 열릴 수 있다는 것이다.

가장 재빠르고 놀라운 조치는 독일로부터 나왔다. 독일은 핵 발전 유예조치를 발표하면서 독일의 가장 오래 된 7개 핵발전소의 가동을 중지하고 모든 핵발전소를 정밀 검사한다고 발표했다. 또한 핵 발전으로 생산되던 7,000MW의 전기 손실을 신속히 대체하기 위해 석탄 화력발전소를 건설하겠다고 천명했다.

프랑스에서도 사회당이 대통령 선거에서 승리한다면 핵 발전의 부분적인 폐지를 명령하겠다고 발표했다. 프랑스는 현재 자국 전력의 70% 이상을 원자력으로 생산하는데 핵 발전의 축소의 주 대안 역시 대체에너지 발전이 아니라 석탄 화력발전소의 증가이다.

일본의 정책 변화도 주목 대상이다. 일본의 간 나오토 총리는 2011년 4월 일본의 전력생산 중 원자력발전 비중을 현재 30% 수준에서 50%까지 끌어올리기로 한 에너지 정책을 사실상 폐기하겠다고 발표했다. 간 총리는 2030년까지 전력생산량에서 원전 비중을 50%로, 재생에너지 비율을 20%로 끌어올리겠다는 에너지 정책은 후쿠시마 원전사고를 감안할 때 백지상태로 돌려 논의할 필요가 있다는 설명이다.

그러나 간 총리가 원전을 안전하게 지킬 수 있는 방법을 모색하기 위해 정책을 철저히 살펴보는 것은 물론 재생에너지를 진흥하면서 원전의 안전성을 높일 필요가 있다고 밝혔지만 일본 역시 에너지에 관한 한 세계적인 빈곤국이다. 특히 일본이 후쿠시마 원전의 영향으로 전력 공급에 비상이 걸리자 발전기를 각국에서 대거 수입하고 있다. 일본은 미국과 함께 발전기 강국인데도 불구하고 일본의 2011년 여름 전력의 20% 이상이 부족할 것을 예상하여 비상발전기를 수입하고 있는데 이들 발전기 모두 화석연료를 사용함은 물론이다.

이 문제는 온실가스 배출량을 2030년까지 1990년 대비 25% 감축하는 일본 정부 목표의 백지화 가능성으로 이어진다. 후쿠시마 원전사고 이후 원전 증설은커녕 기존 원전 가동조차 쉽지 않으므로 온실가스 배출량을 줄이는 것이 불가능하다는 것이다.

일본 환경성은 일본 내 원전 54기의 가동을 모두 중단하고 화력발전으로 대체할 경우 이산화탄소 배출량이 1990년 대비 16% 증가한다고 추산했다. 특히 후쿠시마 원전 10기를 화력발전으로 대체할 경우 이산화탄소는 3% 증가할 것으로 예상한다. 이산화탄소 감축의무를 지키지 않을 경우 탄소배출권을 구입해야 하는 교토의정서 합의에 따라 일본은 연간 최대 2,700억 엔을 부담해야 한다.

원전을 가동하느냐 아니냐는 문제는 일본 경제의 사활로 비화된다. 원전을 가동치 않을 경우 전기 요금이 올라가 일본기업의 가격 경쟁력이 하락하면 결국 일본의 제품이 더 이상 세계로 나갈 수 없다는 것이다. 원전 폐기가 에너지 해결 문제를 재앙으로 몰아간다고 일각에서 주장하는 이유다.

여하튼 2011년 3월 후쿠시마 원전 사고가 원전의 문제점을 부각시키면서 정통 발전인 화력발전을 새롭게 인식하는 전환점이 되었다는 것은 사실이다. 더불어 원전의 즉각적인 대체가 가능한 것은 화력발전 관계자들이 석탄오염원을 제거하면서 전력생산이 가능한 '석탄가스화 복합화력(IGSS)'과 CCS(이산화탄소탄소포집 및 저장기술) 등의 기술을 상당부문 확보했기 때문으로 설명된다.

IGCC 기술은 석탄을 고온, 고압에서 가스화 시켜 일산화탄소와 수소가 주성분인 원료가스를 제조하거나 정제한 뒤 가스터빈이나 증기터빈을 구동하는 차세대 친환경 발전기술로 설명된다. 기존 석탄화력 발전설비에 비해 발전효율이 높고 환경오염 물질인 황이나 질소산화물의 제거효율이 우수한 동시에 기존 화력발전설비에 거의 사용하지 않았던 저열탄도 사용할 수 있기 때문이다.

CCS는 화석연료에서 이산화탄소를 제거하는 기술로 이산화탄소의 회송-수송-저장의 단계를 거친다. 화력발전소에서 배출되는 이산화탄소에 촉매를 반응시켜 물과 같은 형태로 잡아내 압축하고, 이 이산화탄소 압축물을 땅속 깊이 넣고 밀폐해 대기와의 접촉을 막는 식이다.

사실 한국은 1988년부터 한국형 IGCC 기술개발에 착수했다. 한국서부발전이 주도하는 한국형 IGCC실증플랜트는 시스템 최적화를 통해 발전효율이 42%이상으로 기존 발전소 효율 40%보다 높아 세계 최고 수준을 실현하고, 환경오염물질 배출농도는 매우 낮다.

더욱이 온실가스 배출도 기존의 석탄화력 대비 10%이상이 저감될 것으로 기대하고 있다. 특히 환경오염물질 배출이 매우 낮은 청청석탄 이용기술로 탈황 저감률 99.9% 이상, 회분(Ash)은 인공경량골재로 전량 재활용이 가능하다는 장점도 있다.[18]

궁극적으로 고갈될 것이 분명한 화석연료를 낭비하지 않게 하기 위해서라도 화력발전만은 반드시 막아야 한다는 것이 그동안 세계의 지상명제였다. 그 대안 중의 하나가 원전이다. 그런데 원전이 방사능 문제를 야기시키자 곤혹스러운 상황이 연출된다. 원전의 대안으로 제시된 재생에너지 활용의 가장 큰 포인트는 화석연료 사용을 적극적으로 억제하는 것이다. 그러나 현 상황은 매우 껄끄럽다. 원전, 재생에너지가 제 몫을 하지 못한다면 결론은 화력발전으로의 회귀가 불가피한 것으로 지구온난화에 대한 그동안의 노력이 물거품이 되는 상황이 연출된다는 설명이다.

더욱 문제를 꼬이게 하는 것은 원전을 대체하는 방안으로 화력발전이 계속 건설되면 전 세계적인 각종 재앙을 초래하게 될 기온 상승을 피하기 위해 온실가스를 제한하자는 주장 자체가 무용지물이 될 수 있다는 점이다. 이런 우려는 미국에서도 감지된다. 미 정부도 지구온난화 정책 추진의 열기를 식히고 있다. 기후변화로 인한 손해를 보상하기 위해 선진국들이 제3세계 국가들에 1000억 달러를 지불하기로 약속한 유엔 기후조약에 대한 미국의 지지가 약해진 것이다.[19]

이것이 근간 일부 학자들이 일본을 파괴한 지진 및 쓰나미로 방사능의 공포가 고조되었고 원전을 궁극적으로 폐쇄해야 한다는 시나리오의 함정을 간파해야 한다고 역설하는 이유다. 한국의 경우도 원전을 건설하든 안하든 국토가 작은 한계점이 도사리고 있으므로 대체 에너지로 필요한 에너지를 확보할 수 없다면 결국 대안은 화력발전이 되지 않을 수 없다는데 심각성이 있다.

골머리 아픈 에너지의 문제가 보다 큰 딜레마를 안겨준다는 것으로 이에 대한 해결책은 단순하다. 한마디로 한국의 경우 한국의 여러 가지 정황을 고려하여 현명한 판단 즉 에너지 문제를 슬기롭게 해결해야 한다는 것이다.

화석연료 시대를 연 석유

화석연료의 대표는 석탄과 석유(원유)이다. 이들 모두 일반적으로 오래 전에 살았던 생물로 인해 생겨났다고 하는데 현대 문명의 총화는 석유라 볼 수 있다. 석유 생성에 관한 정설은 석유가 땅 위에서 살던 동물의 시체가 아니라 주로 바다 속의 플랑크톤이 바다 밑바닥에서 분해되어 생성되었다는 것이다.

플랑크톤이 죽으면 바다에 가라앉고 퇴적물로 뒤덮이게 된다. 퇴적물 속의 플랑크톤은 퇴적층이 깊어질수록 점점 아래로 내려가고 높은 압력과 온도의 영향을 받아 탄소와 수소로 구성된 '케로진'이라는 유기물로 변화하고 이것이 땅속에서 이동하여 석유가 생성되었다는 설명이다. 이때의 석유는 유전 속에 모여서 존재하는 것이 아니라 엷게 흩어져서 존재한다. 그런데 석유는 가볍기 때문에 지층 밑에서 위쪽으로 이동하는데 이때 이동이 막히면 그 밑에 모여들어 갇힌 유전이 만들어지는 것이 유정이다.

물론 석유 생성 요인으로는 생물체가 아니라 암석 속에서 만들어졌다는 이론도 있다. 이 이론에 의하면 지구 내부에는 원래 많은 양의 탄화수소 화합물이 존재한다. 이 화합물들은 가볍기 때문에 지구 표면 쪽으로 이동하는데 이것이 바로 석유라는 설명이다. 이 이론을 주장하는 사람들은 석유가 플랑크톤 뿐만 아니라 지구 내부의 암석으로부터도 석유가 생성되기 때문에 석유가 고갈될 염려가 없다고 주장하는 용도로 사용하는데 이 이론을 받아들이는 석유 지질학자들은 많지 않다.[20]

생물체 정설을 따르면 석유에 대해 설명하기가 다소 수월해지는데 이에 따르면 석유를 구성하고 있던 단백질·지방·탄수화물 등의 유기물이 박테리아의 작용으로 인해 황, 질소, 탄소 등의 원소가 제거되고 지질학적인 변성을 거쳐 석유화합물이 되었다고 본다. 태양에너지로 성장한 생물체가 지층 속에서 오랜 시간 동안 열과 압력을 받아 원유로 변하고 다공성이 큰 암석층으로 이동되어 선택받은 지질구조 속에 저장되는 것이다. 그러므로 석유는 인간의 손길이 내려오기 전까지 오랜 기간 동안 유층 속에 갇혀 있었다. 석유를 지하 속 깊은 곳에서 꺼낸 '검은 황금'이라고 부르는 이유이다. 참고적으로 근래의 연구에 의하면 석유가 혐기성미생물에 의해 만들어졌다는 가설도 있다. 즉 미생물 작용으로 원유가 만들어졌다는 뜻이다.

용어상의 혼동도 적는다. 이곳에서 석유라는 말은 근본적으로 '원유'를 의미한다. 그러나 석유는 과거에 '등유, 경유, 중유'를 통칭하던 말로 특히 경유를 석유라고 불렀다. 그러므로 이곳에서 석유와 원유를 확실하게 구분하지 않았을 경우 석유는 원유와 같은 의미로 사용된다.

석유(Petroleum)는 암석을 뜻하는 라틴어 페트라(petra)와 기름을 뜻하는 올레움(oleum)이 합쳐서 만들어진 '암석기름'이란 뜻으로 1556년 독일의 광물학자 게오르크 바우어가 최초로 명명했다. 그러나 기록을 보면 석유는 매우 오래전부터 인간이 사용했다. 기원전 3000년경 메소포타미아

에서 바위나 땅 위로 나온 원유가 접착제, 의약품, 조선의 용도로 사용되었고 기원전 2000년 중국인들이 원유를 걸러서 불을 만드는 데 사용했다. 석유의 한 형태인 역청은 『성경』의 창세기에 노아의 방주와 바벨탑을 건설하는데 사용되었다고 기록되어 있다. 1750년대 기록을 보면 현재의 미국 피츠버그 근방에서 인디언들이 종교의식 중에 석유를 사용하기도 했다고 한다.

1846년 현대 석유산업의 개척자라고 불리는 캐나다의 에이브러햄 피네오 게스너는 석탄에서 액체 연료를 뽑아내었고 이를 케로젠이라고 불렀다. 그가 만든 케로젠은 고래 기름보다 저렴하고 깨끗하여 폭발적인 인기를 끌었지만 이후 석유재벌 록펠러의 '스탠다드 오일'에 인수된다.

세계 석유사에 있어 획기적인 업적은 1859년 미국의 에드윈 드레이크에 의해 씌여졌다. 드레이크는 미국 펜실베이니아 북서부 지역에서 파이프로 땅을 약 21미터가량 파고 내려가 원유를 뽑아내는 데 성공했다. 그의 혁신적인 방법은 굴착한 구멍에 흙이 무너져 다시 막히는 문제를 해결했고 지하 깊은 곳까지 굴착이 가능토록 만들어 대량의 원유 생산이 가능하게 만들었다. 그가 원유를 담아 수송하는 데 사용한 나무로 만든 술통이었던 배럴은 이후 석유의 기본 단위가 되었다.

품질낮은 등유 시장의 틈새를 석유가 비집고 들어가 미국인들의 생활양식을 바꾸는 데 결정적인 기여를 했다. 덕분에 해가 지면 곧바로 잠자리에 들던 사람들이 값싼 등유 램프 덕에 밤늦게까지 책을 읽거나 다른 일을 할 수 있었다. 『톰 아저씨의 오두막』으로 미국 사회의 골머리 아픈 노예제 해방이라는 문제를 제기했던 스토(Hamiet Beecher Stowe, 1811~1896)는 다음 같은 말로 등유를 예찬했다.

'불순물이 많이 섞인 저질 등유는 끔찍한 폭발을 야기하지만 좋은 품질의 등유는 더할 나위 없이 좋은 조명용 연료다.'

참고로 록펠러가 회사명을 '스탠더드 오일(Standard Oil)'로 지은 것도 엄격한 품질 관리로 생산되는 '표준 등유'를 판매한다는 이미지를 주기 위해서였다.

등유는 가격 면에서 다른 어느 것보다 경쟁력 우위를 보였다. 석유로 만든 등유가 나오기 전 도시 가정은 매월 약 10달러를 도시가스 사용료를 지불했지만 등유는 연간 평균 10달러에 불과했다. 그러나 석유가 과잉 공급되어 값이 폭락하자 석유의 사업적 전망은 그야말로 밝지 못했다. 야간 조명용과 치료용 이외의 용도가 없었기 때문이다. 석유 생산량의 약 70%가 조명용으로 쓰였다.

그러나 석유의 장점이 서서히 알려지기 시작했다. 당시 대형 에너지원이었던 석탄보다 부피가 작고 무게는 가벼우면서도 더 많은 열을 낼 수 있었기 때문이다. 산업혁명을 이끌었던 석탄은 고체 덩어리였기 때문에 부피가 커 먼지처럼 고운 가루로 만들더라도 액체인 석유보다는 밀도가 낮았다. 따라서 보관 장소도 많이 차지했고 다루기도 번거롭고 운반도

불편했다.

석유의 에너지 밀도는 석탄보다 약 50% 높고 액체여서 철도나 선박, 송유관 등을 통해 저장과 수송이 보다 간편했다.[21] 더욱이 중유나 휘발유가 내연기관에 사용되면서 수요는 폭발적으로 증가했고 폐기물 문제도 자연스럽게 해결되었다.

1862년 프랑스 기술자 에티엔 르누아르(Etienne Lenoir, 1822~1900)가 석탄가스로 작동하는 내연기관을 선보인 데 이어 독일의 니콜라우스 오토(Nikolaus A. Otto, 1832~1'891)가 1867년 휘발유로 움직이는 내연기관을 발명함에 따라 원유의 용도는 등유에서 휘발유까지 그 영역을 넓혔다. 결정적으로 카를 벤츠(Karl Benz, 1844~1929)가 1886년 선보인 휘발유 엔진을 장착한 자동차의 등장으로 석유의 효용도는 더욱 높아지기 시작했다.[22] 디젤엔진을 장착한 선박으로 바다도 빠르게 건널 수 있으며 하늘을 날고 싶은 인간의 꿈도 1903년 비로소 석유의 힘으로 실현된다.

초창기 원유는 투기에 가까울 정도로 파산, 성공이 반복되었는데 석유의 잠재성은 석유 에너지 역사의 제왕이라는 록펠러에 의해 꽃을 피운다. 1839년 미국 뉴욕에서 태어난 록펠러는 3,183억 달러, 약 4백조 원의 재산을 가졌던 인류 역사상 최고의 부자로 꼽힌다. 그의 업적은 오늘날까지의 세계 석유 시장과 에너지를 둘러싼 모든 사건의 발단을 제공했다.

그는 세계 최고의 부자가 되었지만 그가 취한 행동은 그야말로 현대인의 상식으로 볼 때 믿기지 않는 일이었다. 그는 석유를 둘러싸고 혼란이 가중되자 경쟁을 억제하는 것만이 석유 산업을 합리적인 구조로 만들 수 있다고 믿었다. 한마디로 세계 석유 시장의 독점과 통제를 위해 모든 수단 방법을 가리지 않고 자행했는데 이를 위해 1870년 설립한 것이 세계최대의 정유회사 스탠더드오일이다.

록펠러의 아이디어는 한이 없다. 당시에는 아직 송유관이 없었으므로 석유를 수송하려면 철도를 이용해야 했다. 운송의 중요성을 파악한 록펠러는 철도회사까지 관리하면서 다른 경쟁자들이 철도를 이용하려면 엄청난 수수료를 지불토록 했다. 한마디로 중소기업은 이들 운송료 때문이라도 문을 닫지 않을 수 없었고 록펠러는 1872년 26개의 정유회사 중 22개를 사들였다. 현대와 같으면 여러 가지 면에서 악덕 업자로 심한 견제와 규제를 받았을 것이지만 당대에는 그의 사업 능력을 오히려 칭찬하는 사람들이 많았다.

록펠러는 그의 엄청난 재산에 거부감을 느끼는 사람들이 많아지자 매우 특이한 자선을 베풀었다. 그는 홍보 책임자인 아이비 레드베터 리(Lvy LEDBETTER LEE)의 권고에 따라 아이들에게는 5센트짜리 백동화, 어른들에게는 10센트짜리 은화를 무료로 주었다. 그러나 이러한 선행도 사람들의 마음을 사로잡지 못하자 대규모 자선 사업을 벌였다. 그의 생전에 이미 많은 자선단체가 설립되었는데 그가 죽음을 앞두고 기부한 자금은 5억 달러나 된다. 석유는 그야말로 막대한 부의 원천이었다.[23]

미국의 내셔널지오그래픽은 매우 흥미 있는 진단을 내놓았다. 만약 화석연료의 간판이라 볼 수 있는 석유가 어느 날 갑자기 사라진다면, 과연 어떤 일이 벌어지겠는가. 한마디로 석유가 없다면 우리의 일상생활과 우리가 살고 있는 도시, 세계에 어떤 영향을 초래하느냐이다.

내셔널지오그래픽은 석유 고갈 후 1일, 30일, 10년, 40년 후의 인류의 삶을 전망했다.

① 석유 고갈 1일째

일부 석유 회사들은 상당량의 원유가 정유 공장에 남아 있다고 하지만 석유를 추가로 발굴하지 못한다면 휘발유뿐만 아니라 디젤, 윤활유, 아스팔트, 타르 등 석유로 만드는 모든 제품이 큰 영향을 받을 것은 틀림없다. 주유소는 사재기를 하려는 사람들로 장사진을 이루어 적어도 2~3시간씩 기다려야 주유 차례가 돌아온다. 각국은 비축해 둔 석유를 지키기 위해 극단적인 조치를 강구한다.

② 석유고갈 30일째

유럽 연합은 공항과 철도를 통제하고 최대 피해 지역에선 비상식량 수송을 위해 연료 배급에 들어간다. 가장 큰 에너지 소요처인 화력발전소는 석유 대신 석탄으로 발전시키지만 상당한 지역에서 정전 사태이다. 다행인 것은 비상 연료 덕분에 여객 열차는 운행된다. 그러나 이들 열차도 기근에 시달리는 도심으로 식량을 운반하는 용도로만 사용된다. 미국은 기존 석유 비축량으로 1년 정도만 사용할 수 있다고 발표한다.

③ 석유고갈 10년째
　석유 비축량이 바닥난 지 10년이 지났다. 한때는 로켓 발사에 한몫을 했던 석유지만 국제 통신시스템의 중추였던 인공위성 약 200대를 교체할 엄두도 내지 못한다.
　석유가 없는 세상에서 버려진 전자 제품은 새로운 자원이 된다. 한때는 쓰레기에 불과했지만 중고 휴대전화 1톤에는 275g이 넘는 금과 135g에 달하는 구리, 2.5kg이 넘는 은이 들어있다. 무역이 중단된 세계에선 소중한 자원이다. 전자제품만이 아니다. 버려졌던 유리병과 플라스틱 통을 철저하게 수거해 재활용한다.
　선박의 몸체 대부분을 이루는 강철은 저렴한 건축용 원자재로 변신한다. 석유가 없으므로 그동안 비상사태에 대비하여 비축된 바이오 디젤 연료가 효과를 발휘하여 컨테이너 선박은 차질 없이 운항된다. 세계 각국이 리튬을 확보하기 위해 혈투를 벌이는데 리튬은 효율이 가장 높은 건전지의 주요 성분으로 원산지는 볼리비아의 소금 평원으로 석유가 없는 세상에선 볼리비아가 강대국이다.

④ 석유고갈 40년째

석유 비축량이 바닥난 지 40년이 흐르자 하늘은 눈에 띄게 깨끗해졌다. 그동안 비행기가 뜬 적이 없고 가솔린 차량이 사라졌기 때문이다. 더불어 석유를 연소시켰던 공장들은 모두 문을 닫았다. 또한 캐나다, 미국, 멕시코에서 해마다 배출되던 31억 톤에 달하는 유독성 오염물질이 사라졌다.

대부분의 국가에서 폐허로 변한 도로와 건물들이 탈바꿈되었다. 버려진 아파트는 온실로 개조됐고 공업의 중심지는 다시 농업 사회로 변모했다. 뉴욕의 센트럴 파크는 면적 3.25㎢에 달하는 거대한 경작지로 변했고 대부분의 사람들이 먹거리를 직접 기른다. 다량의 식료품을 교외로 수송하던 시대는 끝났고 대형 상점들은 버려진 채 기억 속에서 사라진다.

도로 위를 달리는 차량이 간혹 있지만 휘발유가 아니라 바이오 연료에 의존한다. 이들 바이오 연료는 해조류로 만든다. 북미에선 39,000㎢에 달하는 거대한 생물 반응 설비가 설치되어 국가에 필요한 모든 연료를 생산하며 이들은 과거 원유를 공급하던 송유관을 사용한다. 기본적인 에너지 공급원은 전기로 전기자동차, 전기열차들이 화석연료를 사용하던 운반체를 대체한다. 도시는 기본적으로 철로를 따라 성장한다.

결론은 석유가 완전히 사라진다고 해도 인간이 멸종하지는 않는다. 물론 그동안 석유로 얻은 풍요한 물질문명은 포기하고 엄청난 불편을 감수해야 함은 당연하다.[24]

각주

1) 「[원자력에너지, 왜 필요한가」 친환경성·경제성 탁월]」, 조정형, ET News.
2) 「21세기 한반도의 현실과 원자력 문제」, 박영무, 과학사상, 2003년 여름
3) 「핵발전대안은 있다」, 장호종, 레프트21, 2011.04.21
4) 「체르노빌 25주기, '원전 대전환, 에너지대안 가능하다'」, 이정직, ET NEWS
5) 「이필렬 교수 "원자력 포기 불가능…에너지 과소비 때문"」, 류난영, 뉴시스
6) 「후쿠시마를 바라보는 서로 다른 눈」, 박해성, 전력경제, 2011.05.02
7) 「우리들을 위한 원자력 이야기」, 이용수, 도서출판 보고, 1990
8) 「푸른 하늘 푸른이야기」, 한국수력원자력(주), 2009
9) 「원자력과 방사선 이야기」, 윤실, 전파과학사, 2010
10) 「에너지소사이어티」, 이동헌, 동아시아, 2009
11) 「우리들을 위한 원자력 이야기」, 이용수, 도서출판 보고, 1990
12) 「푸른 하늘 푸른이야기」, 한국수력원자력(주), 2009
13) 「나라와 환경을 살리는 대표주자, 원자력발전」, 정범진, 원자력문화
14) 「지구온난화와 원자력, 원자력이 대안이 될 수 있는가?」, 최정운, 행복한 E
15) 「에너지 문화사 원자력 에너지」, 이필렬, 한국가스공사 온라인사보, 2004년
16) 「나라와 환경을 살리는 대표주자, 원자력발전」, 정범진, 원자력문화, 2010.11.12
17) 「원자력 발전으로 지구온난화 막자」, 강경희, 조선일보, 2007.2.6
18) 「친환경 발전, 어떤 기술 쓰이나?」, 한윤승, 전력경제, 2011.06.01
19) 「방사능에 밀리는 지구온난화 공포」, 세계일보(워싱톤타임스 사설)
20) 「영화로 과학읽기」, 이필렬 외, 지식의 날개, 2006
21) 「파열된 조화, 붕괴된 신념」, 조준현, 인물과사상, 2010년 3월
22) 「부의 역사」, 권홍우, 인물과 사상사, 2008
23) 「에너지소사이어티」, 이동헌, 동아시아, 2009
24) 「석유고갈」, 내셔널지오그래픽, 네이버캐스트, 2011.08.27

에필로그

우리나라 최종 소비 형태로 분류한 에너지소비량 가운데 전기의 비중은 1997년 6.4%, 2010년 18.9%, 2030년엔 22.5%까지 늘어날 전망이다. 전기 에너지의 3분의 1을 현재 원전에서 공급하는데 정부는 2030년까지 그 비중을 거의 2분의 1까지 늘릴 예정이다. 원자력이 생산하는 전기 없이는 경제발전도 힘들고 지금처럼 풍족한 생활도 누리기 어렵다는 것을 배경으로 하고 있다.

학자들에 따라 평가가 다르지만 우리나라가 전 세계적으로 비약적인 발전을 할 수 있었던 것은 수공업에서 중공업으로 넘어갔기 때문이라는 설명이 있다. 가장 쉬운 예로 대형 산업체에서 필요한 전기를 적절하게 공급하지 못했다면 한국의 경제성장이 과연 가능했겠느냐고 반문한다.

지난 여름 일반 가정은 물론 각종 산업체에서 에어컨을 가동하기 위해 많은 전력을 소모하여 에너지 절약 캠페인을 벌였지만 캠페인 차원이 아니라 보다 근원적인 절약을 위해 에어컨 가동을 전면 금지시킨다면 어떻게 될까.
사실 에너지 절약의 가장 기본은 '추워도 참고 더워도 참으면 된다'라고 볼 수 있다. 그런데 에어컨이 실생활로 들어온 현재 업소에서 에어컨을 가동하지 않으면 장사가 되지 않는다는 것은 잘 알려진 일이다. 절약이 비교적 몸에 밴 한국민이지만 이미 에어컨에 맛을 들인 한국민들에게 에어컨 작동을 중단시킨다는 것은 폭동을 감안하지 않는 한 불가능하다는 분석도 있다.

현대 과학기술을 총동원했다고 하지만 원전이 안전하나 완전하지 않다는 것도 사실이다. 정확하게 말하여 원전과 같은 거대시스템에서 안전사고를 완전히 없애려고 한다기보다 그 잠재적인 사고의 가능성을 어떻게 줄이고 사고가 났을 경우 그 피해를 어떻게 최소화 하느냐에 총력을 기울이는 것도 이해되는 일이다. 완벽한 무사고의 개념은 있을 수 없기 때문이다. 그것은 현대 문명의 이기로 자리 잡은 비행기나 자동차가 없으면 이들로 인한 사고가 일어날 수 없는 것과 같다. 오늘날 자동차와 비행기가 없다면 현대 문명은 지탱될 수 없다. 한마디로 자동차를 잘 운전하면 무척 편한 문명의 이기이지만 면허 없이 운전하거나 음주 후 운전하다가 사고를 내면 자신은 물론 탑승자 모두 죽을 수 있는 흉기가 된다.

원전이 아니라 대체에너지로 전기 문제를 해결해야 한다는 당위성은 많은 학자들이 제기했다. 그런데 그렇게 유용하다고 추천되는 대체에너지에 반론이 있다는 것은 무언가 문제점이 있음을 의미한다.

대체에너지에 문제점이 있다는 것은 만유인력을 발견한 뉴턴(Isaac Newton, 1642~1727)이 태양에너지 연구를 포기한 것으로도 알 수 있다. 그는 절대로 고갈되지 않는 태양에너지를 이용하여 기계를 돌리려는 연구를 하고 있었다. 그러나 한 부호가 태양에너지를 이용한 인쇄기를 단 한 대 만들고 파산하였다는 말을 듣고 당장 그 연구를 포기하였다.

태양이 있을 때 인쇄기는 그런대로 잘 작동되었다. 그러나 인쇄기를 가동시키는 데 공급하는 태양에너지의 밀도가 항상 충분하지는 않았기 때문에 산업용으로 이용할 수 없었다. 그래서 결국 그 부호는 파산했다. 당시의 파산은 대부분 교도소에 수감되어 생애를 마감해야 했으므로 많은 사람들이 자살을 택했다. 연구를 위해 수많은 재산을 탕진하고 이름도 남기지 못하고 그야말로 비운의 과학자가 된 것이다. 썰렁한 이야기지만 과거의 과학자들이 얼마나 불안한 환경에서 연구했음을 알 수 있다.

한국의 경우 대체로 맑은 날 하루 종일 2,500kcal/m^2 정도의 에너지를 얻을 수 있다. 이 에너지는 태양이 가동되는 시간을 6시간 정도로 볼 때 시간당 10ℓ의 물을 20도에서 60도 정도로 올려주는 에너지에 지나지 않는다. 시간당 400kcal의 에너지로 어떤 규모의 기계를 움직일 수 있는지 계산해 보면 문제점을 곧바로 알 수 있을 것이다. 사전에 염두에 두어야 할 것은 이 에너지를 얻기 위하여 값비싼 태양열 집열기를 1㎡ 사용해야 한다는 것이다. 과학은 계속 발전한다. 그러므로 원전 기술은 물론 대체에너지 기술도 계속 진전될 것이다. 대체에너지의 여러 가지 단점에도 불구하고 대체 에너지를 각 상황에 적절하게 경제성이 충분한 분야에 투입한다면 20%는 아닐지라도 적어도 5% 정도는 담당할 수 있다고 추정한다. 이 말은 역으로 나머지 95%는 다른 에너지원으로부터 에너지를 얻어야 함을 의미한다. 즉 대체에너지의 한계성을 인정해야 한다는 설명도 된다.

미국의 스리마일, 소련의 체르노빌 원전 사고 이후 미국을 비롯한 서유럽 원전 운영국들이 기존 원전 폐쇄 또는 신규 원전 건설에 소극적으로 대처한 반면 한국은 지속적인 원전 개발을 통해 안전하고 값싼 전력을 공급해 경제 발전을 뒷받침해 온 것은 사실이다.[1]

많은 원전 관계자들은 자신이 직접 원자력 분야에 종사하지만 만약에 원자력발전소를 폐기할 수 있는 다른 대안 즉 우리나라에서 현재 발전하고 있는 원전보다 경제적인 방법으로 대체할 수 있는 방안을 지금이라도 제시한다면 자신도 원자력발전을 굳이 고집하지 않겠다고 말한다.

불행하게도 우리나라의 에너지 사정은 다른 나라와는 다소 다르다. 한국은 국토 면적이 작은 데다 소요 에너지의 97%를 해외에서 수입하고 있어 세계적으로 자원 최빈국에 속한다. 에너지 수입을 억제하여 에너지 자립도를 높이는 것은 지상명제이지만 더불어 온실가스 배출 규제에도 적극 대처해야 한다. 문제는 한국이 선택할 수 있는 방법이 많지 않다는 점이다.[2]

2010년 한국의 수출 총액은 4,663억 달러인데 이중 에너지 수입으로 지불된 액수는 1,217억 달러로 총 수출액의 26%이다. 이중 원유 수입은 686억 달러였는데 유가는 워낙 변동이 심하여 원유값이 배럴당 150달러 선까지 치솟기도 했다. 우리나라의 2010년 원유 수입량은 약 9억 배럴인데 만약 에너지 위기가 도래하여 원유값이 200달러까지 오른다면 이 양에 단순 곱하기만 해도 1,800억 달러에 이른다. 만약 2010년의 에너지 수입에 이 숫자를 대입한다면 한국의 에너지 수입액수는 2,331억 달러로 올라간다. 한마디로 한국 총 수출의 2분의 1이상을 에너지 수입으로 채워야 한다는 뜻이다.

고유가에 대응하려는 원전건설 움직임에 대해 환경주의자들의 반발도 충분히 예견되는 일이다. 방사능의 위험성이 있는 원전을 일단 제외하고 에너지 문제를 해결해야 한다고 주장한다. 즉 에너지 소비와 절약을 철저히 하고 재생에너지 등을 최대한 활용할 것을 제시한다. 그러나 앞서 설명한 바와 같이 한국은 자원 빈곤 및 지형적 특수성 등으로 이들 대안들을 액면 그대로 실행에 옮기기 어렵다는 현실적 문제조차 무시할 수 있는 것은 아니라는데 고민이 있다.

이산화탄소 즉 온실가스 문제로 원전을 원천적으로 사라지게 해야 한다는 주장이 화력발전소 건설을 촉구하여 오히려 온실가스 생산을 촉진시킬 수 있다는 사실은 독자들을 놀라게 할 것이다. 사실 인류 역사를 되돌아보면 어떤 에너지원도 인간의 탐욕을 마음껏 충족시켜주지 못했다. 에너지에 대한 탐욕을 줄이고 절제하지 않는 한 그 어떤 것도 대안이 될 수 없다는 것이 옳은 표현이다.[3]

사실 한국 원자력처럼 꼬이고 해결해야 할 문제가 첩첩산중인 경우는 거의 없다. 원전신설을 위해서 부지 선정은 물론 고준위 방사성 폐기물인 사용 후 핵연료의 처리 문제도 도사리고 있다. 기존의 사용 후 핵연료 저장시설도 2016년이면 포화상태가 되므로 시설확충도 발등의 불이다. 이와 같은 문제는 한국의 한·미 원자력협정과 한반도비핵화 선언으로 사용 후 핵연료를 재처리할 수 없어 원전 확대에 따른 사용 후 핵연료 중간 저장도 늘어날 수밖에 없으므로 이래저래 고민이 많다.

에너지 문제를 해결하기 위한 절대 시간이 필요하다고도 말한다. 에너지 문제는 다소 장시간이 걸리겠지만 인간이 반드시 해결할 수 있을 것으로 기대된다. 또한 원전에서 생기는 핵폐기물 방사능 문제도 태양으로 방사능 물질을 발사하는 등 원천적으로 폐기할 수 있는 방법론도 존재한다. 어느 나라나 마찬가지로 자신들만의 특수 상황이 있으므로 이에 맞추어 에너지 문제든, 방사능 문제든 해결해야 할 것이다.

우리나라에 에너지 자원이 없다는 것을 우리의 유산으로 인정한다면 에너지 문제를 풀어야하는 당사자는 당연히 한국인이다. 이러한 문제를 슬기롭게 풀어나가는 것에 관한 한 한국인들은 자부심을 느껴도 좋다. 한국전쟁이라는 참혹한 시기를 겪었음에도 현재 세계를 놀라게 하는 경제대국을 만들어 가면서 한국의 경이적 발전에 대한 신드롬을 알리고 있다. 이러한 저력을 가진 한국인이 에너지문제를 현명하게 해결하지 못할 리 없다는 역설에 귀를 기울인다.

1) 「원전, 안전성과 경제성의 함수관계」, 이재환, 문화일보, 2011.05.18.
2) 「기후변화와 원자력의 부활」, 박석순, 원자력문화, 2010. 3·4월
3) 「프리츠 하버」, 전성원, 인물과사상, 2011년 6월호

시크릿 방사능

초판 1쇄 인쇄 2012년 2월 20일
초판 1쇄 발행 2012년 2월 27일

지은이 이종호
발행인 유광종
펴낸곳 한국이공학사
출판등록 1977년 02월 01일 제9-92호
임프린트 과학사랑
주소 서울특별시 영등포구 당산동 2가 58번지
전화 02.2676.2062
팩스 02.2676.2015
전자우편 hankuk20@chol.com
ISBN 978-89-7095-122-5 03400
디자인 커뮤니케이션 디오 (02.332.9196)

값 17,000원

※ 과학사랑은 한국이공학사의 교양서적 브랜드입니다.